高职高专系列教材

机电一体化技术

邱士安　主编
胥　宏　主审

西安电子科技大学出版社

内 容 简 介

本书以机电一体化系统的组成技术为对象,从应用的角度出发,分别介绍了机电一体化产品的系统模型和设计方法、典型机械结构设计、检测及信号处理、控制系统及接口技术、伺服驱动及抗干扰措施等内容,并就机电一体化技术在制造业的典型应用列举了大量实例。

本书的主要特点是既讲解了相关技术在机电一体化系统中的应用,又突出了机电一体化系统技术组成的接口关系,为学生建立机电一体化的系统思维和技术应用奠定了扎实的基础。本书内容新,具有较强的实践性,语言精练,深入浅出,层次分明,清晰易懂,便于学习。

本书可作为大专院校的机电一体化、数控、机械等相关专业的专业课和专业选修课教材,也适合于职大、电大、函大等相关专业使用,并可供从事机电一体化产品设计、制造和维修的专业人士参考。

★本书配有电子教案,需要者可登录出版社网站,免费下载。

图书在版编目(CIP)数据

机电一体化技术/邱士安主编.
—西安:西安电子科技大学出版社,2004.8(2021.3 重印)
ISBN 978 - 7 - 5606 - 1437 - 3

Ⅰ. 机⋯ Ⅱ. 邱⋯ Ⅲ. 机电一体化—高等学校:技术学校—教材
Ⅳ. TH - 39

中国版本图书馆 CIP 数据核字(2004)第 068516 号

责任编辑 阎 彬 张晓燕
出版发行 西安电子科技大学出版社(西安市太白南路 2 号)
电 话 (029)88242885 88201467   邮 编 710071
网 址 www.xduph.com   电子邮箱 xdupfxb001@163.com
经 销 新华书店
印刷单位 陕西天意印务有限责任公司
版 次 2004 年 8 月第 1 版 2021 年 3 月第 20 次印刷
开 本 787 毫米×1092 毫米 1/16 印张 16
字 数 370 千字
印 数 92 001～95 000 册
定 价 36.00 元
ISBN 978 - 7 - 5606 - 1437 - 3/TH

XDUP 1708021 - 20

＊＊＊如有印装问题可调换＊＊＊

前　　言

　　本书是由中国高等职业技术教育研究会与西安电子科技大学出版社共同组织的高职高专机电类专业系列教材之一。

　　随着科学技术的飞速发展，制造行业对机电一体化生产系统的需求越来越趋向于自动化、智能化、小型化（甚至微型化）、柔性化、高速化和精密化，人才市场对机电一体化技术的应用型、技能型人才的需求与日俱增。为适应这一形势需要，我们特编写出版了本教材。

　　本书以机电一体化系统的组成技术为对象，从产品的角度出发，分别介绍了机电一体化产品的系统模型和设计方法、典型机械结构设计、检测及信号处理、控制系统及接口技术、伺服驱动及抗干扰措施等内容，并就机电一体化技术在制造业的典型应用列举了大量实例。本书的主要特点是既讲解了机电一体化的相关技术，又突出了机电一体化系统技术组成的接口关系，为学生建立机电一体化的系统思维和技术应用奠定了扎实的基础。本书内容深浅适度，在强调了解机电一体化理论体系的同时，突出了实践性应用。本书语言精练，深入浅出，层次分明，清晰易懂，便于学习。

　　全书共 8 章，主要内容包括引论、机电一体化机械系统设计理论、机电一体化机械设计、机电一体化检测系统、计算机控制及接口技术、伺服控制系统、抗干扰技术和自动化制造系统等。

　　本书由成都电子机械高等专科学校邱士安同志主编，胥宏副教授主审，曾雪峰负责文字录入。

　　在本书的编写过程中，曹凤教授提供了大量的素材，并给予了宝贵的修改意见，在此表示感谢。

　　本书适用于高职高专学校的机电一体化、数控、机械等相关专业的教学，也适用于职大、电大的教学，并可供其他有关专业师生及工程技术人员参考。

　　在本书的编写过程中，借鉴、参考和引用了本人教学过程中使用过的教材的部分内容和其他书刊、资料的相关内容，在此对相关作者一并表示衷心的感谢。

　　由于业务水平和学科知识的局限，书中不妥之处在所难免，恳请使用本书的读者批评，并提出宝贵的意见。

编　者

2004.4.26

目　　录

第1章　引论…………………………………………………………………………… 1

　1.1　概述 ……………………………………………………………………………… 1

　　1.1.1　引言 ……………………………………………………………………… 1

　　1.1.2　机电一体化系统的基本组成要素 ……………………………………… 2

　　1.1.3　机电一体化系统的技术组成 …………………………………………… 3

　　1.1.4　机电一体化技术与其他技术的区别 …………………………………… 5

　1.2　机电一体化系统的设计 ………………………………………………………… 5

　　1.2.1　机电一体化系统的分类 ………………………………………………… 6

　　1.2.2　机电一体化系统(产品)开发的类型 …………………………………… 6

　　1.2.3　机电一体化系统(产品)设计方案的常用方法 ………………………… 6

　　1.2.4　机电一体化系统设计 …………………………………………………… 7

　　1.2.5　机电一体化系统(产品)的工程路线 …………………………………… 8

　1.3　机电一体化的发展趋势 ………………………………………………………… 9

　　1.3.1　机电一体化的技术现状 ………………………………………………… 9

　　1.3.2　机电一体化的发展趋势 ………………………………………………… 10

　思考题 ………………………………………………………………………………… 13

第2章　机电一体化机械系统设计理论 …………………………………………… 14

　2.1　概述………………………………………………………………………………… 14

　　2.1.1　机电一体化对机械系统的基本要求 …………………………………… 14

　　2.1.2　机械系统的组成 ………………………………………………………… 15

　　2.1.3　机械系统的设计思想 …………………………………………………… 15

　2.2　机械传动设计的原则…………………………………………………………… 16

　　2.2.1　机电一体化系统对机械传动的要求 …………………………………… 16

　　2.2.2　总传动比的确定 ………………………………………………………… 16

　　2.2.3　传动链的级数和各级传动比的分配 …………………………………… 17

　2.3　机械系统性能分析……………………………………………………………… 21

　　2.3.1　数学模型的建立 ………………………………………………………… 21

　　2.3.2　机械性能参数对系统性能的影响 ……………………………………… 26

　　2.3.3　传动间隙对系统性能的影响 …………………………………………… 28

　2.4　机械系统的运动控制…………………………………………………………… 29

　　2.4.1　机械传动系统的动力学原理 …………………………………………… 29

    2.4.2　机械系统的制动控制 …………………………………………………… 30

    2.4.3　机械系统的加速控制 …………………………………………………… 33

  思考题 …………………………………………………………………………… 35

第3章　机电一体化机械设计 …………………………………………………… 36

  3.1　无侧隙齿轮传动机构 ……………………………………………………… 36

    3.1.1　直齿圆柱齿轮传动机构 ………………………………………………… 36

    3.1.2　斜齿轮传动机构 ………………………………………………………… 37

    3.1.3　锥齿轮传动机构 ………………………………………………………… 38

    3.1.4　齿轮齿条传动机构 ……………………………………………………… 39

  3.2　滑动螺旋传动 ……………………………………………………………… 39

    3.2.1　滑动螺旋传动的特点 …………………………………………………… 39

    3.2.2　滑动螺旋传动的形式及应用 …………………………………………… 40

    3.2.3　螺旋副零件与滑板连接结构的确定 …………………………………… 41

    3.2.4　影响螺旋传动精度的因素及提高传动精度的措施 …………………… 42

    3.2.5　消除螺旋传动的空回的方法 …………………………………………… 44

  3.3　滚珠螺旋传动 ……………………………………………………………… 46

    3.3.1　滚珠螺旋传动的特点 …………………………………………………… 46

    3.3.2　滚珠螺旋传动的结构形式与类型 ……………………………………… 46

    3.3.3　滚珠螺旋副的精度 ……………………………………………………… 50

  3.4　滑动摩擦导轨 ……………………………………………………………… 50

    3.4.1　导轨的基本要求 ………………………………………………………… 51

    3.4.2　滑动摩擦导轨的类型及结构特点 ……………………………………… 52

    3.4.3　导轨间隙的调整 ………………………………………………………… 55

    3.4.4　驱动力的方向和作用点对导轨工作的影响 …………………………… 56

    3.4.5　温度变化对导轨间隙的影响 …………………………………………… 57

    3.4.6　导轨的刚度计算 ………………………………………………………… 58

    3.4.7　提高导轨耐磨性的措施 ………………………………………………… 58

    3.4.8　导轨主要尺寸的确定 …………………………………………………… 61

  3.5　滚动摩擦导轨 ……………………………………………………………… 61

    3.5.1　滚珠导轨 ………………………………………………………………… 62

    3.5.2　滚柱导轨和滚动轴承导轨 ……………………………………………… 64

  3.6　静压螺旋传动与静压导轨简介 …………………………………………… 64

    3.6.1　静压螺旋传动 …………………………………………………………… 64

    3.6.2　静压导轨 ………………………………………………………………… 65

  思考题 …………………………………………………………………………… 68

第4章　机电一体化检测系统 …………………………………………………… 69

  4.1　概述 ………………………………………………………………………… 69

    4.1.1　检测系统的组成 ………………………………………………………… 69

    4.1.2　传感器的概念及基本特性 ……………………………………………… 70

4.1.3 信号传输与处理电路 ································ 72

4.2 位移检测 ·· 72

4.2.1 模拟式位移传感器 ································· 73

4.2.2 数字式位移传感器 ································· 77

4.3 速度、加速度的检测 ······································ 81

4.3.1 直流测速机速度检测 ···························· 81

4.3.2 光电式转速传感器 ································· 82

4.3.3 加速度传感器 ······································· 82

4.4 力、扭矩和流体压强检测 ······························ 84

4.4.1 力、力矩检测 ······································· 84

4.4.2 流体压强传感器 ···································· 87

4.5 传感器前级信号处理 ······································ 88

4.5.1 测量放大器 ·· 89

4.5.2 程控增益放大器 ···································· 90

4.5.3 隔离放大器 ·· 92

4.6 传感器接口技术 ·· 93

4.6.1 传感器信号的采样/保持 ························· 93

4.6.2 多通道模拟信号输入 ······························ 95

4.7 传感器非线性补偿处理 ··································· 97

思考题 ·· 101

第5章 计算机控制及接口技术 ······················ 102

5.1 概述 ··· 102

5.1.1 计算机控制系统的组成 ························· 102

5.1.2 计算机在控制中的应用方式 ·················· 104

5.1.3 典型的机电一体化控制系统 ·················· 106

5.2 工业控制计算机 ·· 109

5.2.1 工业控制计算机的特点及要求 ··············· 109

5.2.2 单片微型计算机 ···································· 110

5.2.3 可编程序控制器(PC) ·························· 111

5.2.4 总线工控机 ··· 114

5.3 计算机接口技术 ·· 119

5.3.1 接口、通道及其功能 ···························· 119

5.3.2 I/O信号的种类 ···································· 121

5.3.3 计算机和外部的通信方式 ······················ 122

5.3.4 I/O控制方式 ······································· 123

5.3.5 I/O接口的编址方式 ····························· 129

5.4 计算机接口设计 ·· 130

5.4.1 I/O接口与系统的连接 ·························· 130

5.4.2 I/O接口扩展 ······································· 132

  5.4.3 模拟量的采样与处理 ·· 135

  5.4.4 输入/输出通道 ·· 137

 5.5 D/A 转换器 ·· 141

  5.5.1 并行 D/A 转换器的工作原理 ······································ 141

  5.5.2 D/A 转换器的主要参数 ··· 142

  5.5.3 8 位 D/A 转换器 DAC0832 ·· 142

  5.5.4 12 位 D/A 转换器 DAC1210 ······································ 146

 5.6 A/D 转换器 ·· 148

  5.6.1 A/D 转换器的工作原理 ··· 148

  5.6.2 A/D 转换器的主要技术参数 ······································ 149

  5.6.3 8 位 A/D 转换器 ADC0809 ·· 150

  5.6.4 12 位 A/D 转换器 AD574 ·· 152

  5.6.5 A/D 转换器与系统的连接及举例 ································ 154

 思考题 ·· 159

第 6 章 伺服控制系统 ·· 160

 6.1 概述 ·· 160

  6.1.1 伺服系统的结构组成 ··· 160

  6.1.2 伺服系统的分类 ··· 161

  6.1.3 伺服系统的技术要求 ··· 161

 6.2 执行元件 ·· 162

  6.2.1 执行元件的分类及其特点 ··· 162

  6.2.2 直流伺服电动机 ··· 163

  6.2.3 步进电动机 ·· 168

  6.2.4 交流伺服电动机 ··· 175

 6.3 电力电子变流技术 ·· 178

  6.3.1 开关器件特性 ·· 179

  6.3.2 变流技术 ·· 182

 6.4 PWM 型变频电路 ·· 186

  6.4.1 SPWM 波形原理 ·· 187

  6.4.2 单相 SPWM 控制原理 ··· 188

  6.4.3 三相 SPWM 控制原理 ··· 190

  6.4.4 SPWM 逆变电路的调制方式 ······································ 191

  6.4.5 SPWM 型变频器的主电路 ·· 192

 思考题 ·· 193

第 7 章 抗干扰技术 ·· 194

 7.1 产生干扰的因素 ··· 194

  7.1.1 干扰的定义 ·· 194

  7.1.2 形成干扰的三个要素 ··· 194

  7.1.3 电磁干扰的种类 ··· 195

7.1.4 干扰存在的形式 ………………………………… 196

7.2 抗干扰的措施 ……………………………………………… 197

   7.2.1 屏蔽 ……………………………………………… 197

   7.2.2 隔离 ……………………………………………… 198

   7.2.3 滤波 ……………………………………………… 199

   7.2.4 接地 ……………………………………………… 200

   7.2.5 软件抗干扰设计 ………………………………… 202

7.3 提高系统抗干扰能力的措施 …………………………… 202

   7.3.1 逻辑设计力求简单可靠 ………………………… 202

   7.3.2 硬件自检测和软件自恢复的设计 ……………… 203

   7.3.3 从安装和工艺等方面采取措施以消除干扰 …… 203

思考题 ……………………………………………………… 204

第8章 自动化制造系统 ………………………………… 205

8.1 概述 ………………………………………………………… 205

   8.1.1 刚性自动化生产 ………………………………… 205

   8.1.2 柔性制造单元(FMC) …………………………… 208

   8.1.3 柔性制造系统(FMS) …………………………… 209

   8.1.4 柔性制造线(FML) ……………………………… 212

   8.1.5 柔性装配线(FAL) ……………………………… 213

   8.1.6 计算机集成制造系统(CIMS) ………………… 214

8.2 数控机床 …………………………………………………… 216

   8.2.1 一般数控机床 …………………………………… 216

   8.2.2 加工中心(MC) …………………………………… 219

   8.2.3 车削中心 ………………………………………… 220

   8.2.4 电火花加工 ……………………………………… 220

8.3 工件储运设备 ……………………………………………… 222

   8.3.1 有轨小车(RGV) ………………………………… 222

   8.3.2 自动导向小车(AGV) …………………………… 223

   8.3.3 自动化立体仓库 ………………………………… 224

8.4 工业机器人 ………………………………………………… 226

   8.4.1 工业机器人概况 ………………………………… 226

   8.4.2 工业机器人的结构 ……………………………… 226

   8.4.3 工业机器人的应用 ……………………………… 228

8.5 检测与监控系统 …………………………………………… 230

   8.5.1 检测与监控原理 ………………………………… 230

   8.5.2 检测与监控应用举例 …………………………… 232

   8.5.3 检测设备 ………………………………………… 235

8.6 辅助设备 …………………………………………………… 237

   8.6.1 清洗站 …………………………………………… 237

  8.6.2 去毛刺设备 ………………………………………………… 238
  8.6.3 切屑和冷却液的处理 ……………………………………… 239
  思考题………………………………………………………………… 242
参考文献…………………………………………………………… 243

第1章 引　论

1.1　概　述

1.1.1　引言

　　机电一体化技术是 20 世纪 60 年代以来，在传统的机械技术基础上，随着电子技术、计算机技术特别是微电子技术、信息技术的迅猛发展而发展起来的一门新技术。

　　机电一体化技术综合应用了机械技术、微电子技术、信息处理技术、自动控制技术、检测技术、电力电子技术、接口技术及系统总体技术等群体技术，从系统的观点出发，根据系统功能目标和优化组织结构目标，以智能、动力、结构、运动和感知等组成要素为基础，对各组成要素及相互之间的信息处理、接口耦合、运动传递、物质运动、能量变换机理进行研究，使得整个系统有机结合与综合集成，并在系统程序和微电子电路的有序信息流控制下，形成物质和能量的有规则运动，在高质量、高精度、高可靠性、低能耗意义上实现多种技术功能复合的最佳功能价值的系统工程技术。

　　"机电一体化"一词的英文名词是"Mechatronics"，它是取 Mechanics（机械学）的前半部分和 Electronics（电子学）的后半部分拼合而成的。它是一个新兴的边缘学科，正处于发展阶段，代表着机械工业技术革命的前沿方向。

　　现代高新技术（如微电子技术、生物技术、新材料技术、新能源技术、空间技术、海洋开发技术、光纤通信技术及现代医学等）的发展需要具有智能化、自动化和柔性化的机械设备，机电一体化正是在这种巨大的需求推动下产生的新兴技术。微电子技术、微型计算机使信息与智能和机械装置与动力设备有机结合，使得产品结构和生产系统发生了质的飞跃。机电一体化产品的功能，除了具有高精度、高可靠性、快速响应外，还将逐步实现自适应、自控制、自组织、自管理等功能。

　　由于机电一体化技术对现代工业和技术的发展具有巨大的推动力，因此世界各国均将其作为工业技术发展的重要战略之一。从 20 世纪 70 年代起，在发达国家兴起了机电一体化热，而在 20 世纪 90 年代，中国也把机电一体化技术列为重点发展的十大高新技术产业之一。

　　机电一体化技术在制造业的应用从一般的数控机床、加工中心和机械手发展到智能机器人、柔性制造系统（FMS）、无人生产车间和将设计、制造、销售、管理集于一体的计算机集成制造系统（CIMS）。机电一体化产品涉及工业生产、科学研究、人民生活、医疗卫生等各个领域，如集成电路自动生产线、激光切割设备、印刷设备、家用电器、汽车电子化、微型机械、飞机、雷达、医学仪器、环境监测等。

　　机电一体化技术是其他高新技术发展的基础，机电一体化的发展依赖其他相关技术的发展。可以预料，随着信息技术、材料技术、生物技术等新兴学科的高速发展，在数控机床、机器人、微型机械、家用智能设备、医疗设备、现代制造系统等产品及领域，机电一体化技术将得到更加蓬勃的发展。

1.1.2 机电一体化系统的基本组成要素

一个典型的机电一体化系统应包含以下几个基本要素：机械本体、动力与驱动部分、执行机构、传感测试部分、控制及信息处理部分。我们将这些部分归纳为：结构组成要素、动力组成要素、运动组成要素、感知组成要素、智能组成要素；这些组成要素内部及其之间，形成通过接口耦合来实现运动传递、信息控制、能量转换等有机融合的一个完整系统。

机电一体化系统的组成要素及功能如图 1-1 所示。

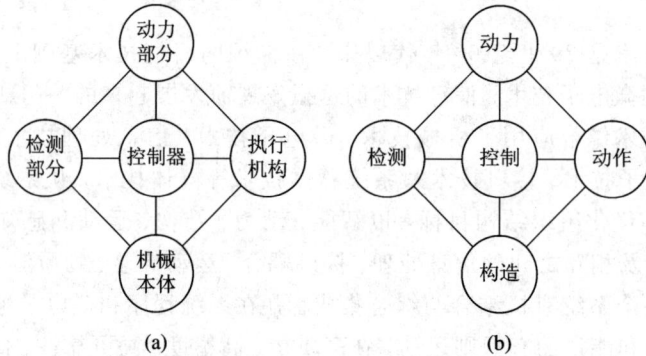

图 1-1 机电一体化系统的组成要素及功能
(a) 机电一体化系统的组成要素；(b) 机电一体化系统的功能

1. 机械本体

机电一体化系统的机械本体包括机身、框架、连接等。由于机电一体化产品的技术性能、水平和功能的提高，机械本体要在机械结构、材料、加工工艺性以及几何尺寸等方面适应产品高效率、多功能、高可靠性和节能、小型、轻量、美观等要求。

2. 动力与驱动

动力部分的功能是按照系统控制要求，为系统提供能量和动力，使系统正常运行。用尽可能小的动力输入获得尽可能大的功能输出，是机电一体化产品的显著特征之一。

驱动部分的功能是在控制信息作用下提供动力，驱动各执行机构完成各种动作和功能。机电一体化系统一方面要求驱动的高效率和快速响应特性，另一方面要求对水、油、温度、尘埃等外部环境的适应性和可靠性。由于电力电子技术的高度发展，高性能的步进驱动、直流伺服和交流伺服驱动方式大量应用于机电一体化系统。

3. 传感测试部分

传感测试部分的功能是对系统运行中所需要的本身和外界环境的各种参数及状态进行检测，生成相应的可识别信号，传输到信息处理单元，经过分析、处理后产生相应的控制信息。这一功能一般由专门的传感器及转换电路完成。

4. 执行机构

执行机构的功能是根据控制信息和指令，完成要求的动作。执行机构是运动部件，一般采用机械、电磁、电液等机构。根据机电一体化系统的匹配性要求，执行机构需要考虑改善系统的动、静态性能，如提高刚性、减小重量和保持适当的阻尼，应尽量考虑组件化、标准化和系列化，以提高系统的整体可靠性等。

5. 控制及信息单元

控制及信息单元的功能是将来自各传感器的检测信息和外部输入命令进行集中、储存、分析、加工，根据信息处理结果，按照一定的程序和节奏发出相应的指令，控制整个系统有目的地运行。该单元一般由计算机、可编程逻辑控制器(PLC)、数控装置以及逻辑电路、A/D 与 D/A 转换、I/O(输入/输出)接口和计算机外部设备等组成。机电一体化系统对控制和信息处理单元的基本要求是提高信息处理速度和可靠性，增强抗干扰能力以及完善系统自诊断功能，实现信息处理智能化。

以上这五部分我们通常称为机电一体化的五大组成要素。在机电一体化系统中的这些单元和它们内部各环节之间都遵循接口耦合、运动传递、信息控制、能量转换的原则，我们称它们为四大原则。

6. 接口耦合与能量转换

(1) 变换。两个需要进行信息交换和传输的环节之间，由于信息的模式不同(数字量与模拟量、串行码与并行码、连续脉冲与序列脉冲等等)，无法直接实现信息或能量的交流，需要通过接口完成信息或能量的统一。

(2) 放大。在两个信号强度相差悬殊的环节间，经接口放大，达到能量的匹配。

(3) 耦合。变换和放大后的信号在各环节间能可靠、快速、准确地交换，必须遵循一致的时序、信号格式和逻辑规范。接口具有保证信息的逻辑控制功能，使信息按规定模式进行传递。

(4) 能量转换。其执行元件包含了执行器和驱动器。该转换涉及到不同类型能量间的最优转换方法与原理。

7. 信息控制

在系统中，作为智能组成要素的系统控制单元，在软、硬件的保证下，完成数据采集、分析、判断、决策功能，以达到信息控制的目的。对于智能化程度高的系统，还包含了知识获取、推理及知识自学习等以知识驱动为主的信息控制。

8. 运动传递

运动传递是指运动各组成环节之间的不同类型运动的变换与传输，如位移变换、速度变换、加速度变换及直线运动和旋转运动变换等。运动传递还包括以运动控制为目的的运动优化设计，目的是提高系统的伺服性能。

1.1.3 机电一体化系统的技术组成

机电一体化系统是多学科技术的综合应用，是技术密集型的系统工程。其技术组成包括机械技术、检测技术、伺服传动技术、计算机与信息处理技术、自动控制技术和系统总体技术等。现代的机电一体化产品甚至还包含了光、声、化学、生物等技术的应用。

1. 机械技术

机械技术是机电一体化的基础。随着高新技术引入机械行业，机械技术面临着挑战和变革。在机电一体化产品中，机械技术不再是单一地完成系统间的连接，而是要优化设计系统的结构、重量、体积、刚性和寿命等参数对机电一体化系统的综合影响。机械技术的着眼点在于如何与机电一体化的技术相适应，利用其他高新技术来更新概念，实现结构上、材料上、性能上以及功能上的变更，以满足减少重量、缩小体积、提高精度、提高刚度、改善性能和增加功能的要求。

在制造过程的机电一体化系统中，经典的机械理论与工艺应借助于计算机辅助技术，同时采用人工智能与专家系统等，形成新一代的机械制造技术。这里原有的机械技术以知识和技能的形式存在。计算机辅助工艺规程编制（CAPP）是目前 CAD/CAM 系统研究的瓶颈，其关键问题在于如何将各行业、企业、技术人员中的标准、习惯和经验进行表达和陈述，从而实现计算机的自动工艺设计与管理。

2．计算机与信息处理技术

信息处理技术包括信息的交换、存取、运算、判断和决策，实现信息处理的工具是计算机，因此计算机技术与信息处理技术是密切相关的。计算机技术包括计算机的软件技术和硬件技术，网络与通信技术，数据技术等。

在机电一体化系统中，计算机信息处理部分指挥整个系统的运行。信息处理是否正确、及时，直接影响到系统工作的质量和效率。计算机应用及信息处理技术已成为促进机电一体化技术发展和变革的最活跃的因素。

人工智能技术、专家系统技术、神经网络技术等都属于计算机信息处理技术。

3．自动控制技术

自动控制技术范围很广，机电一体化的系统设计在基本控制理论指导下，对具体控制装置或控制系统进行设计；对设计后的系统进行仿真和现场调试；最后使研制的系统可靠地投入运行。由于控制对象种类繁多，所以控制技术的内容极其丰富，例如高精度定位控制、速度控制、自适应控制、自诊断、校正、补偿、再现、检索等。

随着微型机的广泛应用，自动控制技术越来越多地与计算机控制技术联系在一起，成为机电一体化中十分重要的关键技术。

4．传感与检测技术

传感与检测装置是系统的感受器官，它与信息系统的输入端相连并将检测到的信息输送到信息处理部分。传感与检测是实现自动控制、自动调节的关键环节，它的功能越强，系统的自动化程度就越高。传感与检测的关键元件是传感器。

传感器是将被测量（包括各种物理量、化学量和生物量等）变换成系统可识别的，与被测量有确定对应关系的有用电信号的一种装置。

现代工程技术要求传感器能快速、精确地获取信息，并能经受各种严酷环境的考验。与计算机技术相比，传感器的发展显得缓慢，难以满足技术发展的要求。不少机电一体化装置不能达到满意的效果或无法实现设计的关键原因在于没有合适的传感器。因此大力开展传感器的研究对于机电一体化技术的发展具有十分重要的意义。

5．伺服传动技术

伺服传动包括电动、气动、液压等各种类型的驱动装置，由微型计算机通过接口与这些传动装置相连接，控制它们的运动，带动工作机械作回转、直线以及其他各种复杂的运动。伺服传动技术是直接执行操作的技术，伺服系统是实现电信号到机械动作的转换装置或部件，对系统的动态性能、控制质量和功能具有决定性的影响。常见的伺服驱动有电液马达、脉冲油缸、步进电机、直流伺服电机和交流伺服电机等。由于变频技术的发展，交流伺服驱动技术取得突破性进展，为机电一体化系统提供了高质量的伺服驱动单元，极大地促进了机电一体化技术的发展。

6. 系统总体技术

系统总体技术是一种从整体目标出发，用系统的观点和全局角度，将总体分解成相互有机联系的若干单元，找出能完成各个功能的技术方案，再把功能和技术方案组成方案组进行分析、评价和优选的综合应用技术。系统总体技术解决的是系统的性能优化问题和组成要素之间的有机联系问题，即使各个组成要素的性能和可靠性很好，但如果整个系统不能很好协调，系统也很难正常运行。

接口技术是系统总体技术的关键环节，主要有电气接口、机械接口、人机接口。电气接口实现系统间的信号联系；机械接口则完成机械与机械部件、机械与电气装置的连接；人机接口提供人与系统间的交互界面。

1.1.4　机电一体化技术与其他技术的区别

机电一体化技术有着自身的显著特点和技术范畴，为了正确理解和恰当运用机电一体化技术，我们必须认识机电一体化技术与其他技术之间的区别。

1. 机电一体化技术与传统机电技术的区别

传统机电技术的操作控制主要通过具有电磁特性的各种电器来实现，如继电器、接触器等，在设计中不考虑或很少考虑彼此间的内在联系；机械本体和电气驱动界限分明，整个装置是刚性的，不涉及软件和计算机控制。机电一体化技术以计算机为控制中心，在设计过程中强调机械部件和电器部件间的相互作用和影响，整个装置在计算机控制下具有一定的智能性。

2. 机电一体化技术与并行工程的区别

机电一体化技术将机械技术、微电子技术、计算机技术、控制技术和检测技术在设计和制造阶段就有机地结合在一起，十分注意机械和其他部件之间的相互作用。而并行工程将上述各种技术尽量在各自范围内齐头并进，只在不同技术内部进行设计制造，最后通过简单叠加完成整体装置。

3. 机电一体化技术与自动控制技术的区别

自动控制技术的侧重点是讨论控制原理、控制规律、分析方法和自动系统的构造等。机电一体化技术将自动控制原理及方法作为重要支撑技术，将自控部件作为重要控制部件应用自控原理和方法，对机电一体化装置进行系统分析和性能测算。

4. 机电一体化技术与计算机应用技术的区别

机电一体化技术只是将计算机作为核心部件应用，目的是提高和改善系统性能。计算机在机电一体化系统中的应用仅仅是计算机应用技术中的一部分，它还可以在办公、管理及图像处理等方面得到广泛应用。机电一体化技术研究的是机电一体化系统，而不是计算机应用本身。

1.2　机电一体化系统的设计

在机电一体化系统（或产品）的设计过程中，一直要坚持贯彻机电一体化技术的系统思维方法，要从系统整体的角度出发分析和研究各个组成要素间的有机联系，从而确定系统各环节的设计方法，并用自动控制理论的相关手段，进行系统的静态特性和动态特性分析，实现机电一体化系统的优化设计。

1.2.1 机电一体化系统的分类

从控制的角度来讲，机电一体化系统可分为开环控制系统和闭环控制系统。

开环控制的机电一体化系统是没有反馈的控制系统，这种系统的输入直接送给控制器，并通过控制器对受控对象产生控制作用。一些家用电器、简易 NC 机床和精度要求不高的机电一体化产品都采用开环控制方式。开环控制机电一体化系统的优点是结构简单，成本低，维修方便；缺点是精度较低，对输出和干扰没有诊断能力。

闭环控制的机电一体化系统的输出结果经传感器和反馈环节与系统的输入信号比较后产生输出偏差，输出偏差经控制器处理再作用到受控对象，对输出进行补偿，实现更高精度的系统输出。现在的许多制造设备和具有智能的机电一体化产品都选择闭环控制方式，如数控机床、加工中心、机器人、雷达、汽车等。闭环控制的机电一体化系统具有高精度，动态性能好，抗干扰能力强等优点。它的缺点是结构复杂，成本高，维修难度较大。

从用途分类，机电一体化系统的种类繁多，如机械制造业机电一体化设备、电子器件及产品生产用自动化设备、军事武器及航空航天设备、家庭智能机电一体化产品、医学诊断及治疗机电一体化产品，以及环境、考古、探险、玩具等领域的机电一体化产品等。

1.2.2 机电一体化系统(产品)开发的类型

机电一体化系统(产品)开发的类型依据该系统与相关产品比较的新颖程度和技术独创性，可分为开发性设计、适应性设计和变参数设计。

1. 开发性设计

开发性设计是一种独创性的设计方式，即在没有参考样板的情况下，通过抽象思维和理论分析，依据产品性能和质量要求设计出系统原理和制造工艺。开发性设计属于产品发明专利范畴。最初的电视机和录像机、中国的神 5 航天飞船等都属于开发性设计。

2. 适应性设计

所谓适应性设计，就是在参考同类产品的基础上，在主要原理和设计方案保持不变的情况下，通过技术更新和局部结构调整使产品的性能、质量提高或成本降低的产品开发方式。这一类设计属于实用新型专利范畴，如用电脑控制的洗衣机代替机械控制的半自动洗衣机，用照相机的自动曝光代替手动调整等。

3. 变参数设计

所谓变参数设计，就是在设计方案和结构原理不变的情况下，仅改变部分结构尺寸和性能参数，使之适用范围发生变化的设计方式。例如，同一种产品的不同规格型号的相同设计即属此设计。

1.2.3 机电一体化系统(产品)设计方案的常用方法

在进行机电一体化系统(产品)设计之前，要依据该系统的通用性、可靠性、经济性和防伪性等要求合理地确定系统的设计方案。拟定设计方案的方法通常有取代法、整体设计法和组合法。

1. 取代法

取代法就是用电气控制取代原系统中的机械控制机构。该方法是改造旧产品、开发新产品或对原系统进行技术改造常用的方法，也是改造传统机械产品的常用方法。如用电气调速控制系统取代机械式变速机构，用可编程序控制器取代机械凸轮控制机构及中间继电器等。这不但大大简化了机械结构和电器控制，而且提高了系统的性能和质量。

2. 整体设计法

整体设计法主要用于新产品的开发设计。在设计时完全从系统的整体目标出发，考虑各子系统的设计。由于设计过程始终围绕着系统整体性能要求，各环节的设计都兼顾了相关环节的设计特点和要求，因此使系统各环节间接口有机融合、衔接方便，且大大提高了系统的性能指标和制约了仿冒产品生产的难度。该方法的缺点是设计和生产过程的难度较大，周期较长，成本较高，维修和维护难度较大。例如，机床的主轴和电机转子合为一体，直线式伺服电机的定子绕组埋藏在机床导轨之中，带减速装置的电动机和带测速的伺服电机等。

3. 组合法

组合法就是选用各种标准功能模块组合设计成机电一体化系统。例如，设计一台数控机床，可以依据机床的性能要求，通过对不同厂家的计算机控制单元、伺服驱动单元、位移和速度测试单元及主轴、导轨、刀架、传动系统等产品的评估分析，研究各单元间接口关系和各单元对整机性能的影响，通过优化设计确定机床的结构组成。用此方法开发的机电一体化系统(产品)具有设计研制周期短、质量可靠、生产成本低、有利于生产管理和系统的使用维护等优点。

1.2.4 机电一体化系统设计

所谓的系统设计，就是用系统思维综合运用各有关学科的知识、技术和经验，在系统分析的基础上，通过总体研究和详细设计，实现满足设计目标的产品研发过程。系统设计的基本原则是使设计工作获得最优化效果，在保证目的功能要求与适当使用寿命的前提下不断降低成本。

系统设计的过程就是"目标—功能—结构—效果"的多次分析与综合的过程。综合可理解为各种解决问题要素的拼合的模型化过程，这是一种高度的创造行为。分析是综合的反行为，也是提高综合水平的必要手段。分析就是分解与剖析，对综合后的解决方案提出质疑、论证和改革。通过分析，排除不合适的方案或方案中不合适的部分，为改善、提高和评价作准备。综合与分析是相互作用的。当一种基本设想(方案)产生后，接着就要分析它，找出改进方向。这个过程一直持续进行，直到一个方案继续进行或被否定为止。

随着工业技术的高度发展和人民生活水平的提高，人们迫切要求大幅度提高机电一体化系统设计工作的质量和速度，因此在机电一体化系统设计中推广和运用现代设计方法，提高设计水平，是机电一体化系统设计发展的必然趋势。现代设计方法与以经验公式、图表和手册为设计依据的传统方法不同，它是以计算机为手段，其设计步骤通常如下：

设计预测→信号分析→科学类比→系统分析设计→创造设计→选择各种具体的现代设计方法(如相似设计法、模拟设计法、有限元法、可靠性设计法、动态分析法、优化设计法、模糊设计法等)→机电一体化系统设计质量的综合评价。

现代设计方法还在不断发展，它必将为机电一体化系统设计提供更新颖、更广阔的思路与视野。

1.2.5 机电一体化系统(产品)的工程路线

各种机电一体化系统(产品)的研究、开发、生产及销售的过程各自有其自身特点，归纳其基本规律，机电一体化系统(产品)的工程路线如图1-2所示。

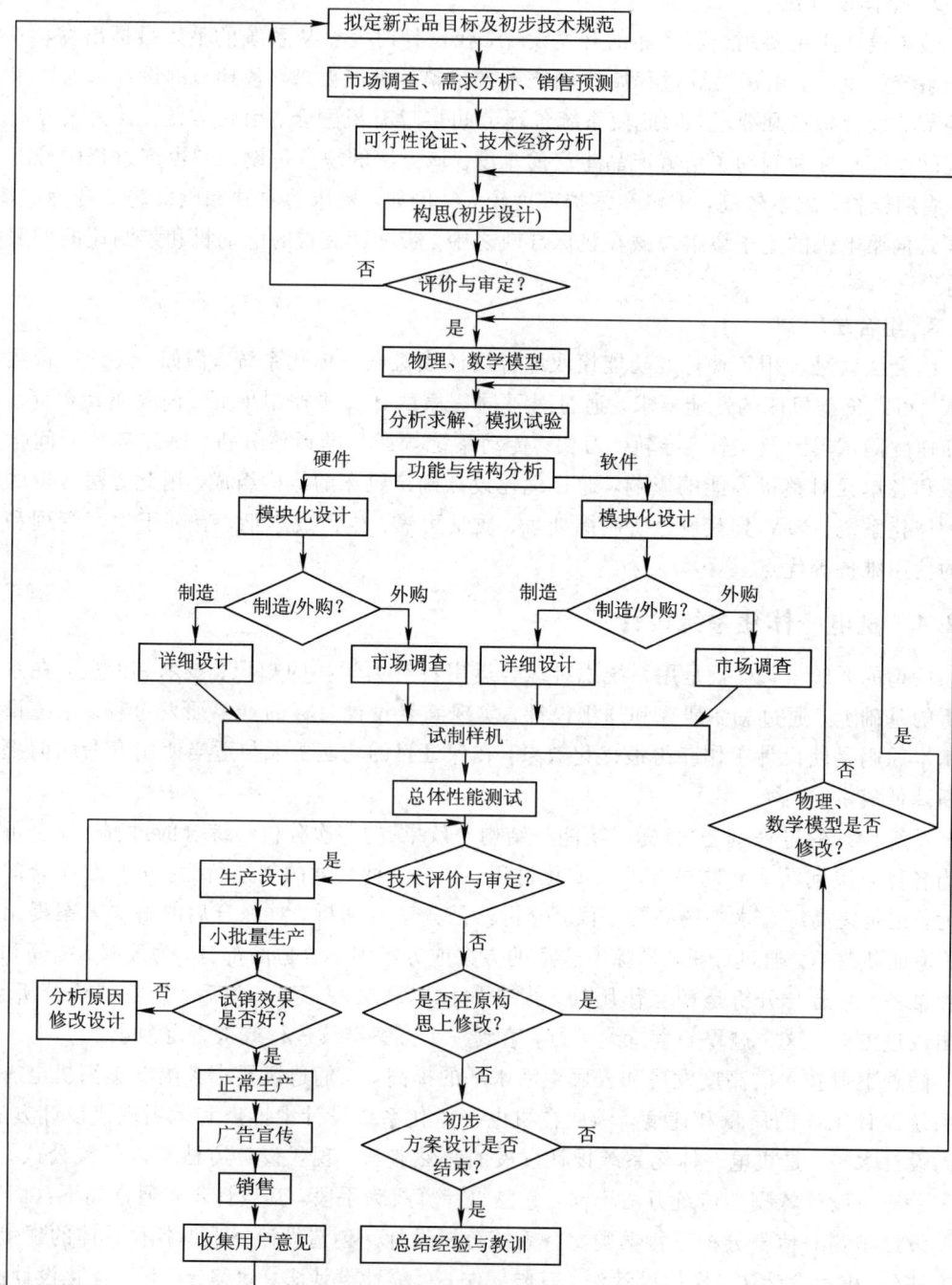

图1-2 机电一体化系统(产品)的工程路线

1.3 机电一体化的发展趋势

1.3.1 机电一体化的技术现状

机电一体化占据主导地位是制造产业发展的必然趋势,而制造产业是整个科学技术和国家经济发展的基础工业,因而机电一体化在当前激烈的国际政治、军事、经济竞争中起着举足轻重的作用,受到各工业国家的极大重视。

日本将智能传感器,计算机芯片制造技术,具有视频、触觉和人机对话能力的人工智能工业机器人,柔性制造系统等,列为高技术领域的重大研究课题。

西欧高技术发展规划"尤里卡"计划,提出五大关键技术领域、24个重点攻关项目作为欧洲高技术发展战略目标,其中包括研制可自由行动、决策并易于人机对话的欧洲第三代安全民用机器人,广泛合作研究计算机辅助设计、制造、生产、管理的柔性系统,实现工厂全面自动化等机电一体化研究方向。

1991年3月,美国国家关键技术委员会在向总统提交的首份双年度报告《国家关键技术》中,列举了22项对于美国国家经济繁荣和国防安全至为关键的技术,并对各项入选技术的内容范围,选择依据和国际发展趋势进行了评述,着重强调了技术的有效利用。其中包括机器人、传感器、控制技术和 CIMS 及与 CIMS 相关的其他工具和技术,如仿真系统、计算机辅助设计(CAD)、计算机辅助工程(CAE)、成组技术(GT)、计算机辅助工艺规程编制(CAPP)、工厂调度工具等。报告指出:在制造业方面,目前的发展趋势是加速产品推广,缩短产品生产周期,增加柔性以及实现设计—生产—质量控制一体化技术,那些未朝这一方向努力的公司将变得愈加缺乏竞争力。要实现合理的生产经营活动,制造厂家必须在整个生产经营中实施先进的制造技术及管理策略。

鉴于资金、技术密集型的高技术发展初期投资大、回收少的特点,多数国家政府给予资金支持和必要的政策优惠。

如前西德1984~1988年的五年计划确定,提供5.3亿马克用于资助计算机辅助设计和制造的应用,扩大工业机器人、软件操作系统和外围设备的工业基础等先进生产技术的应用。

日本政府早在1971年制定的《特定的电子工业和特定的机械工业临时措施法》中,已把数控机床作为重点扶植对象。1978年颁布的《特定的机械信息产业振兴临时措施法》又规定:促进高精度、高性能机器人的工业化和实用化,开展特殊环境作业用的机器人研究。为此,1978~1984年间拨款90亿日元开发数控技术;1983年组织了机器人、计算机、机械等行业10家制造厂参加极限作业环境机器人的开发研制,总投资300亿日元,其中1/2由政府资助。号称"数控王国"的日本,2000年金属切削机床(简称金切机床)的产值数控化率为88.5%,产量数控化率为59.4%。

美国1983年制定的"星球大战(SDI)"计划投资1000亿美元以发展高技术,其中也包括发展空间机器人、核能机器人、军事机器人及工业机器人等相关技术。美国国家科学基金会(NST)每年投资100万美元,国家标准局(NBS)每年投资150万美元用于发展相关技术。1985~1995年间,美国用于研制军用机器人和智能机器人的经费从1.86亿美元增至

9.75 亿美元。国家规划和支持对美国机器人技术的发展起了很大的推动作用。

我国是发展中国家，与发达国家相比工业技术水平存在一定差距，但有广阔的机电一体化应用开拓领域和技术产品潜在市场。改革开放以来，面对国际市场激烈竞争的形势，国家和企业充分认识到机电一体化技术对我国经济发展具有战略意义，因此十分重视机电一体化技术的研究、应用和产业化，在利用机电一体化技术开发新产品和改造传统产业结构及装备方面都有明显进展，取得了较大的社会经济效益。

1986 年我国开始实施的《高技术研究发展计划纲要》即"八六三"计划，将自动化技术，重点是 CIMS 和智能机器人技术等机电一体化前沿技术确定为国家高技术重点研究发展领域。1985 年 12 月，国家科委组织完成了《我国机电一体化发展途径与对策》的软科学研究，探讨我国机电一体化发展战略，提出了数控机床、工业自动化控制仪表等 15 个机电一体化优先发展领域和 6 项共性关键技术的研究方向和课题，提出机电一体化产品的产值比率（即机电一体化产品总产值占当年机械工业总产值的比值）在 2000 年达到 15%～20% 的发展目标。

我国的数控技术经过"六五"、"七五"、"八五"和"九五"计划这 20 年的发展，基本上掌握了关键技术，建立了多处数控开发和生产基地，培养了一批数控人才，初步形成了自己的数控产业。"八五"计划攻关开发的成果——华中 1 号、中华 1 号、航天 1 号和蓝天 1 号 4 种基本系统建立了具有中国自主版权的数控技术平台。1990 年，我国数控金切机床产量仅 2634 台，而到 2001 年产量和消费量已分别上升至 17 521 台和 28 535 台，在 1990～2001 年的 11 年中，数控金切机床产量和消费量的年均增幅分别达到 18.8% 和 25.3%。2000 年我国机床的数控化率已达到 6%。据预测分析，到 2005 年我国机床的数控化率为 9.5%～10.36%，到 2010 年将达到 16.5%～19.27%。

我国汽车电子化的水平与先进工业国家相比有较大差距。据统计，1988 年我国每辆汽车的电子产品费用为 300 元人民币，平均占整车成本的 1.5%，而且能改善汽车性能的电子产品极少。我国在 20 世纪 90 年代已形成很大的汽车电子化产品市场，如 1995 年高能触点点火装置的需求量为 50 万部，电压调节器需 150 万部，微机控制点火装置需 10 万部，汽车专用集成电路需 3000 万块，汽车用各种传感器需 200 万只，所以在这方面需要进行大量的工作。

近年来，我国已研制成功了用于喷漆、焊接、搬运以及能前后行走的、能爬墙、能上下台阶、能在水下作业的多种类型机器人。CIMS 研究方面，我国已在清华大学建成国家 CIMS 工程研究中心（ERC），在一些著名大学和研究单位建立了 7 个 CIMS 单元技术实验室和 8 个 CIMS 培训中心，在国家立项实施 CIMS 的企业已达 70 余家。1994 年清华大学荣获美国制造工程师协会（SME）颁发的 CIMS 研究"大学领先奖"。1995 年北京第一机床厂荣获 SME 颁发的"工业领先奖"。上述成果的取得使我国在制造业机电一体化的研究和应用方面积累了一定的经验，它必将推动机电一体化技术向更高层次纵深发展。

1.3.2 机电一体化的发展趋势

随着科技的发展和社会经济的进步，人们对机电一体化技术提出了许多新的和更高的要求，制造业中的机电一体化应用就是典型的事例。毫无疑问，机械制造自动化中的计算机数控、柔性制造、计算机集成制造及机器人等技术的发展代表了机电一体化技术的发展水平。

为了提高机电产品的性能和质量，发展高新技术，现在有越来越多的零件要求的制造精度越来越高，形状也越来越复杂，如高精度轴承的滚动体圆度要求小于 $0.2~\mu m$；液浮陀螺球面的球度要求为 $0.1 \sim 0.5~\mu m$；激光打印机的平面反射镜和录像机磁头的平面度要求为 $0.4~\mu m$，粗糙度为 $0.2~\mu m$。所有这些，要求数控设备具有高性能、高精度和稳定加工复杂形状零件表面的能力。因而新一代机电一体化产品正朝着高性能、智能化、系统化以及轻量、微型化方向发展。

1. 机电一体化的高性能化

高性能化一般包含高速化、高精度、高效率和高可靠性。现代数控设备就是以此"四高"为基础，为满足生产急需而诞生的。它采用 32 位多 CPU 结构，以多总线连接，以 32 位数据宽度进行高速数据传递。因而，在相当高的分辨率 $(0.1~\mu m)$ 情况下，系统仍有高速度 $(100~m/min)$，可控及联动坐标达 16 轴，并且有丰富的图形功能和自动程序设计功能。为获取高效率，减少辅助时间，就必须在主轴转速进给率、刀具交换、托板交换等各关键部分实现高速化；为提高速度，一般采用实时多任务操作系统，进行并行处理，使运算能力进一步加强，通过设置多重缓冲器，保证连续微小加工段的高速加工。对于复杂轮廓，采用快速插补运算将加工形状用微小线段来逼近是一种通用的方法。在高性能数控系统中，除了具有直线、圆弧、螺旋线插补等一般功能外，还配置有特殊函数插补运算，如样条函数插补等。微位置段命令用样条函数来逼近，保证了位置、速度、加速度都具有良好的性能，并设置专门函数发生器、坐标运算器进行并行插补运算。超高速通信技术、全数字伺服控制技术是高速化的一个重要方面。

高速化和高精度是机电一体化的重要指标。高分辨率、高速响应的绝对位置传感器是实现高精度的检测部件。采用这种传感器并通过专用微处理器的细分处理，可达极高的分辨率。采用交流数字伺服驱动系统，其位置、速度及电流环都实现了数字化，实现了几乎不受机械载荷变动影响的高速响应伺服系统和主轴控制装置。与此同时，还出现了所谓高速响应内装式主轴电机，它把电机作为一体装入主轴之中，实现了机电融合一体。这样就使得系统的高速性、高精度性极佳。如法国 IBAG 公司等的磁浮轴承的高速主轴最高转速可达 $15 \times 10^4~r/min$，一般转速为 $7 \times 10^3 \sim 25 \times 10^3~r/min$；加工中心换刀时间可达 $1.5~s$；切削速度方面，目前硬质合金刀具和超硬材料涂层刀具车削和铣削低碳钢的速度达 $500~m/min$ 以上，而陶瓷刀具可达 $800 \sim 1000~m/min$，比高速钢刀具 $30 \sim 40~m/min$ 的速度提高数十倍。精车速度甚至可达 $1400~m/min$。前馈控制可使位置跟踪误差消除，同时使系统位置控制达到高速响应。

至于系统可靠性方面，一般采用冗余，故障诊断，自动检错，系统自动恢复以及软、硬件可靠性等技术，使得机电一体化产品具有高性能。对于普及经济型以及升级换代提高型的机电一体化产品，因组成它们的命令发生器、控制器、驱动器、执行器以及检测传感器等各个部分都在不断采用高速、高精度、高分辨率、高速响应、高可靠的零部件，所以产品性能在不断提高。

2. 机电一体化的智能化趋势

人工智能在机电一体化技术中的研究日益得到重视，机器人与数控机床的智能化就是其重要应用。智能机器人通过视觉、触觉和听觉等各类传感器检测工作状态，根据实际变化过程反馈信息并做出判断与决定。数控机床的智能化主要用各类传感器对切削加工前后和加工过程中的各种参数进行监测，并通过计算机系统作出判断，自动对异常现象进行调整与补偿，以保证加工过程的顺利进行，并保证加工出合格产品。目前，国外数控加工中心多具有以下智能化功能：对刀具长度、直径的补偿和刀具破损的监测，切削过程的监测，工件自动检测与补偿等。随着制造自动化程度的提高，信息量与柔性也同样提高，出现了智能制造系统(IMS)控制器来模拟人类专家的智能制造活动。该控制器对制造中的问题进行分析、判断、推理、构思和决策，其目的在于取代或延伸制造工程中人的部分脑力劳动，并对人类专家的制造智能进行收集、存储、完善、共享、继承和发展。

机电一体化的智能化趋势包括以下几个方面：

(1) 诊断过程的智能化。诊断功能的强弱是评价一个系统性能的重要智能指标之一。通过引入人工智能的故障诊断系统，采用各种推理机制，能准确判断故障所在，并具有自动检错、纠错与系统恢复功能，从而大大提高了系统的有效度。

(2) 人机接口的智能化。智能化的人机接口，可以大大简化操作过程，这里包含多媒体技术在人机接口智能化中的有效应用。

(3) 自动编程的智能化。操作者只需输入加工工件素材的形状和需加工形状的数据，加工程序就可全部自动生成，这里包含：① 素材形状和加工形状的图形显示；② 自动工序的确定；③ 使用刀具、切削条件的自动确定；④ 刀具使用顺序的变更；⑤ 任意路径的编辑；⑥ 加工过程干涉校验等。

(4) 加工过程的智能化。通过智能工艺数据库的建立，系统根据加工条件的变更，自动设定加工参数。同时，将机床制造时的各种误差预先存入系统中，利用反馈补偿技术对静态误差进行补偿。还能对加工过程中的各种动态数据进行采集，并通过专家系统分析进行实时补偿或在线控制。

3. 机电一体化的系统化发展趋势

系统化的表现特征之一是系统体系结构进一步采用开放式和模式化的总线结构。系统可以灵活组态，进行任意剪裁和组合，同时寻求实现多坐标多系列控制功能的 NC 系统。表现特征之二是机电一体化系统的通信功能的大大加强，一般除 RS-232 等常用通信方式外，实现远程及多系统通信联网需要的局部网络(LAN)正逐渐被采用，且标准化 LAN 的制造自动化协议(MAP)已开始进入 NC 系统，从而可实现异型机异网互联及资源共享。

4. 机电一体化的轻量化及微型化发展趋势

一般地，对于机电一体化产品，除了机械主体部分，其他部分均涉及电子技术。随着片式元器件(SMD)的发展，表面组装技术(SMT)正在逐渐取代传统的通孔插装技术(THT)而成为电子组装的重要手段，电子设备正朝着小型化、轻量化、多功能、高可靠方向发展。20 世纪 80 年代以来，SMT 发展异常迅速。1993 年，电子设备平均 60% 以上采用 SMT。同年，世界电子元件片式化率达到 45% 以上。因此，机电一体化中具有智能、动力、运动、感知特征的组成部分将逐渐向轻量化、小型化方向发展。

此外，20 世纪 80 年代末期，微型机械电子学及其相应的结构、装置和系统的开发研究取得了综合成果，科学家利用集成电路的微细加工技术，将机构及其驱动器、传感器、控制器及电源集成在一个很小的多晶硅上，使整个装置的尺寸缩小到几个毫米甚至几百微米，因而获得了完备的微型电子机械系统 MEMS(Micro Electro Mechanical System)。这表明机电一体化技术已进入微型化的研究领域。科学家预言，这种微型机电一体化系统将在未来的工业、农业、航天、军事、生物医学、航海及家庭服务等各个领域被广泛应用，它的发展将使现行的某些产业或领域发生深刻的技术革命。

思 考 题

1-1　试分析机电一体化技术的组成及相互关系。

1-2　列举各行业机电一体化产品的应用实例，并分析各产品中相关技术的应用情况。

1-3　为什么说机电一体化技术是其他技术发展的基础？举例说明。

1-4　试分析机电一体化系统设计与传统的机电产品设计的区别。

第2章 机电一体化机械系统设计理论

2.1 概　述

机电一体化机械系统是由计算机信息网络协调与控制的，用于完成包括机械力、运动和能量流等动力学任务的机械及机电部件相互联系的系统。其核心是由计算机控制的，包括机械、电力、电子、液压、光学等技术的伺服系统。它的主要功能是完成一系列机械运动，每一个机械运动可单独由控制电动机、传动机构和执行机构组成的子系统来完成，而这些子系统要由计算机协调和控制，以完成整个系统的功能要求。机电一体化机械系统的设计要从系统的角度进行合理化和最优化设计。

机电一体化机械系统的结构主要包括执行机构、传动机构和支承部件。在机械系统设计时，除考虑一般机械设计要求外，还必须考虑机械结构因素与整个伺服系统的性能参数及电气参数的匹配，以获得良好的伺服性能。

2.1.1　机电一体化对机械系统的基本要求

机电一体化机械系统与一般的机械系统相比，除要求具有较高的制造精度外，还应具有良好的动态响应特性，即快速响应和良好的稳定性。

1. 高精度

精度直接影响产品的质量，尤其是机电一体化产品，其技术性能、工艺水平和功能比普通的机械产品都有很大的提高，因此机电一体化机械系统的高精度是其首要的要求。如果机械系统的精度不能满足要求，则无论机电一体化产品其他的系统工作再精确，也无法完成其预定的机械操作。

2. 快速响应

机电一体化系统的快速响应就是要求机械系统从接到指令到开始执行指令所经过的时间间隔短，这样系统才能精确地完成预定的任务要求，控制系统也能及时根据机械系统的运行情况得到信息，下达指令，使其准确地完成任务。

3. 良好的稳定性

机电一体化系统要求其机械装置在温度、振动等外界干扰的影响下依然能够正常稳定地工作，即系统抵御外界环境的影响和抗干扰能力强。

为确保机械系统的上述特性，在设计中通常提出无间隙、低摩擦、低惯量、高刚度、高谐振频率和适当的阻尼比等要求。此外，机械系统还要求具有体积小、重量轻、高可靠性和寿命长等特点。

2.1.2 机械系统的组成

概括地讲，机电一体化机械系统主要包括如下三大机构。

1. 传动机构

机电一体化机械系统中的传动机构不仅仅是转速和转矩的变换器，而且已成为伺服系统的一部分，它要根据伺服控制的要求进行选择设计，以满足整个机械系统良好的伺服性能。因此传动机构除了要满足传动精度的要求外，还要满足小型、轻量、高速、低噪声和高可靠性的要求。

2. 导向机构

导向机构的作用是支承和导向，它为机械系统中各运动装置能安全、准确地完成其特定方向的运动提供保障，一般指导轨、轴承等。

3. 执行机构

执行机构是用来完成操作任务的直接装置。执行机构根据操作指令的要求在动力源的带动下完成预定的操作。一般要求它具有较高的灵敏度、精确度以及良好的重复性和可靠性。由于计算机的强大功能，使传统的作为动力源的电动机发展为具有动力、变速与执行等多重功能的伺服电动机，从而大大简化了传动和执行机构。

除以上三部分外，机电一体化系统的机械部分通常还包括机座、支架、壳体等。

2.1.3 机械系统的设计思想

机电一体化机械系统设计主要包括两个环节：静态设计和动态设计。

1. 静态设计

静态设计是指依据系统的功能要求，通过研究制定出机械系统的初步设计方案。该方案只是一个初步的轮廓，包括系统主要零、部件的种类，各部件之间的连接方式，系统的控制方式，所需能源方式等。

有了初步设计方案后，就可以开始按技术要求设计系统的各组成部件的结构、运动关系及参数，确定零件的材料、结构及制造精度；验算执行元件(如电机)的参数、功率及过载能力，选择相关元、部件；配置系统的阻尼等。以上称为稳态设计。稳态设计保证了系统的静态特性要求。

2. 动态设计

动态设计是指研究系统在频率域的特性，借助静态设计的系统结构，通过建立系统各组成环节的数学模型，推导出系统整体的传递函数，并利用自动控制理论的方法求得该系统的频率特性(幅频特性和相频特性)。系统的频率特性体现了系统对不同频率信号的反应，决定了系统的稳定性、最大工作频率和抗干扰能力。

静态设计是在忽略了系统自身的运动因素和干扰因素的状态下进行的产品设计。对于伺服精度和响应速度要求不高的机电一体化系统，静态设计就能够满足设计要求了。对于精密和高速智能化的机电一体化系统，环境干扰和系统自身的结构及运动因素对系统产生的影响会很大，因此必须通过调节各个环节的相关参数和改变系统的动态特性来保证系统的功能要求。动态分析与设计过程往往会改变前期的部分设计方案，有时甚至会推翻整个方案，重新进行静态设计。

2.2 机械传动设计的原则

2.2.1 机电一体化系统对机械传动的要求

机械传动是一种把动力机产生的运动和动力传递给执行机构的中间装置，是一种扭矩和转速的变换器，其目的是在动力机与负载之间使扭矩得到合理的匹配，并可通过机构变换实现对输出的速度调节。

在机电一体化系统中，伺服电动机的伺服变速功能在很大程度上代替了传统机械传动中的变速机构，只有当伺服电机的转速范围满足不了系统要求时，才通过传动装置变速。由于机电一体化系统对快速响应指标要求很高，因此机电一体化系统中的机械传动装置不仅仅是用来解决伺服电机与负载间的力矩匹配问题的，更重要的是为了提高系统的伺服性能。为了提高机械系统的伺服性能，要求机械传动部件的转动惯量小、摩擦小、阻尼合理、刚度大、抗振性好、间隙小，并满足小型、轻量、高速、低噪声和高可靠性等要求。

2.2.2 总传动比的确定

根据以上所述，机电一体化系统的传动装置在满足伺服电机与负载的力矩匹配的同时，应具有较高的响应速度，即启动和制动速度。因此，在伺服系统中，通常采用负载角加速度最大原则选择总传动比，以提高伺服系统的响应速度。传动模型如图 2-1 所示。图中：

J_m——电动机 M 的转子的转动惯量；

θ_m——电动机 M 的角位移；

J_L——负载 L 的转动惯量；

θ_L——负载 L 的角位移；

T_{LF}——摩擦阻抗转矩；

i——齿轮系 G 的总传动比。

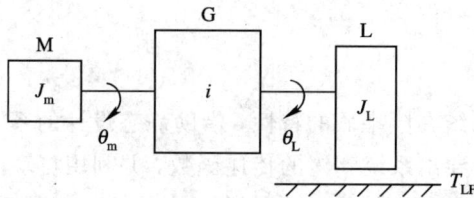

图 2-1 电机、传动装置和负载的传动模型

根据传动关系有

$$i = \frac{\theta_m}{\theta_L} = \frac{\dot{\theta}_m}{\dot{\theta}_L} = \frac{\ddot{\theta}_m}{\ddot{\theta}_L} \tag{2-1}$$

式中：

θ_m、$\dot{\theta}_m$、$\ddot{\theta}_m$——电动机的角位移、角速度、角加速度；

θ_L、$\dot{\theta}_L$、$\ddot{\theta}_L$——负载的角位移、角速度、角加速度。

T_{LF}换算到电动机轴上的阻抗转矩为 T_{LF}/i；J_L换算到电动机轴上的转动惯量为 J_L/i^2。设 T_m 为电动机的驱动转矩，在忽略传动装置惯量的前提下，根据旋转运动方程，电动机轴上的合转矩 T_a 为

$$T_a = T_m - \frac{T_{LF}}{i} = \left(J_m + \frac{J_L}{i^2}\right) \times \ddot{\theta}_m = \left(J_m + \frac{J_L}{i^2}\right) \times i \times \ddot{\theta}_L$$

则
$$\ddot{\theta}_L = \frac{T_m i - T_{LF}}{J_m i^2 + J_L} \tag{2-2}$$

式(2-2)中若改变总传动比 i，则 $\ddot{\theta}_L$ 也随之改变。根据负载角加速度最大的原则，令 $\mathrm{d}\ddot{\theta}_L/\mathrm{d}i = 0$，则解得

$$i = \frac{T_{LF}}{T_m} + \sqrt{\left(\frac{T_{LF}}{T_m}\right)^2 + \frac{J_L}{J_m}}$$

若不计摩擦，即 $T_{LF} = 0$，则

$$i = \sqrt{\frac{J_L}{J_m}} \quad \text{或} \quad \frac{T_L}{i^2} = T_m \tag{2-3}$$

式(2-3)表明，得到传动装置总传动比 i 的最佳值的时刻就是 J_L 换算到电动机轴上的转动惯量正好等于电动机转子的转动惯量 J_m 的时刻，此时，电动机的输出转矩一半用于加速负载，一半用于加速电动机转子，达到了惯性负载和转矩的最佳匹配。

当然，上述分析是忽略了传动装置的惯量影响而得到的结论，实际的总传动比要依据传动装置的惯量估算适当选择大一点。在传动装置设计完以后，在动态设计时，通常将传动装置的转动惯量归算为负载折算到电机轴上，并与实际负载一同考虑进行电机响应速度验算。

2.2.3 传动链的级数和各级传动比的分配

在机电一体化传动系统中，为了既满足总传动比的要求，又使结构紧凑，常采用多级齿轮副或蜗轮蜗杆等其他传动机构组成传动链。下面以齿轮传动链为例，介绍级数和各级传动比的分配原则，这些原则对其他形式的传动链也有指导意义。

1. 等效转动惯量最小原则

齿轮系传递的功率不同，其传动比的分配也有所不同。

1) 小功率传动装置

电动机驱动的二级齿轮传动系统如图2-2所示。由于功率小，假定各主动轮具有相同的转动惯量 J_1，轴与轴承转动惯量不计，各齿轮均为实心圆柱齿轮，且齿宽 b 和材料均相同，效率不计，则有

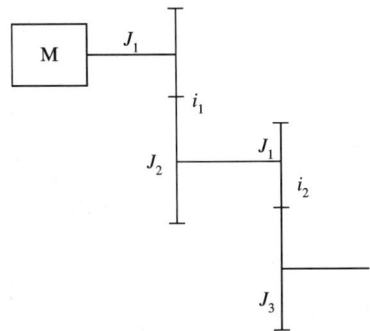

图2-2 电动机驱动的两级齿轮传动

$$i_1 = (\sqrt{2} \times i)^{1/3}$$
$$i_2 = 2^{-1/6} i^{2/3}$$

$$(2-4)$$

式中：

i_1、i_2——齿轮系中第一、第二级齿轮副的传动比；

i——齿轮系总传动比，$i = i_1 i_2$。

同理，对于 n 级齿轮系，则有

$$i_1 = 2^{\frac{2^n - n - 1}{2(2^n - 1)}} \qquad i^{\frac{1}{2^n - 1}}$$

$$(2-5)$$

$$i_k = \sqrt{2} \left(\frac{i}{2^{\frac{n}{2}}} \right)^{\frac{2^{(k-1)}}{2^n - 1}}$$

$$(2-6)$$

由此可见，各级传动比分配的结果应遵循"前小后大"的原则。

例 2-1 设有 $i = 80$，传动级数 $n = 4$ 的小功率传动，试按等效转动惯量最小原则分配传动比。

解

$$i_1 = 2^{\frac{2^4 - 4 - 1}{2(2^4 - 1)}} \times 80^{\frac{1}{2^4 - 1}} = 1.7268$$

$$i_2 = \sqrt{2} \left(\frac{80}{2^{4/2}} \right)^{\frac{2^{(2-1)}}{2^4 - 2}} = 2.1085$$

$$i_3 = \sqrt{2} \left(\frac{80}{2^{4/2}} \right)^{\frac{4}{15}} = 3.1438$$

$$i_4 = \sqrt{2} \left(\frac{80}{2^2} \right)^{\frac{8}{15}} = 6.9887$$

验算 $I = i_1 i_2 i_3 i_4 \approx 80$。

以上是已知传动级数进行各级传动比的确定方法。若以传动级数为参变量，齿轮系中折算到电动机轴上的等效转动惯量 J_e 与第一级主动齿轮的转动惯量 J_1 之比为 J_e/J_1，其变化与总传动比 i 的关系如图 2-3 所示。

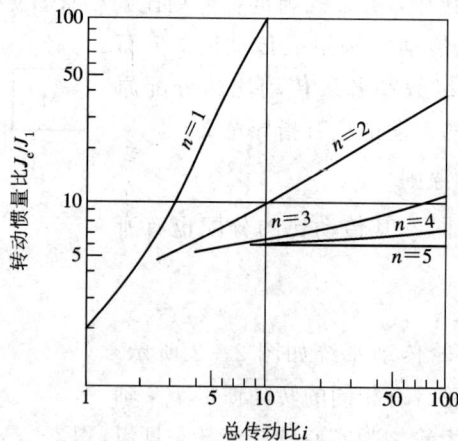

图 2-3 小功率传动装置确定传动级数曲线

2）大功率传动装置

大功率传动装置传递的扭矩大，各级齿轮副的模数、齿宽、直径等参数逐级增加，各级齿轮的转动惯量差别很大。大功率传动装置的传动级数及各级传动比可依据图 2-4、图 2-5、图 2-6 来确定。传动比分配的基本原则仍应为"前小后大"。

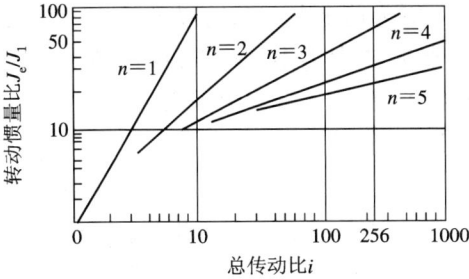

图 2-4　大功率传动装置确定传动级数曲线　　图 2-5　大功率传动装置确定第一级传动比曲线

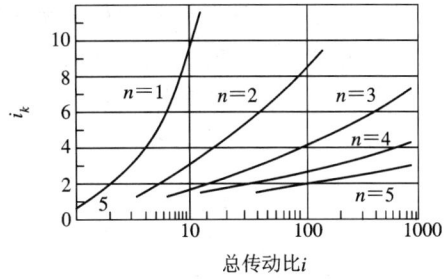

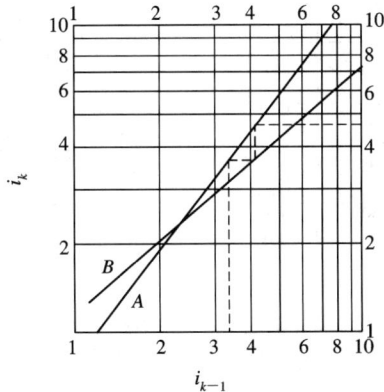

图 2-6　大功率传动装置确定各级传动比曲线

例 2-2　设有 $i=256$ 的大功率传动装置，试按等效转动惯量最小原则分配传动比。

解　查图 2-4，得 $n=3$，$J_e/J_1=70$；$n=4$，$J_e/J_1=35$；$n=5$，$J_e/J_1=26$。兼顾到 J_e/J_1 值的大小和传动装置的结构，选 $n=4$。查图 2-5，得 $i_1=3.3$。查图 2-6，在横坐标 i_{k-1} 上 3.3 处作垂直线与 A 线交于第一点，在纵坐标 i_k 轴上查得 $i_2=3.7$。通过该点作水平线与 B 曲线相交得第二点 $i_3=4.24$。由第二点作垂线与 A 曲线相交得第三点 $i_4=4.95$。

验算 $i_1i_2i_3i_4=256.26$。满足设计要求。

由上述分析可知：无论传递的功率大小如何，按转动惯量最小原则来分配时，从高速级到低速级的各级传动比总是逐级增加的，而且级数越多，总等效惯量越小。但级数增加到一定数量后，总等效惯量的减少并不明显；而且从结构紧凑、传动精度和经济性等方面考虑，级数也不能太多。

2. 质量最小原则

质量方面的限制常常是设计伺服系统时应考虑的重要问题，特别是用于航空、航天的传动装置，按质量最小的原则来确定各级传动比就显得十分必要。

1）大功率传动装置

对于大功率传动装置的传动级数确定，主要考虑结构的紧凑性。在给定总传动比的情况下，传动级数过少会使大齿轮尺寸过大，导致传动装置体积和质量增大；传动级数过多会增加轴、轴承等辅助构件，导致传动装置质量增加。设计时应综合考虑系统的功能要求和环境因素，通常情况下传动级数要尽量地少。

大功率减速传动装置按质量最小原则确定的各级传动比表现为"前大后小"的传动比分配方式。减速齿轮传动的后级齿轮比前级齿轮的转矩要大得多，同样传动比的情况下齿厚、质量也大得多，因此减小后级传动比就相应减少了大齿轮的齿数和质量。

大功率减速传动装置的各级传动比可以按图 2-7 和图 2-8 选择。

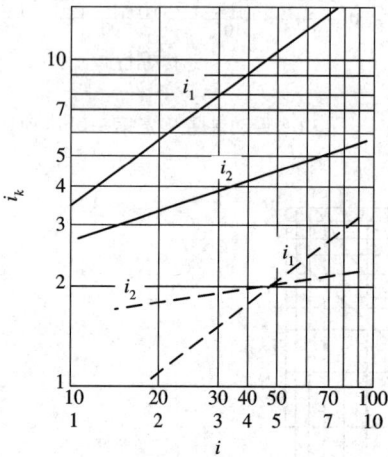

图 2-7 大功率传动装置两级传动比曲线
（$i<10$ 时，使用图中的虚线）

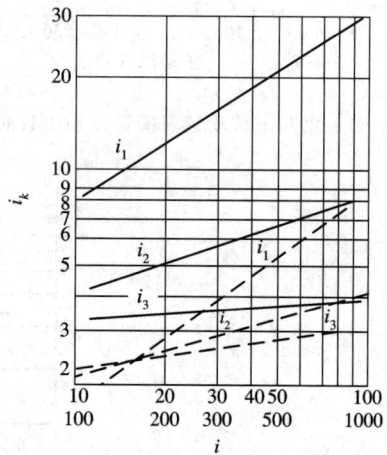

图 2-8 大功率传动装置三级传动比曲线
（$i<100$ 时，使用图中的虚线）

例 2-3 设 $n=2$，$i=40$，求各级传动比。

解 查图 2-7 可得

$$i_1 \approx 9.1, \quad i_2 \approx 4.4$$

例 2-4 设 $n=3$，$i=202$，求各级传动比。

解 查图 2-8 可得

$$i_1 \approx 12, \quad i_2 \approx 5, \quad i_3 \approx 3.4$$

2）小功率传动装置

对于小功率传动装置，按质量最小原则来确定传动比时，通常选择相等的各级传动比。在假设各主动小齿轮的模数、齿数均相等的特殊条件下，各大齿轮的分度圆直径均相等，因而每级齿轮副的中心距也相等。这样便可设计成如图 2-9 所示的回曲式齿轮传动链；其总传动比可以非常大。显然，这种结构十分紧凑。

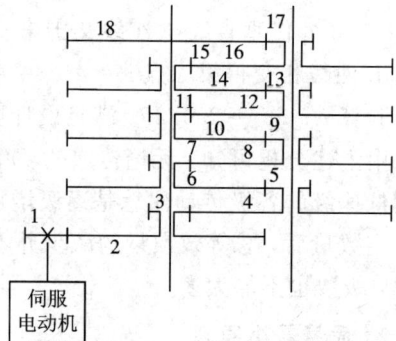

图 2-9 回曲式齿轮传动链

3. 输出轴转角误差最小原则

以图 2-10 所示四级齿轮减速传动链为例。四级传动比分别为 i_1、i_2、i_3、i_4，齿轮 $1\sim8$ 的转角误差依次为 $\Delta\Phi_1\sim\Delta\Phi_8$。

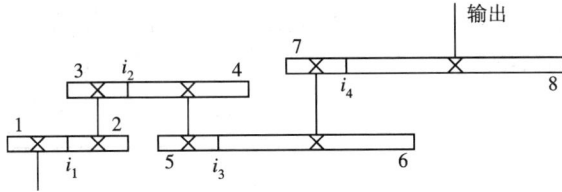

图 2-10　四级减速齿轮传动链

该传动链输出轴的总转动角误差 $\Delta\Phi_{\max}$ 为

$$\Delta\Phi_{\max} = \frac{\Delta\Phi_1}{i_1 i_2 i_3 i_4} + \frac{\Delta\Phi_2 + \Delta\Phi_3}{i_2 i_3 i_4} + \frac{\Delta\Phi_4 + \Delta\Phi_5}{i_3 i_4} + \frac{\Delta\Phi_6 + \Delta\Phi_7}{i_4} + \Delta\Phi_8 \qquad (2-7)$$

由式（2-7）可以看出，如果从输入端到输出端的各级传动比按"前小后大"原则排列，则总转角误差较小，而且低速级的误差在总误差中占的比重很大。因此，要提高传动精度，就应减少传动级数，并使末级齿轮的传动比尽可能大，制造精度尽可能高。

4. 三种原则的选择

在设计齿轮传动装置时，上述三条原则应根据具体工作条件综合考虑。

（1）对于传动精度要求高的降速齿轮传动链，可按输出轴转角误差最小原则设计。若为增速传动，则应在开始几级就增速。

（2）对于要求运转平稳、启停频繁和动态性能好的降速传动链，可按等效转动惯量最小原则和输出轴转角误差最小原则设计。

（3）对于要求质量尽可能小的降速传动链，可按质量最小原则设计。

2.3　机械系统性能分析

为了保证机电一体化系统具有良好的伺服特性，我们不仅要满足系统的静态特性，还必须利用自动控制理论的方法进行机电一体化系统的动态分析与设计。动态设计过程首先是针对静态设计的系统建立数学模型，然后用控制理论的方法分析系统的频率特性，并通过调节相关机械参数改变系统的伺服性能。

2.3.1　数学模型的建立

机械系统的数学模型的建立与电气系统的数学模型的建立基本相似，都是通过折算的办法将复杂的结构装置转换成等效的简单函数关系，其数学表达式一般是线性微分方程（通常简化成二阶微分方程）。机械系统的数学模型分析的是输入（如电机转子运动）和输出（如工作台运动）之间的相对关系。等效折算过程是将具有复杂结构关系的机械系统的惯量、弹性模量和阻尼（或阻尼比）等机械性能参数归一化处理，从而通过数学模型来反映各环节的机械参数对系统整体的影响。

下面以数控机床进给传动系统为例，来介绍建立数学模型的方法。在图 2 - 11 所示的数控机床进给传动系统中，电动机通过两级减速齿轮 G_1、G_2、G_3、G_4 及丝杠螺母副驱动工作台作直线运动。设 J_1 为轴 I 部件和电动机转子构成的转动惯量；J_2、J_3 为轴 II、III 部件构成的转动惯量；K_1、K_2、K_3 分别为轴 I、II、III 的扭转刚度系数；K 为丝杠螺母副及螺母底座部分的轴向刚度系数；m 为工作台质量；C 为工作台导轨粘性阻尼系数；T_1、T_2、T_3 分别为轴 I、II、III 的输入转矩。

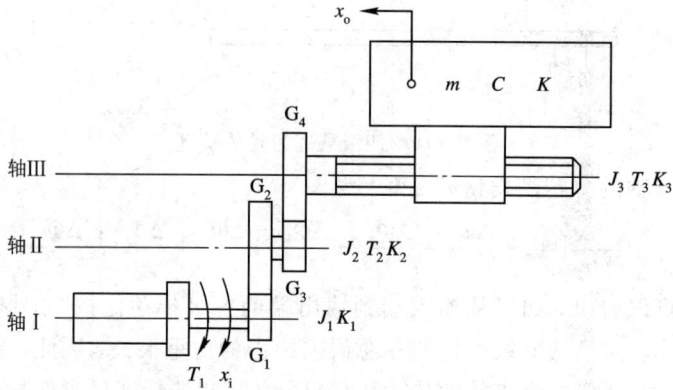

图 2 - 11　数控机床进给系统

建立该系统的数学模型，首先是把机械系统中各基本物理量折算到传动链中的某个元件上（本例是折算到轴 I 上），使复杂的多轴传动关系转化成单一轴运动，转化前后的系统总机械性能等效；然后，在单一轴基础上根据输入量和输出量的关系建立它的输入/输出数学表达式（即数学模型）。对该表达式进行的相关机械特性分析就反映了原系统的性能。在该系统的数学模型建立过程中，我们分别针对不同的物理量（如 J、K、ω）求出相应的折算等效值。

机械装置的质量（惯量）、弹性模量和阻尼等机械特性参数对系统的影响是线性叠加的，因此在研究各参数对系统的影响时，可以假设其他参数为理想状态，单独考虑特性关系。下面就基本机械性能参数来分别讨论转动惯量、弹性模量和阻尼的折算过程。

1. 转动惯量的折算

把轴 I、II、III 上的转动惯量和工作台的质量都折算到轴 I 上，作为系统的等效转动惯量。设 T_1'、T_2'、T_3' 分别为轴 I、II、III 的负载转矩，ω_1、ω_2、ω_3 分别为轴 I、II、III 的角速度，v 为工作台位移时的线速度，z_1、z_2、z_3、z_4 分别为四个齿轮的齿数。

（1）I、II、III 轴转动惯量的折算。根据动力平衡原理，I、II、III 轴的力平衡方程分别是

$$T_1 = J_1 \frac{d\omega_1}{dt} + T_1' \qquad (2-8)$$

$$T_2 = J_2 \frac{d\omega_2}{dt} + T_2' \qquad (2-9)$$

$$T_3 = J_3 \frac{d\omega_3}{dt} + T_3' \qquad (2-10)$$

因为轴Ⅱ的输入转矩 T_2 是由轴Ⅰ上的负载转矩获得的，且与它们的转速成反比，所以

$$T_2 = \frac{z_2}{z_1} T_1$$

又根据传动关系有

$$\omega_2 = \frac{z_1}{z_2} \omega_1$$

把 T_2 和 ω_2 值代入式(2-9)，并将式(2-8)中的 T_1 也带入，整理得

$$T_1' = J_2 \left(\frac{z_1}{z_2}\right)^2 \frac{d\omega_1}{dt} + \left(\frac{z_1}{z_2}\right) T_2' \tag{2-11}$$

同理

$$T_2' = J_3 \left(\frac{z_1}{z_2}\right) \left(\frac{z_3}{z_4}\right)^2 \frac{d\omega_1}{dt} + \left(\frac{z_3}{z_4}\right) T_3' \tag{2-12}$$

(2) 将工作台质量折算到Ⅰ轴。在工作台与丝杠间，T_3' 驱动丝杠使工作台运动。

根据动力平衡关系有

$$T_3' 2\pi = m \left(\frac{dv}{dt}\right) L$$

式中：

v —— 工作台的线速度；

L —— 丝杠导程。

所以丝杠转动一周所做的功等于工作台前进一个导程时其惯性力所做的功。

又根据传动关系有

$$v = \frac{L}{2\pi} \omega_3 = \frac{L}{2\pi} \left(\frac{z_1}{z_2} \frac{z_3}{z_4}\right) \omega_1$$

把 v 值代入上式整理后得

$$T_3' = \left(\frac{L}{2\pi}\right)^2 \left(\frac{z_1}{z_2} \frac{z_3}{z_4}\right) m \frac{d\omega_1}{dt} \tag{2-13}$$

(3) 折算到轴Ⅰ上的总转动惯量。把式(2-11)、(2-12)、(2-13)分别代入式(2-8)、(2-9)、(2-10)中，消去中间变量并整理后求出电机输出的总转矩 T_1 为

$$T_1 = \left[J_1 + J_2 \left(\frac{z_1}{z_2}\right)^2 + J_3 \left(\frac{z_1}{z_2} \frac{z_3}{z_4}\right)^2 + m \left(\frac{z_1}{z_2} \frac{z_3}{z_4}\right)^2 \left(\frac{L}{2\pi}\right)^2\right] \frac{d\omega_1}{dt} = J_\Sigma \frac{d\omega_1}{dt} \tag{2-14}$$

式中：

$$J_\Sigma = J_1 + J_2 \left(\frac{z_1}{z_2}\right)^2 + J_3 \left(\frac{z_1}{z_2} \frac{z_3}{z_4}\right)^2 + m \left(\frac{z_1}{z_2} \frac{z_3}{z_4}\right)^2 \left(\frac{L}{2\pi}\right)^2 \tag{2-15}$$

为系统各环节的转动惯量(或质量)折算到轴Ⅰ上的总等效转动惯量，其中，$J_2 \left(\frac{z_1}{z_2}\right)^2$、$J_3 \left(\frac{z_1}{z_2} \frac{z_3}{z_4}\right)^2$、$m \left(\frac{z_1}{z_2} \frac{z_3}{z_4}\right)^2 \left(\frac{L}{2\pi}\right)^2$ 分别为Ⅱ、Ⅲ轴转动惯量和工作台质量折算到Ⅰ轴上的折算转动惯量。

2. 粘性阻尼系数的折算

机械系统工作过程中，相互运动的元件间存在着阻力，并以不同的形式表现出来，如

摩擦阻力、流体阻力以及负载阻力等，这些阻力在建模时需要折算成与速度有关的粘滞阻尼力。

当工作台匀速转动时，轴Ⅲ的驱动转矩 T_3 完全用来克服粘滞阻尼力的消耗。考虑到其他各环节的摩擦损失比工作台导轨的摩擦损失小得多，故只计工作台导轨的粘性阻尼系数 C。根据工作台与丝杠之间的动力平衡关系有

$$T_3 2\pi = CvL$$

即丝杠转一周 T_3 所作的功，等于工作台前进一个导程时其阻尼力所作的功。

根据力学原理和传动关系有

$$T_1 = \left(\frac{z_2}{z_1}\frac{z_4}{z_3}\right)^2 \left(\frac{L}{2\pi}\right)^2 C\omega_1 = C'\omega_1 \qquad (2-16)$$

式中：C'——工作台导轨折算到轴Ⅰ上的粘性阻力系数，其值为

$$C' = \left(\frac{z_2}{z_1}\frac{z_4}{z_3}\right)^2 \left(\frac{L}{2\pi}\right)^2 C \qquad (2-17)$$

3. 弹性变形系数的折算

机械系统中各元件在工作时受力或力矩的作用，将产生轴向伸长、压缩或扭转等弹性变形，这些变形将影响到整个系统的精度和动态特性，建模时要将其折算成相应的扭转刚度系数或轴向刚度系数。

上例中，应先将各轴的扭转角都折算到轴Ⅰ上来，丝杠与工作台之间的轴向弹性变形会使轴Ⅲ产生一个附加扭转角，也应折算到轴Ⅰ上来，然后求出轴Ⅰ的总扭转刚度系数。同样，当系统在无阻尼状态下时，T_1、T_2、T_3 等输入转矩都用来克服机构的弹性变形。

（1）轴向刚度的折算。当系统承担负载后，丝杠螺母副和螺母座都会产生轴向弹性变形，图 2-12 是它的等效作用图。在丝杠左端输入转矩 T_3 的作用下，丝杠和工作台之间的弹性变形为 δ，对应的丝杠附加扭转角为 $\Delta\theta_3$。根据动力平衡原理和传动关系，在丝杠轴Ⅲ上有：

$$T_3 2\pi = K\delta L$$

$$\delta = \frac{\Delta\theta_3}{2\pi}L$$

图 2-12 弹性变形的等效图

所以

$$T_3 = \left(\frac{1}{2\pi}\right)^2 K\Delta\theta_3 = K'\Delta\theta_3$$

式中：K'——附加扭转刚度系数，其值为

$$K' = \left(\frac{1}{2\pi}\right)^2 K \qquad (2-18)$$

（2）扭转刚度系数的折算。设 θ_1、θ_2、θ_3 分别为轴Ⅰ、Ⅱ、Ⅲ在输入转矩 T_1、T_2、T_3 的作用下产生的扭转角。根据动力平衡原理和传动关系有

$$\theta_1 = \frac{T_1}{K_1}$$

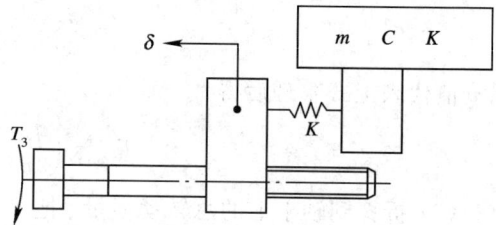

$$\theta_2 = \frac{T_2}{K_2} = \left(\frac{z_2}{z_1}\right)\frac{T_1}{K_2}$$

$$\theta_3 = \frac{T_3}{K_3} = \left(\frac{z_2}{z_1}\frac{z_4}{z_3}\right)\frac{T_1}{K_3}$$

由于丝杠和工作台之间轴向弹性变形使轴 Ⅲ 附加了一个扭转角 $\Delta\theta_3$，因此轴 Ⅲ 上的实际扭转角 $\theta_{\mathbb{II}}$ 为

$$\theta_{\mathbb{II}} = \theta_3 + \Delta\theta_3$$

将 θ_3、$\Delta\theta_3$ 值代入，则有

$$\theta_{\mathbb{II}} = \frac{T_3}{K_3} + \frac{T_3}{K'} = \left(\frac{z_2}{z_1}\frac{z_4}{z_3}\right)\left(\frac{1}{K_3} + \frac{1}{K'}\right)T_1$$

将各轴的扭转角折算到轴 Ⅰ 上得轴 Ⅰ 的总扭转角为

$$\theta = \theta_1 + \left(\frac{z_2}{z_1}\right)\theta_2 + \left(\frac{z_2}{z_1}\frac{z_4}{z_3}\right)\theta_{\mathbb{II}}$$

将 θ_1、θ_2、$\theta_{\mathbb{II}}$ 值代入上式有

$$\theta = \frac{T_1}{K_1} + \left(\frac{z_2}{z_1}\right)^2\frac{T_1}{K_2} + \left(\frac{z_2}{z_1}\frac{z_4}{z_3}\right)^2\left(\frac{1}{K_3} + \frac{1}{K'}\right)T_1$$

$$= \left[\frac{1}{K_1} + \left(\frac{z_2}{z_1}\right)^2\frac{1}{K_2} + \left(\frac{z_2}{z_1}\frac{z_4}{z_3}\right)^2\left(\frac{1}{K_3} + \frac{1}{K'}\right)\right]T_1 = \frac{T_1}{K_\Sigma} \tag{2-19}$$

式中：K_Σ——折算到轴 Ⅰ 上的总扭转刚度系数，其值为

$$K_\Sigma = \cfrac{1}{\cfrac{1}{K_1} + \left(\cfrac{z_2}{z_1}\right)^2\cfrac{1}{K_2} + \left(\cfrac{z_2}{z_1}\cfrac{z_4}{z_3}\right)^2\left(\cfrac{1}{K_3} + \cfrac{1}{K'}\right)} \tag{2-20}$$

4. 建立系统的数学模型

根据以上的参数折算，可建立系统动力平衡方程和推导数学模型。

设输入量为轴 Ⅰ 的输入转角 X_i，输出量为工作台的线位移 X_o。根据传动原理，可把 X_o 折算成轴 Ⅰ 的输出角位移 Φ。在轴 Ⅰ 上根据动力平衡原理有

$$J_\Sigma\frac{\mathrm{d}^2\Phi}{\mathrm{d}t^2} + C'\frac{\mathrm{d}\Phi}{\mathrm{d}t} + K_\Sigma\Phi = K_\Sigma X_i \tag{2-21}$$

又因为

$$\Phi = \left(\frac{2\pi}{L}\right)\left(\frac{z_2}{z_1}\frac{z_4}{z_3}\right)X_o \tag{2-22}$$

因此，动力平衡关系可以写成下式：

$$J_\Sigma\frac{\mathrm{d}^2X_o}{\mathrm{d}t^2} + C'\frac{\mathrm{d}X_o}{\mathrm{d}t} + K_\Sigma X_o = \left(\frac{z_1}{z_2}\frac{z_3}{z_4}\right)\left(\frac{L}{2\pi}\right)K_\Sigma X_i \tag{2-23}$$

这就是机床进给系统的数学模型，它是一个二阶线性微分方程。其中，J_Σ、C'、K_Σ 均为常数。通过对式(2-15)进行拉氏变换，可求得该系统的传递函数为

$$G(s) = \frac{X_o(s)}{X_i(s)} = \frac{\left(\frac{z_1}{z_2}\frac{z_3}{z_4}\right)\left(\frac{L}{2\pi}\right)K_\Sigma}{J_\Sigma s^2 + C's + K_\Sigma} = \left(\frac{z_1}{z_2}\frac{z_3}{z_4}\right)\left(\frac{L}{2\pi}\right)\frac{\omega_n^2}{s^2 + 2\xi\omega_n s + \omega_n^2} \tag{2-24}$$

式中：

ω_n——系统的固有频率，其值为

$$\omega_n = \sqrt{\frac{K_\Sigma}{J_\Sigma}} \qquad\qquad (2-25)$$

ξ——系统的阻尼比，其值为

$$\xi = \frac{C'}{2\sqrt{J_\Sigma K_\Sigma}} \qquad\qquad (2-26)$$

ω_n 和 ξ 是二阶系统的两个特征参量，它们是由惯量(质量)、摩擦阻力系数、弹性变形系数等结构参数决定的。对于电气系统，ω_n 和 ξ 则由 R、C、L 物理量决定，它们具有相似的特性。

将 $s = j\omega$ 代入式(2-24)可求出 $A(\omega)$ 和 $\Phi(\omega)$，即该机械传动系统的幅频特性和相频特性。由 $A(\omega)$ 和 $\Phi(\omega)$ 可以分析出系统不同频率的输入(或干扰)信号对输出幅值和相位的影响，从而反映了系统在不同精度要求状态下的工作频率和对不同频率干扰信号的衰减能力。

2.3.2 机械性能参数对系统性能的影响

机电一体化的机械系统要求精度高、运动平稳、工作可靠，这不全是静态设计(机械传动和结构)所能解决的问题，而是要通过对机械传动部分与伺服电动机的动态特性进行分析，调节相关机械性能参数，才能达到优化系统性能的目的。

通过以上的分析可知，机械传动系统的性能与系统本身的阻尼比 ξ、固有频率 ω_n 有关。ω_n、ξ 又与机械系统的结构参数密切相关。因此，机械系统的结构参数对伺服系统的性能有很大影响。

1. 阻尼的影响

一般的机械系统均可简化为二阶系统，系统中阻尼的影响可以由二阶系统单位阶跃响应曲线来说明。由图 2-13 可知，阻尼比不同的系统，其时间响应特性也不同。

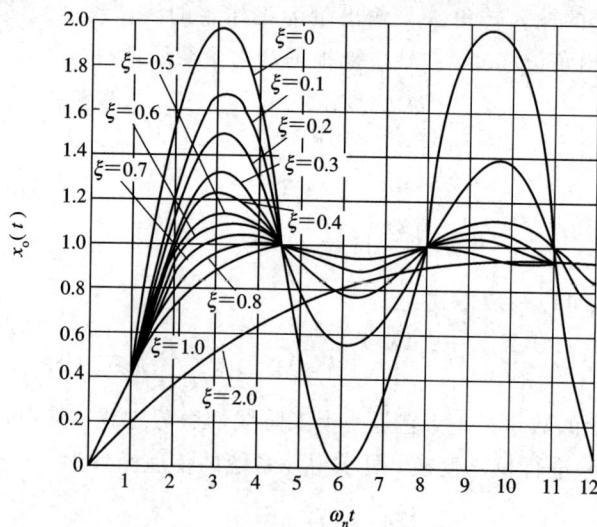

图 2-13　二阶系统单位阶跃响应曲线

（1）当阻尼比 $\xi=0$ 时，系统处于等幅持续振荡状态，因此系统不能无阻尼。

（2）当 $\xi \geqslant 1$ 时，系统为临界阻尼或过阻尼系统。此时，过渡过程无振荡，但响应时间较长。

（3）当 $0<\xi<1$ 时，系统为欠阻尼系统。此时，系统在过渡过程中处于减幅振荡状态，其幅值衰减的快慢，取决于衰减系数 $\xi\omega_n$。在 ω_n 确定以后，ξ 愈小，其振荡愈剧烈，过渡过程越长。相反，ξ 越大，则振荡越小，过渡过程越平稳，系统稳定性越好，但响应时间较长，系统灵敏度降低。因此，在系统设计时，应综合考虑其性能指标，一般取 $0.5<\xi<0.8$ 的欠阻尼系统，既能保证振荡在一定的范围内，过渡过程较平稳，过渡过程时间较短，又具有较高的灵敏度。

2. 摩擦的影响

当两物体产生相对运动或有运动趋势时，其接触面要产生摩擦。摩擦力可分为粘性摩擦力、库仑摩擦力和静摩擦力三种，其方向均与运动趋势方向相反。

图 2-14 反应了三种摩擦力与物体运动速度之间的关系。当负载处于静止状态时，摩擦力为静摩擦力 F_s，其最大值发生在运动开始前的一瞬间；当运动一开始，静摩擦力即消失，此时摩擦力立即下降为动摩擦（库仑摩擦）力 F_c，库仑摩擦力是接触面对运动物体的阻力，大小为一常数；随着运动速度的增加，摩擦力成线性增加，此时摩擦力为粘性摩擦 F_v。由此可见，只有物体运动后的粘性摩擦力是线性的，而当物体静止时和刚开始运动时，其摩擦力是非线性的。摩擦对伺服系统的影响主要有：引起动态滞后，降低系统的响应速度，导致系统误差和低速爬行。

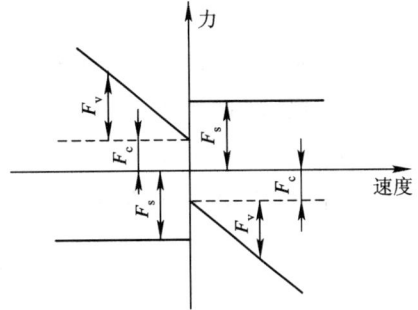

图 2-14 摩擦力—速度曲线

在图 2-15 所示的机械系统中，设系统的弹簧刚度为 K。如果系统开始处于静止状态，当输入轴以一定的角速度转动时，由于静摩擦力矩 T 的作用，在 $\theta_i \leqslant \left| \dfrac{T_s}{K} \right|$ 范围内，输出轴将不会运动，θ_i 值即为静摩擦引起的传动死区。在传动死区内，系统将在一段时间内对输入信号无响应，从而造成误差。

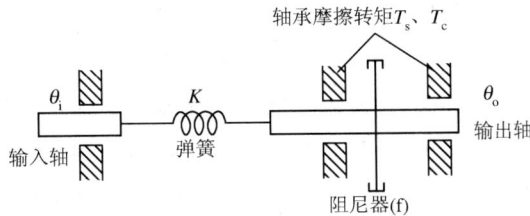

图 2-15 力传递与弹性变形示意图

当输入轴以恒速 Ω 继续运动，在 $\theta_i > |T_s/K|$ 后，输出轴也以恒速 Ω 运动，但始终滞后输入轴一个角度 θ_{ss}，若粘性摩擦系数为 f，则有

$$\theta_{ss} = \frac{f\Omega}{K} + \frac{T_c}{K} \qquad\qquad (2-27)$$

式中：$f\Omega/K$ 是粘性摩擦引起的动态滞后；T_c/K 是库仑摩擦所引起的动态滞后；θ_{ss} 为系统的稳态误差。

由以上分析可知，当静摩擦大于库仑摩擦，且系统在低速运行时（忽略粘性摩擦引起的滞后），在驱动力引起弹性变形的作用下，系统总是在启动、停止的交替变化之中运动，该现象被称为低速爬行现象。低速爬行会导致系统运行不稳定。爬行一般出现在某个临界转速以下，而在高速运行时不会出现。

设计机械系统时，应尽量减少静摩擦并降低动、静摩擦之差值，以提高系统的精度、稳定性和快速响应性能。因此，机电一体化系统中，常常采用摩擦性能良好的塑料—金属滑动导轨，滚动导轨，滚珠丝杠，静、动压导轨，静、动压轴承，磁轴承等新型传动件和支承件，并进行良好的润滑。

此外，适当的增加系统的惯量 J 和粘性摩擦系数 f 也有利于改善低速爬行现象。但惯量增加将引起伺服系统响应性能的降低，增加粘性摩擦系数 f 也会增加系统的稳态误差，故设计时必须权衡利弊，妥善处理。

3. 弹性变形的影响

机械传动系统的结构弹性变形是引起系统不稳定和产生动态滞后的主要因素，而稳定性是系统正常工作的首要条件。当伺服电动机带动机械负载按指令运动时，机械系统所有的元件都会因受力而产生程度不同的弹性变形。由式（2-25）、（2-26）知，其固有频率与系统的阻尼、惯量、摩擦、弹性变形等结构因素有关。当机械系统的固有频率接近或落入伺服系统带宽之中时，系统将产生谐振而无法工作。因此为避免机械系统由于弹性变形而使整个伺服系统发生结构谐振，一般要求系统的固有频率 ω_n 要远远高于伺服系统的工作频率。通常采取提高系统刚度、增加阻尼、调整机械构件质量和自振频率等方法来提高系统的抗振性，防止谐振的发生。

采用弹性模量高的材料，合理选择零件的截面形状和尺寸，对轴承、丝杠等支承件施加预加载荷等方法均可以提高零件的刚度。在多级齿轮传动中，增大末级减速比可以有效地提高末级输出轴的折算刚度。

另外，在不改变机械结构固有频率的情况下，通过增大阻尼也可以有效地抑制谐振。因此，许多机电一体化系统设有阻尼器以使振荡迅速衰减。

4. 惯量的影响

转动惯量对伺服系统的精度、稳定性、动态响应都有影响。惯量大，系统的机械常数大，响应慢。由式（2-26）可以看出，惯量大，ξ 值将减小，从而使系统的振荡增强，稳定性下降；由式（2-25）可知，惯量大，会使系统的固有频率下降，容易产生谐振，因而限制了伺服带宽，影响了伺服精度和响应速度。惯量的适当增大只有在改善低速爬行时有利。因此，机械设计时在不影响系统刚度的条件下，应尽量减小惯量。

2.3.3 传动间隙对系统性能的影响

机械系统中存在着许多间隙，如齿轮传动间隙、螺旋传动间隙等。这些间隙对伺服系统性能有很大影响。下面以齿轮间隙为例进行分析。

图 2-16 所示为一典型旋转工作台伺服系统框图。图中所用齿轮根据不同的要求有不同的用途，有的用于传递信息(G_1、G_3)，有的用于传递动力(G_2、G_4)；有的在系统闭环之内(G_2、G_3)，有的在系统闭环之外(G_1、G_4)。由于它们在系统中的位置不同，其齿隙的影响也不同。

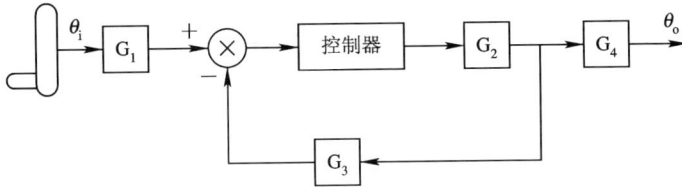

图 2-16　典型转台伺服系统框图

（1）闭环之外的齿轮 G_1、G_4 的齿隙对系统稳定性无影响，但影响伺服精度。由于齿隙的存在，在传动装置逆运行时可造成回程误差，使输出轴与输入轴之间呈非线性关系，输出滞后于输入，影响系统的精度。

（2）闭环之内传递动力的齿轮 G_2 的齿隙对系统静态精度无影响，这是因为控制系统有自动校正作用。又由于齿轮副的啮合间隙会造成传动死区，若闭环系统的稳定裕度较小，则会使系统产生自激振荡，因此闭环之内动力传递齿轮的齿隙对系统的稳定性有影响。

（3）反馈回路上数据传递齿轮 G_3 的齿隙既影响稳定性，又影响精度。

因此，应尽量减小或消除间隙。目前在机电一体化系统中，广泛采取各种机械消隙机构来消除齿轮副、螺旋副等传动副的间隙。相关内容将在第 3 章讲解。

2.4　机械系统的运动控制

机电一体化系统要求具有较高的响应速度。影响系统响应速度的因素除控制系统的信息处理速度和信息传输滞后因素外，机械系统的机械性能参数对系统的响应速度影响非常大。本节就机械系统的启动、制动过程进行详细的介绍。

2.4.1　机械传动系统的动力学原理

图 2-17 所示是带有制动装置的电机驱动机械运动装置。图中：M 为电机的驱动力

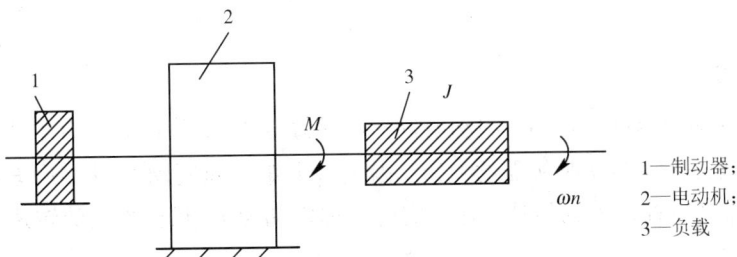

1—制动器；
2—电动机；
3—负载

图 2-17　电机驱动机械运动装置

矩(N·m),当加速时,T 为正值,当减速时,T 为负值;J 为负载和电机转子的转动惯量(kg·m^2);n 为轴的转速(r/min)。

根据动力学平衡原理知:

$$T = J \frac{\mathrm{d}\omega}{\mathrm{d}t} \tag{2-28}$$

若 T 恒定,则可求得

$$\omega = \int \frac{T}{J} \, \mathrm{d}t = \frac{T}{J}t + \omega_0 \tag{2-29}$$

用转速 n 表示上式,得

$$n = \frac{30}{\pi} \frac{T}{J}t + n_0 \tag{2-30}$$

其中,ω_0 和 n_0 是初始转速。

由式(2-30)即可求出加速或减速所需时间:

$$t = \frac{\pi J (n - n_0)}{30 T} \tag{2-31}$$

以上各式中 T 和 J 都是与时间无关的函数。但在实际问题中,例如启动时电机的输出力矩是变化的,机械手装置中转臂至回转轴的距离在回转时也是变化的,因而 J 也随之变化。若考虑力矩 T 与 J 是时间的函数,则

$$T = f_1(t), \quad J = f_2(t)$$

由式(2-29)得

$$\frac{\mathrm{d}\omega}{\mathrm{d}t} = \frac{f_1(t)}{f_2(t)}$$

积分后得

$$\omega = \int \frac{f_1(t)}{f_2(t)} \, \mathrm{d}t + \omega_0$$

或

$$n = \frac{30}{\pi} \int \frac{f_1(t)}{f_2(t)} \, \mathrm{d}t + n_0 \tag{2-32}$$

2.4.2 机械系统的制动控制

机械系统的制动问题就是讨论在一定时间内把机械装置减速至预定的速度或减速到停止时的相关问题。如机床的工作台停止时的定位精度就取决于制动控制的精度。

制动过程比较复杂,是一个动态过程,为了简化计算,以下近似地将制动过程作为等减速运动来处理。

1. 制动力矩

当已知控制轴的速度(转速)、制动时间、负载力矩 M_L、装置的阻力矩 M_f 以及等效转动惯量 J 时,就可计算制动时所需的力矩。因负载力矩也起制动作用,所以也看作制动力矩。下面分析将某一控制轴的转速,在一定时间内由初速 n_0 减至预定的转速 n 的情况。由式(2-31)得

$$M_B + M_L + M_f = \frac{\pi J (n_0 - n)}{30 t}$$

即
$$M_B = \frac{\pi J (n_0 - n)}{30t} - M_L - M_f \qquad (2-33)$$

式中：

M_B——控制轴设置的制动力矩（N·m）;

t——制动控制时间（s）。

在式（2-33）中，M_L 与 M_f 均以其绝对值代入。若已知装置的机械效率 η，则可以通过效率反映阻力矩，即 $M_L + M_f = M_L/\eta$。因而上式可写成

$$M_B = \frac{\pi J}{30} \frac{n_0 - n}{t} - \frac{M_L}{\eta} \qquad (2-34)$$

2. 制动时间

机械装置在制动器选定后，就可计算从开始制动到停止时所需要的时间。这时，制动力矩 M_B、等效负载力矩 M_L、等效摩擦阻力矩 M_f、装置的等效转动惯量 J 以及制动速度是已知条件。制动开始后，总的制动力矩为

$$\sum M_B = M_B + M_L + M_f \qquad (2-35)$$

由式（2-33）得

$$t = \frac{\pi J}{30} \frac{n_0 - n}{\sum M_B} \qquad (2-36)$$

3. 制动距离（制动转角）

开始制动后，工作台或转臂因其自身惯性的作用，往往不是停在预定的位置上。为了提高运动部件停止的位置精度，设计时应确定制动距离以及制动的时间。

设控制轴转速为 n_0(r/min)，直线运动速度为 v_0(m/min)。当装在控制轴上的制动器动作后，控制轴减速到 n(r/min)，工作台速度降到 v(m/min)，试求减速时间内总的转角和移动距离。

根据式（2-30）得

$$n = \frac{1}{60} \left\{ \frac{30t}{\pi J} \left(\sum M_B \right) + n_0 \right\}$$

式中，n 的单位为 r/s。以初速 n_0(r/min)转动的控制轴上作用有 $\sum M_B$ 的制动力矩在 t 秒钟内转了 n_B 转，n_B 为

$$n_B = \int_0^t n \, dt = \frac{1}{60} \int_0^t \left[\frac{30t}{\pi J} \left(\sum M_B \right) + n_0 \right] dt$$

$$= \frac{1}{60} \left[\frac{30}{\pi J} \left(\sum M_B \right) \frac{t^2}{2} + n_0 t \right]$$

$$= \frac{1}{60} \times \frac{1}{2} \left[\frac{30}{\pi J} \left(\sum M_B \right) t + 2n_0 \right] t$$

将式（2-30）带入上式，则有

$$n_B = \frac{1}{2} \frac{n + n_0}{60} t \qquad (2-37)$$

将式（2-36）代入式（2-37）后得

$$n_{\mathrm{B}} = \frac{\pi J}{3600} \frac{(n_0^2 - n^2)}{\sum M_{\mathrm{B}}} \tag{2-38}$$

由式(2-38)可求出总回转角 φ_{B}(单位为 rad):

$$\varphi_{\mathrm{B}} = 2\pi n_{\mathrm{B}} = \frac{\pi^2 J}{1800} \frac{(n_0^2 - n^2)}{\sum M_{\mathrm{B}}} \tag{2-39}$$

用类似的方法可推导出有关直线运动的制动距离。设初速度为 $v_0(\mathrm{m/min})$，终速度为 $v(\mathrm{m/min})$，制动时间为 t，且认为是匀减速制动，则制动距离 S_{B} 为

$$S_{\mathrm{B}} = \frac{1}{2} \frac{v + v_0}{60} t \tag{2-40}$$

当 t 为未知值时，代入式(2-36)求得 S_{B} 为

$$S_{\mathrm{B}} = \frac{\pi J}{3600} \frac{(v + v_0)(n_0 - n)}{\sum M_{\mathrm{B}}} \tag{2-41}$$

例 2-5 图 2-18 所示为一进给工作台。电动机 M、制动器 B、工作台 A、齿轮 $G_1 \sim G_4$ 以及轴 1、轴 2 的数据如表 2-1 所示。试求：

(1) 此装置换算至电动机轴的等效转动惯量。

(2) 设控制轴上制动器 B($M_{\mathrm{B}} = 50\ \mathrm{N \cdot m}$)动作后，希望工作台停止在所要求的位置上。试求制动器开始动作的位置(摩擦阻力矩可忽略不计)。

(3) 设工作台导轨面摩擦系数 $\mu = 0.05$，若将此导轨面的滑动摩擦考虑在内，则工作台的制动距离变化多少？

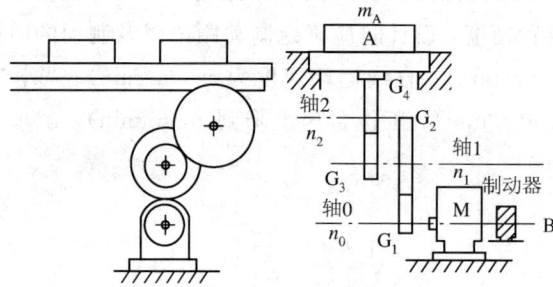

图 2-18 进给工作台

表 2-1 例 2-5 的参数表

	齿 轮				轴		工作台	电动机	制动器
	G_1	G_2	G_3	G_4	1	2	A	M	B
速度/(r/min)	720	180	180	102	100	102	90	720	
J/(kg·m²)	J_{G1}	J_{G2}	J_{G3}	J_{G4}	J_{s1}	J_{s2}	J_A	J_M	J_B
	0.0028	0.606	0.017	0.153	0.0008	0.0008		0.0403	0.0055

注：工作台质量(包括工件在内)$m_A = 300\ \mathrm{kg}$。

解 (1) 等效转动惯量：

该装置回转部分对轴 0 的等效转动惯量 $[J_1]_0$ 为

$$[J_1]_0 = J_M + J_B + J_{G1} + (J_{G2} + J_{G3} + J_{s1})\left(\frac{n_1}{n_0}\right)^2 + (J_{G4} + J_{s2})\left(\frac{n_2}{n_0}\right)^2$$

$$= 0.0403 + 0.0055 + 0.0028 + (0.606 + 0.017 + 0.0008) \times \frac{180}{720}$$

$$+ (0.153 + 0.0008) \times \left(\frac{102}{720}\right)^2$$

$$= 0.0907 \ (\text{kg} \cdot \text{m}^2)$$

装置的直线运动部分对轴 0 的等效转动惯量 $[J_2]_0$ 为

$$[J_2]_0 = \frac{m_A v^2}{4\pi^2 n_0^2} = \frac{300 \times 90^2}{4\pi^2 \times 720^2} = 0.1187 \ (\text{kg} \cdot \text{m}^2)$$

因此，与装置的电机轴有关的等效转动惯量为

$$[J]_0 = [J_1]_0 + [J_2]_0 = 0.0907 + 0.1187 = 0.2094 \ (\text{kg} \cdot \text{m}^2)$$

(2) 停止距离。停止距离可由式(2-41)求出：

$$S = \frac{\pi [J]_0}{3600} \frac{v_0 n_0}{M_B} = \frac{\pi \times 0.2094}{3600} \frac{90 \times 720}{50} = 0.2369 \ (\text{m})$$

即在停止位置之前 236.9 mm 处制动器应开始工作。这里，令式(2-41)中 $n=0$，$v=0$。

(3) 停止距离的变化。考虑工作台导轨间有摩擦力时，换算到电动机轴上的等效摩擦力矩 M_f，可以从下式求得：

$$[M_f]_0 = \mu m_A g \frac{v}{2\pi n_0} = 0.05 \times 300 \times 9.8 \times \frac{90}{2\pi \times 720} = 2.9245 \ (\text{N} \cdot \text{m})$$

开始制动到停止所移动的距离 S_B 可从式(2-41)求出：

$$S_B = \frac{\pi [J]_0}{3600} \frac{v n_0}{M_B + M_f} = \frac{0.2094\pi}{3600} \times \frac{90 \times 720}{50 + 2.9245} = 0.2237 \ (\text{m})$$

所以计入滑动部分的摩擦力后的停止距离，比忽略摩擦力时的停止距离短 13.2 mm。

2.4.3　机械系统的加速控制

在力学分析时，加速与减速的运动形态是相似的。但对于实际控制问题来说，由于驱动源一般使用电动机，而电动机的加速和减速特性有差异，因此实际的情况是不同的。此外，制动控制时制动力矩可当作常值，一般问题不大，而在加速控制时电动机的启动力矩并不一定是常值，所以加速控制的计算要复杂一些。

下面分别讨论加速力矩为常值和加速力矩随控制轴的转速而变化这两种情况。

1. 加速(启动)时间

计算加速时间分为加速力矩为常值和加速力矩随时间而变化这两种情况。计算时应知道加速力矩、等效负载力矩、等效摩擦阻力矩、装置的等效转动惯量以及转速(速度)。

(1) 加速力矩为常值的情况。设 $[M_A]_i$ 为控制轴的净加速力矩(N·m)，$[M_M]_i$ 为控制轴上电动机的加速力矩(N·m)，则 $[M_A]_i$ 可表示为

$$[M_A]_i = [M_M]_i - [M_L]_i - [M_f]_i \tag{2-42}$$

在概略计算时可用机械效率 η 来估算摩擦阻力矩，得

$$[M_A]_i = \frac{[M_M]_i - [M_L]_i}{\eta} \qquad (2-43)$$

加速时间为

$$t = \frac{\pi [J]_i}{30} \frac{n - n_0}{[M_A]_i} \qquad (2-44)$$

式中：

n_0、n——轴的初转速与加速后的转速（r/min）；

$[J]_i$——负载对控制轴的等效转动惯量。

（2）加速力矩随时间而变化。为简化计算，一般先求出平均加速力矩再计算加速时间。计算平均加速力矩的方法有两种：一是把开始加速时的电机输出力矩和最大电机输出力矩的平均值作为平均加速力矩；二是根据电机输出力矩—转速曲线和负载—转速曲线来求出平均加速力矩。

设 M_{M0} 为开始加速时的电机输出力矩（N·m）；M_{Mmax} 为加速时间内的最大电机输出力矩（N·m）；M_{Lmax} 为加速时间内的最大负载力矩（含阻力矩）（N·m）；M_{Lmin} 为加速时间内的最小负载力矩（含阻力矩）（N·m）。

平均加速力矩 M_{Mm} 和平均负载力矩 M_{Lm} 的值分别为

$$M_{Mm} = \frac{1}{2}(M_{M0} + M_{Mmax}) \qquad (2-45)$$

$$M_{Lm} = \frac{1}{2}(M_{Lmin} + M_{Lmax}) \qquad (2-46)$$

平均有效加速力矩 M_{Mm} 可按下式求出（为区别于 M_{Mm}，可记作 M'_{Mm}）：

$$M'_{Mm} = M_{Mm} - M_{Lm}$$

电动机启动力矩特性曲线可以从样本上查到，也可用电流表测量电流来推定。当电机电流一定时，电机的启动力矩与电流成正比，即

$$\frac{启动电流}{标称电流} = \frac{启动力矩}{标称力矩}$$

根据测得的电流值的变化就可推定启动力矩—转速（时间）的特性曲线。

2. 加速距离

设控制轴的初转速为 n_0（r/min），直线运动部分的速度为 v_0（m/min）。当增速到转速为 n、速度为 v 时，求此时间内控制轴总转数 n_A、总回转角 φ_A 和移动距离 S_A。

当平均加速度力矩为一常数时，加速过程中的 n_A、φ_A 和 S_A 的公式与制动过程中的公式类似，加速时间内控制轴的总转数为

$$n_A = \frac{1}{60}\left(\frac{30}{\pi [J]_i}\right) M'_{Mm} \frac{t^2}{2} + n_0 t$$

或

$$n_A = \frac{1}{2} \frac{n + n_0}{6} t$$

借鉴式（2-44），消去 t 后得

$$n_A = \frac{\pi [J]_i}{3600} \frac{n^2 - n_0^2}{M'_{Mm}} \qquad (2-47)$$

将 $M'_{Mm} = M_{Mm} - M_{Lm}$ 代入上式得

$$n_A = \frac{\pi[J]_i}{3600} \frac{n^2 - n_0^2}{M_{Mm} - M_{Lm}} \qquad (2-48)$$

加速过程中轴的回转角 $\varphi_A = 2\pi n_A$，即

$$\varphi_A = \frac{\pi^2[J]_i}{1800} \frac{n^2 - n_0^2}{M_{Mm} - M_{Lm}} \qquad (2-49)$$

式中，φ_A 的单位为 rad。

与制动过程类似，加速过程中的移动距离 S_A（单位为 m）为

$$S_A = \frac{1}{2} \frac{v + v_0}{60} t$$

或

$$S_A = \frac{\pi[J]_i}{3600} \frac{(v + v_0)(n - n_0)}{M_{Mm} - M_{Lm}} \qquad (2-50)$$

-------------------- 思　考　题 --------------------

2-1　试述在机电一体化系统设计中，系统模型建立的意义。

2-2　机电一体化系统中，机械传动的功能是什么？

2-3　机电一体化系统的机械传动设计往往采用"负载角加速度最大原则"，为什么？

2-4　机械运动中的摩擦和阻尼会降低效率，但是设计中要适当选择其参数，而不是越小越好，为什么？

2-5　系统的稳定性是什么含义？

2-6　从系统的动态特性角度来分析：产品的组成零部件和装配精度高，但系统的精度并不一定就高的原因。

第3章 机电一体化机械设计

机电一体化机械设计主要包括传动、支承、导轨等设计内容。由于机电一体化系统的机械结构要求有较小的摩擦、较高的精度和刚性，因此，在用传统的方法进行机械设计的同时，应尽量采用现代的精密机械设计方法，以提高系统的性能。本章主要介绍一些目前应用较多的机电一体化机械设计的方法。

3.1 无侧隙齿轮传动机构

齿轮传动是机电一体化系统中常用的传动装置，它在伺服运动中的主要作用是实现伺服电机与执行机构间的力矩匹配和速度匹配，还可以实现直线运动与旋转运动的转换。由于齿轮传动的瞬时传动比为常数，传动精确度高，可做到零侧隙无回差，强度大能承受重载，结构紧凑，摩擦力小和效率高，因此齿轮传动副已成为机电一体化机械系统中目前使用最多的传动机构。

机电一体化产品往往要求传动机构具有自动变向功能，这就要求齿轮传动机构必须采取措施消除齿侧间隙，以保证机构的双向传动精度。下面介绍几种消除齿轮间隙的方法。

3.1.1 直齿圆柱齿轮传动机构

1. 偏心轴套调整法

图 3-1 所示为最简单的偏心轴套式消隙结构。电动机 2 通过偏心轴套 1 装在壳体上。转动偏心轴套 1 可以调整两啮合齿轮的中心距，从而消除直齿圆柱齿轮传动的齿侧间隙及其造成的换向死区。这种方法结构简单，但侧隙调整后不能自动补偿。

2. 双片薄齿轮错齿调整法

两个啮合的直齿圆柱齿轮中的一个采用宽齿轮，另一个由两片可以相对转动的薄片齿轮组成。装配时使一片薄齿轮的齿左侧和另一片的齿右侧分别紧贴在宽齿轮齿槽的左、右两侧，通过两薄片齿轮的错齿，消除齿侧间隙，反向时也不会出现死区。如图 3-2 所示，两薄片齿轮 1、2 上各装入有螺纹的凸耳 3、4，螺钉 5 装在凸耳 3

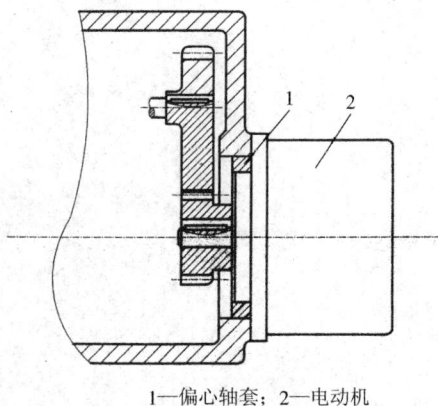

1—偏心轴套；2—电动机

图 3-1 偏心轴套式消隙结构

上，螺母 6、7 可调节螺钉 5 的伸出长度。弹簧 8 一端勾在凸耳 9 上，另一端勾在螺钉 5 上。转动螺母 7（螺母 6 用于锁紧）可改变弹簧 8 的张力大小，调节齿轮 1、2 的相对位置，达到错齿。这种错齿调整法的齿侧间隙可自动补偿，但结构复杂。

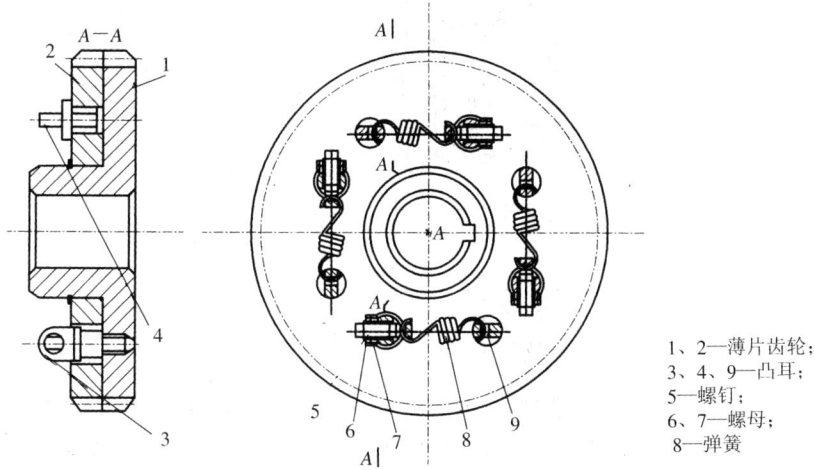

1、2—薄片齿轮；
3、4、9—凸耳；
5—螺钉；
6、7—螺母；
8—弹簧

图 3-2　圆柱薄片齿轮错齿调整

3.1.2　斜齿轮传动机构

1. 垫片调整法

垫片调整法与错齿调整法基本相同，也采用两薄片齿轮与宽齿轮啮合，只是两薄片斜齿轮之间的错位由两者之间的轴向距离获得。图 3-3 中两薄片斜齿轮 3、4 中间加一垫片 2，使薄片斜齿轮 3、4 的螺旋线错位，齿侧面相应地与宽齿轮 1 的左、右侧面贴紧。垫片的厚度 H 与齿侧间隙 Δ 的关系为

$$H = \Delta \cos\beta \qquad (3-1)$$

式中，β 为螺旋角。

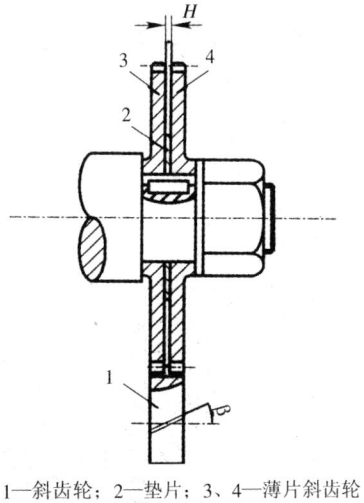

1—斜齿轮；2—垫片；3、4—薄片斜齿轮

图 3-3　斜齿薄片齿轮垫片调整

该方法结构简单，但在使用时往往需要反复测试齿轮的啮合情况，反复调节垫片的厚度才能达到要求，而且齿侧间隙不能自动补偿。

2. 轴向压簧调整法

轴向压簧调整法如图 3-4 所示。该方法是用弹簧 3 的轴向力来获得薄片斜齿轮 1、2 之间的错位，使其齿侧面分别紧贴宽齿轮 7 的齿槽的两侧面。薄片齿轮 1、2 用键 4 套在轴 6 上。弹簧 3 的轴向力用螺母 5 来调节，其大小必须恰当。该方法的特点是齿侧间隙可以自动补偿，但轴向尺寸较大，结构不紧凑。

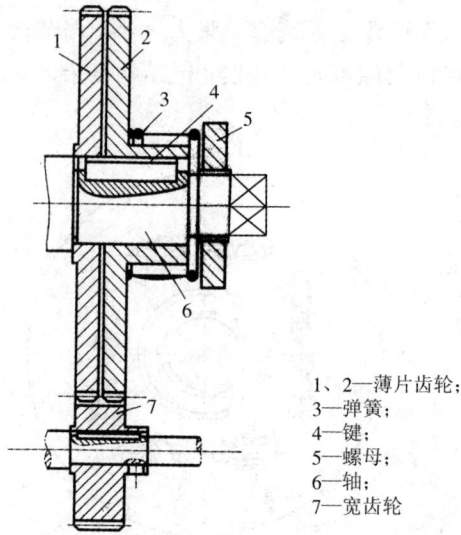

1、2—薄片齿轮；
3—弹簧；
4—键；
5—螺母；
6—轴；
7—宽齿轮

图 3-4　斜齿薄片齿轮轴向压簧调整

3.1.3　锥齿轮传动机构

1. 轴向压簧调整法

如图 3-5 所示，在锥齿轮 4 的传动轴 7 上装有压簧 5，其轴向力大小由螺母 6 调节。锥齿轮 4 在压簧 5 的作用下可轴向移动，从而消除了其与啮合的锥齿轮 1 之间的齿侧间隙。

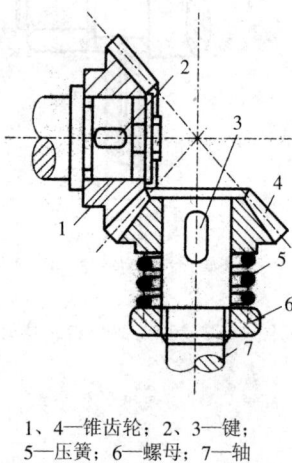

1、4—锥齿轮；2、3—键；
5—压簧；6—螺母；7—轴

图 3-5　锥齿轮轴向压簧调整

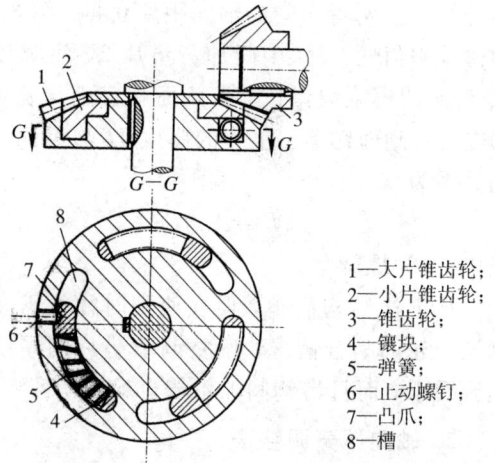

1—大片锥齿轮；
2—小片锥齿轮；
3—锥齿轮；
4—镶块；
5—弹簧；
6—止动螺钉；
7—凸爪；
8—槽

图 3-6　锥齿轮周向弹簧调整

2. 周向弹簧调整法

如图 3-6 所示，将与锥齿轮 3 啮合的齿轮作成大小两片(1、2)，在大片锥齿轮 1 上制有三个周向圆弧槽 8，小片锥齿轮 2 的端面制有三个可伸入槽 8 的凸爪 7。弹簧 5 装在槽 8

中，一端顶在凸爪 7 上，另一端顶在镶在槽 8 中的镶块 4 上。止动螺钉 6 装配时用，安装完毕将其卸下，则大小片锥齿轮 1、2 在弹簧力作用下错齿，从而达到消除间隙的目的。

3.1.4 齿轮齿条传动机构

在机电一体化产品中对于大行程传动机构往往采用齿轮齿条传动，因为其刚度、精度和工作性能不会因行程增大而明显降低，但它与其他齿轮传动一样也存在齿侧间隙，应采取消隙措施。

当传动负载小时，可采用双片薄齿轮错齿调整法，使两片薄齿轮的齿侧分别紧贴齿条齿槽的两相应侧面，以消除齿侧间隙。

当传动负载大时，可采用双齿轮调整法。如图 3-7 所示，小齿轮 1、6 分别与齿条 7 啮合，与小齿轮 1、6 同轴的大齿轮 2、5 分别与齿轮 3 啮合，通过预载装置 4 向齿轮 3 上预加负载，使大齿轮 2、5 同时向两个相反方向转动，从而带动小齿轮 1、6 转动，其齿便分别紧贴在齿条 7 上齿槽的左、右两侧，消除了齿侧间隙。

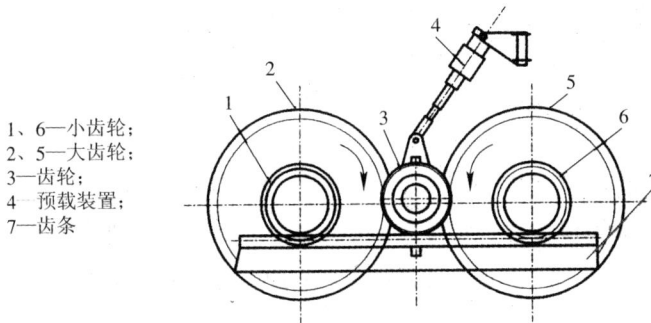

1、6—小齿轮；
2、5—大齿轮；
3—齿轮；
4—预载装置；
7—齿条

图 3-7　双齿轮调整

3.2　滑动螺旋传动

螺旋传动是机电一体化系统中常用的一种传动形式。它利用螺杆与螺母的相对运动，将旋转运动变为直线运动，其运动关系为

$$L = \frac{P_{\mathrm{h}}}{2\pi}\varphi \tag{3-2}$$

式中：

　　L——螺杆（或螺母）的位移；

　　P_{h}——导程；

　　φ——螺杆和螺母间的相对转角。

3.2.1 滑动螺旋传动的特点

滑动螺旋传动具有传动比大、驱动负载能力强和自锁等特点。

1. 降速传动比大

螺杆（或螺母）转动一转，螺母（或螺杆）移动一个螺距（单头螺纹）。因为螺距一般很小，所以在转角很大的情况下，能获得很小的直线位移量，可以大大缩短机构的传动链，因而螺旋传动结构简单、紧凑，传动精度高，工作平稳。

2. 具有增力作用

只要给主动件(螺杆)一个较小的输入转矩，从动件即能得到较大的轴向力输出，因此螺旋传动带负载能力较强。

3. 能自锁

当螺旋线升角小于摩擦角时，螺旋传动具有自锁作用。

4. 效率低、磨损快

由于螺旋工作面为滑动摩擦，致使其传动效率低(约 30％～40％)，磨损快，因此不适于高速和大功率传动。

3.2.2 滑动螺旋传动的形式及应用

滑动螺旋传动主要有以下两种基本形式。

1. 螺母固定，螺杆转动并移动

如图 3-8(a)所示，这种传动型式的螺母本身就起着支承作用，从而简化了结构，消除了螺杆与轴承之间可能产生的轴向窜动，容易获得较高的传动精度。缺点是所占轴向尺寸较大(螺杆行程的两倍加上螺母高度)，刚性较差。因此该形式仅适用于行程短的情况。

2. 螺杆转动，螺母移动

如图 3-8(b)所示，这种传动形式的特点是结构紧凑(所占轴向尺寸取决于螺母高度及行程大小)，刚度较大，因此适用于工作行程较长的情况。

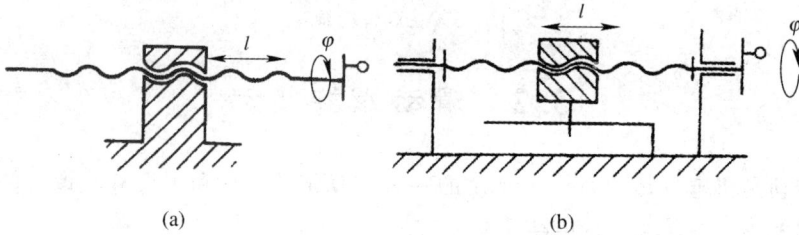

(a)　　　　　　　　　　　　(b)

图 3-8　滑动螺旋传动的基本型式

除上述两种基本传动形式外，还有一种螺旋传动——差动螺旋传动，其原理如图 3-9 所示。设螺杆 3 左、右两段螺纹的旋向相同，且导程分别为 P_{h1} 和 P_{h2}。当螺杆转动 φ 角时，

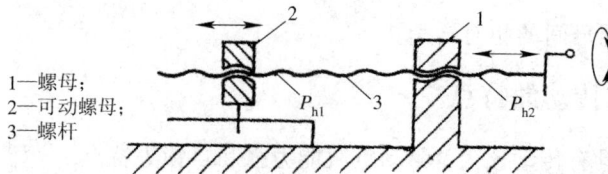

1—螺母；
2—可动螺母；
3—螺杆

图 3-9　差动螺旋传动原理

可动螺母 2 的移动距离为

$$L = \frac{\varphi}{2\pi}(P_{h1} - P_{h2}) \qquad (3-3)$$

如果 P_{h1} 与 P_{h2} 相差很小，则 L 很小。因此差动螺旋常用于各种微动装置中。

若螺杆 3 左、右两段螺纹的旋向相反，则当螺杆转动 φ 角时，可动螺母 2 的移动距离为

$$L = \frac{\varphi}{2\pi}(P_{h1} + P_{h2}) \qquad (3-4)$$

可见，此时差动螺旋变成快速移动螺旋，即螺母 2 相对螺母 1 快速趋近或离开。这种螺旋装置用于要求快速夹紧的夹具或锁紧装置中。

3.2.3 螺旋副零件与滑板连接结构的确定

螺旋副零件与滑板的连接结构对螺旋副的磨损有直接影响，设计时应注意。常见的连接结构有下列几种：

1. 刚性连接结构

图 3-10 所示为刚性连接结构，这种连接结构的特点是牢固可靠。但当螺杆轴线与滑板运动方向不平行时，螺纹工作面的压力增大，磨损加剧，严重（α、β 较大）时还会发生卡住现象。刚性连接结构多用于受力较大的螺旋传动中。

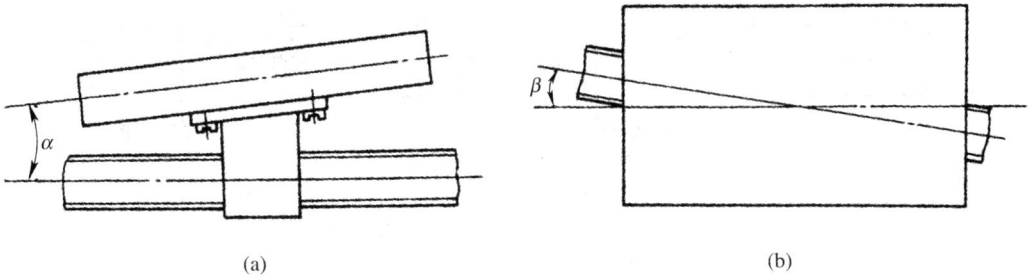

图 3-10 刚性连接结构

2. 弹性连接结构

图 3-11 所示的装置中，螺旋传动采用了弹性连接结构。簧片 7 的一端在工作台（滑板）8 上，另一端套在螺母的锥形销上。为了消除两者之间的间隙，簧片以一定的预紧力压向螺母（或用螺钉压紧）。当工作台运动方向与螺杆轴线偏斜 α 角（图 3-10(a)）时，可以通过簧片变形进行调节。如果偏斜 β 角（图 3-10(b)）时，螺母可绕轴线自由转动而不会引起过大的应力。弹性连接结构适用于受力较小的精密螺旋传动。

3. 活动连接结构

图 3-12 所示为活动连接结构的原理图。恢复力 F（一般为弹簧力）使连接部分保持经常接触。当滑板 1 的运动方向与螺杆 2 的轴线不平行时，通过螺杆端部的球面与滑板在接触处自由滑动（图 3-12(a)），或中间杆 3 自由偏斜（图 3-12(b)），可以避免螺旋副中产生过大的应力。

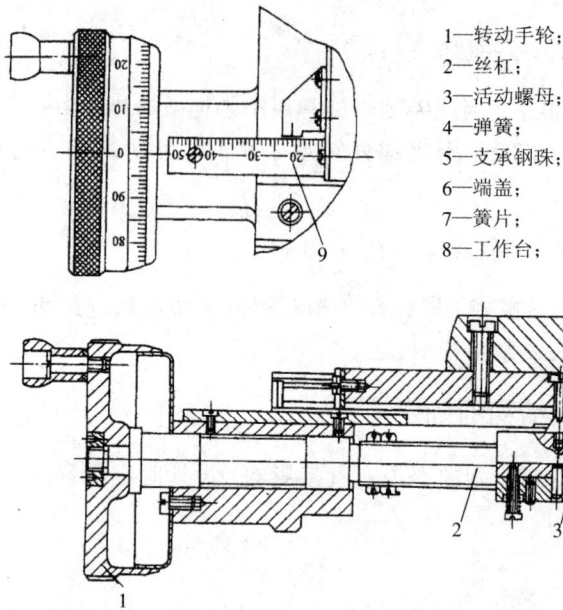

1—转动手轮；
2—丝杠；
3—活动螺母；
4—弹簧；
5—支承钢珠；
6—端盖；
7—簧片；
8—工作台；

图 3-11 测量显微镜纵向测微螺旋

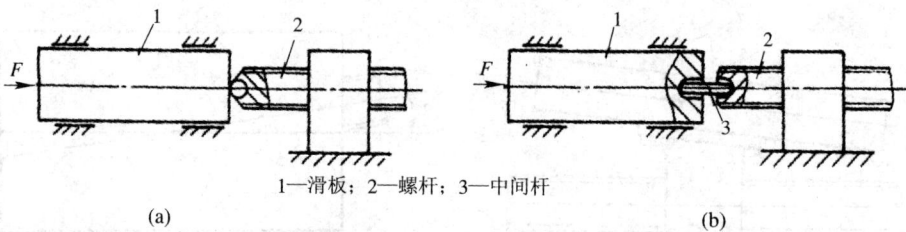

1—滑板；2—螺杆；3—中间杆

(a)   (b)

图 3-12 活动连接结构

3.2.4 影响螺旋传动精度的因素及提高传动精度的措施

螺旋传动精度是指螺杆与螺母间的实际相对运动保持理论值(公式(3-2))的准确程度。影响螺旋传动精度的因素主要有以下几项。

1. 螺纹参数误差

螺纹的各项参数误差中，影响传动精度的主要是螺距误差、中径误差以及牙型半角误差。

(1)螺距误差。螺距的实际值与理论值之差称为螺距误差。螺距误差分为单个螺距误差和螺距累积误差。单个螺距误差是指螺纹全长上的任意单个实际螺距对基本螺距的偏差的最大代数差，它与螺纹的长度无关。而螺距累积误差是指在规定的螺纹长度内，任意两同侧螺纹面间实际距离对公称尺寸的偏差的最大代数差，它与螺纹的长度有关。

从式(3-2)可知，螺距误差对传动精度的影响是很明显的。若把螺旋副展开进行分析，便可清楚地看出：螺杆的螺距误差无论是螺距累积误差，还是单个螺距误差都将直接影响传动精度。而螺母的螺距累积误差对传动精度没有影响，它的单个螺距误差也只有当螺杆也有单个螺距误差时才会引起传动误差。因此在精密螺旋传动中，对螺杆的精度要求比对螺母的精度要求高一些。

（2）中径误差。螺杆和螺母在大径、小径和中径都会有制造误差。大径和小径处有较大间隙，互不接触；中径是配合尺寸，为了使螺杆和螺母转动灵活和储存润滑油，配合处需要有一定的均匀间隙。因此，对螺杆全长上中径尺寸变动量的公差应予以控制。此外，对长径比（螺杆全长与螺纹公称直径之比）较大的螺杆，由于其细而长，刚性差，易弯曲，使螺母在螺杆上各段的配合产生偏心，这也会引起螺杆螺距误差，故应控制其中径跳动公差。

（3）牙型半角误差。螺纹实际牙型半角与理论牙型半角之差称为牙型半角误差（如图3-13所示）。当螺纹各牙之间的牙型角有差异（牙型半角误差各不相等）时，将会引起螺距变化，从而影响传动精度。但是，如果螺纹全长是一次装刀切削出来的，那么牙型半角误差在螺纹全长上变化不大，对传动精度影响很小。

2. 螺杆轴向窜动误差

如图3-14所示，若螺杆轴肩的端面与轴承的止推面不垂直于螺杆轴线而有 α_1 和 α_2 的偏差，则当螺杆转动时，将引起螺杆的轴向窜动误差，并转化为螺母位移误差。螺杆的轴向窜动误差是周期性变化的，以螺杆转动一周为一个循环。最大的轴向窜动误差为

$$\Delta_{\max} = D \tan\alpha_{\min} \tag{3-5}$$

式中：

D——螺杆轴肩的直径；

$\alpha_{\min}$——α_1 和 α_2 中较小者，对于图3-14，$\alpha_{\min}$ 为 α_2。

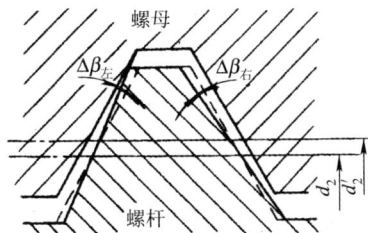

图3-13　牙型半角误差　　　　　　图3-14　螺杆轴向窜动误差

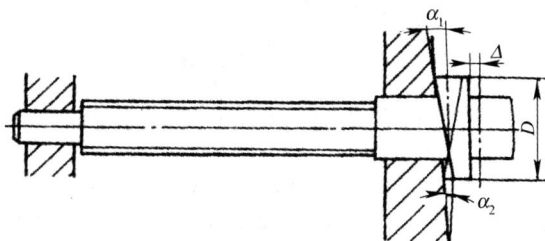

3. 偏斜误差

在螺旋传动机构中，如果螺杆的轴线方向与移动件的运动方向不平行而有一个偏斜角 ψ（见图3-15）时，就会发生偏斜误差。设螺杆的总移动量为 L，移动件的实际移动量为 x，则偏斜误差为

$$\Delta L = L - x = L(1 - \cos\psi) = 2L \sin^2 \frac{\psi}{2}$$

由于 ψ 一般很小，因此 $\sin(\psi/2) \approx \psi/2$，则

$$\Delta L = \frac{L\psi^2}{2} \tag{3-6}$$

由此可见，偏斜角对偏斜误差有很大的影响，对其值应该加以控制。

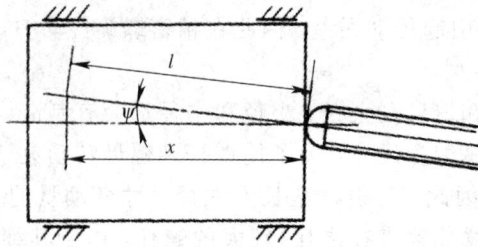

图 3 - 15 偏斜误差

4. 温度误差

当螺旋传动的工作温度与制造温度不同时，将使螺杆长度和螺距发生变化，从而产生传动误差，这种误差称为温度误差，其大小为

$$\Delta L_t = L_\omega a \Delta t \qquad\qquad (3-7)$$

式中：

L_ω——螺杆螺纹部分的长度；

a——螺杆材料的热膨胀系数，对于钢，一般取为 $11.6 \times 10^{-6}/℃$。

Δt——工作温度与制造温度之差。

上面分析了影响螺旋传动精度的各种误差，为了提高传动精度，应尽可能减小或消除这些误差。为此，可以通过提高螺旋副零件的制造精度来达到，但单纯提高制造精度会使成本提高。因此，对于传动精度要求较高的精密螺旋传动，除了根据有关标准或具体情况规定合理的制造精度以外，可采取某些结构措施提高其传动精度。

由于螺杆的螺距误差是造成螺旋传动误差的最主要因素，因此采用螺距误差校正装置是提高螺旋传动精度的有效措施之一。

3.2.5 消除螺旋传动的空回的方法

当螺旋机构中存在间隙，若螺杆的转动方向改变，螺母不能立即产生反向运动，只有螺杆转动某一角度后才能使螺母开始反向运动，这种现象称为空回。对于在正反向传动下工作的精密螺旋传动，空回将直接引起传动误差，必须设法予以消除。消除空回的方法就是在保证螺旋副相对运动要求的前提下消除螺杆与螺母之间的间隙。下面是几种常见的消除空回的方法。

1. 利用单向作用力

在螺旋传动中，利用弹簧产生单向恢复力，使螺杆和螺母螺纹的工作表面保持单面接触，从而消除了另一侧间隙产生的空回。这种方法除可消除由螺旋副中间隙产生的空回，还可消除由轴承的轴向间隙和滑板连接处的间隙产生的空回。同时，这种结构在螺母上无需开槽或剖分（见图 3 - 16），因此螺杆与螺母接触情况较好，有利于提高螺旋副的寿命。

2. 利用调整螺母

（1）径向调整法。利用不同的结构，使螺母产生径向收缩，以减小螺纹旋合处的间隙，从而减小空回。图 3 - 16 所示为径向调整法的典型示例。图 3 - 16(a)采用开槽螺母结构，

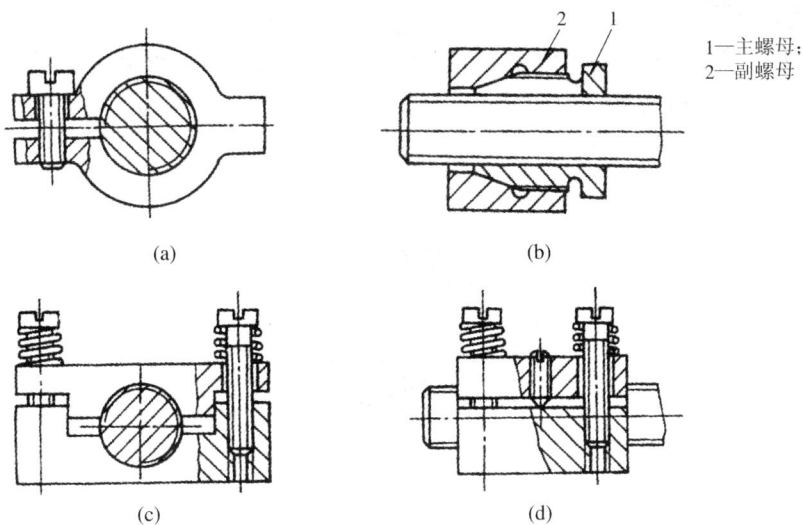

图 3-16　螺纹间隙径向调整结构

拧动螺钉可以调整螺纹间隙。图 3-16(b)采用卡簧式螺母结构,在主螺母 1 上铣出纵向槽,拧紧副螺母 2 时,靠主、副螺母的圆锥面,可迫使主螺母径向收缩,以消除螺旋副的间隙。图 3-16(c)采用对开螺母结构。为了便于调整,螺钉和螺母之间装有螺旋弹簧,这样可使压紧力均匀稳定。为了避免螺母直接压紧在螺杆上而增加摩擦力矩,加速螺纹磨损,可在此结构中装入紧定螺钉以调整其螺纹间隙,如图 3-16(d)所示。

(2)轴向调整法。图 3-17 为轴向调整法的典型结构示例。图 3-17(a)为开槽螺母结构,拧紧螺钉强迫螺母变形,使其左、右两半部的螺纹分别压紧在螺杆螺纹相反的侧面上,从而消除了螺杆相对螺母轴向窜动的间隙。图 3-17(b)为刚性双螺母结构,主螺母 1 和副螺母 2 之间用螺纹连接。连接螺纹的螺距 P' 不等于螺杆螺纹的螺距 P,因此当主、副螺母相对转动时,即可消除螺杆相对螺母轴向窜动的间隙。调整后再用紧定螺钉将其固定。图 3-17(c)为弹性双螺母结构,它利用弹簧的弹力来达到调整的目的。螺钉 3 的作用是防止主螺母 1 和副螺母 2 的相对转动。

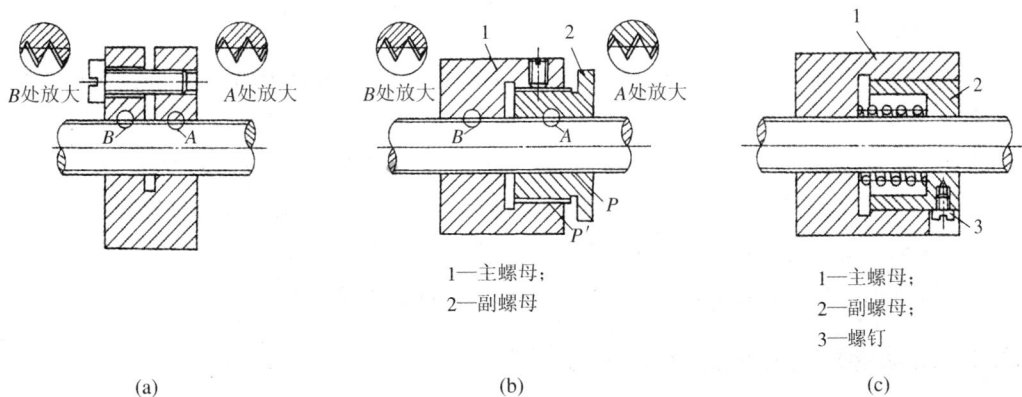

图 3-17　螺纹间隙轴向调整结构

3. 利用塑料螺母

图 3-18 所示是用聚乙烯或聚酰胺(尼龙)制作的螺母结构,用金属压圈压紧,利用塑料的弹性可很好地消除螺旋副的间隙。

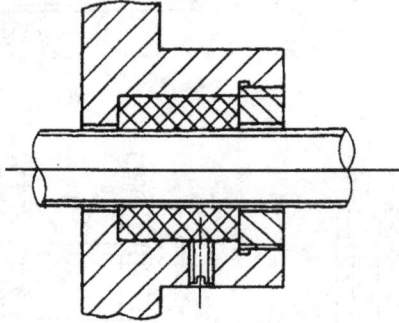

图 3-18　塑料螺母结构

3.3　滚珠螺旋传动

滚珠螺旋传动是在螺杆和螺母间放入适量的滚珠,使滑动摩擦变为滚动摩擦的螺旋传动。滚珠螺旋传动由螺杆、螺母、滚珠和滚珠循环返回装置四部分组成。如图 3-19 所示,当螺杆转动时,滚珠沿螺纹滚道滚动。为了防止滚珠沿滚道面掉出来,螺母上设有滚珠循环返回装置,构成了一个滚珠循环通道,滚珠从滚道的一端滚出后,沿着循环通道返回另一端,重新进入滚道,从而构成一个闭合回路。

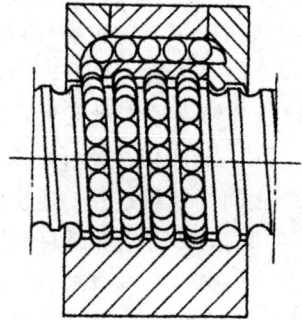

图 3-19　滚珠螺旋传动的工作原理图

3.3.1　滚珠螺旋传动的特点

滚珠螺旋传动除具有螺旋传动的一般特点(降速传动比大及牵引力大)外,与滑动螺旋传动相比较,它具有下列特点:

(1) 运动效率高,一般可达 90% 以上,约为滑动螺旋传动效率的三倍。在伺服控制系统中采用滚动螺旋传动,不仅可以提高传动效率,而且可以减小启动力矩、颤动及滞后时间。

(2) 运动精度高。由于其摩擦力小,工作时螺杆的热变形小,螺杆尺寸稳定,并且经调整预紧后,可得到无间隙传动,因而具有较高的传动精度、定位精度和轴向刚度。

(3) 具有传动的可逆性,但不能自锁。用于垂直升降传动时,需附加制动装置。

(4) 制造工艺复杂,成本较高,但使用寿命长,维护简单。

3.3.2　滚珠螺旋传动的结构形式与类型

按用途和制造工艺的不同,滚珠螺旋传动的结构形式有多种,它们的主要区别在于螺纹滚道法向截形、滚珠循环方式、消除轴向间隙的调整预紧方法等三方面。

1. 螺纹滚道法向截形

螺纹滚道法向截形是指通过滚珠中心且垂直于滚道螺旋面的平面和滚道表面交线的形状。常用的截形有两种：单圆弧形(见图 3-20(a))和双圆弧形(见图 3-20(b))。滚珠与滚道表面在接触点处的公法线与过滚珠中心的螺杆直径线间的夹角 β 叫接触角。理想接触角为 $\beta=45°$。

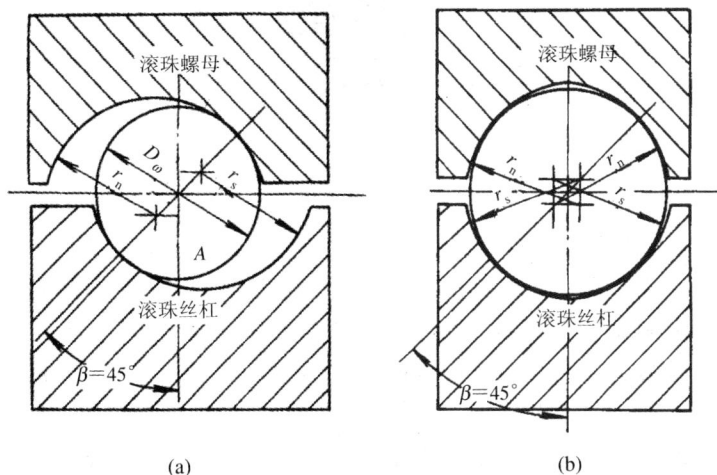

(a)   (b)

图 3-20 滚道法向截形示意图

滚道半径 r_s (或 r_n)与滚珠直径 D_ω 的比值称为适应度 $f_{rs}=r_s/D_\omega$ (或 $f_{rn}=r_n/D_\omega$)。适应度对承载能力的影响较大,一般取 f_{rs} (或 f_{rn})=0.25~0.55。

单圆弧形的特点是砂轮成型比较简单,易于得到较高的精度,但其接触角随着初始间隙和轴向力的变化而变化,因此,其效率、承载能力和轴向刚度均不够稳定。而双圆弧形的接触角在工作过程中基本保持不变,效率、承载能力和轴向刚度稳定,并且滚道底部不与滚珠接触,可储存一定的润滑油和脏物,使磨损减小。但对双圆弧形砂轮的修整、加工和检验都比较困难。

2. 滚珠循环方式

按滚珠在整个循环过程中与螺杆表面的接触情况,可将滚珠的循环方式分为内循环和外循环两类。

(1) 内循环。滚珠在循环过程中始终与螺杆保持接触的循环叫内循环(见图 3-21)。在螺母 1 的侧孔内,装有接通相邻滚道的反向器。借助于反向器上的回珠槽,迫使滚珠 2 沿滚道滚动一圈后越过螺杆螺纹滚道顶部,重新返回到起始的螺纹滚道,构成单圈内循环回路。在同一个螺母上,具有的循环回路的数目称为列数。内循环的列数通常有 2~4 列(即一个螺母上装有 2~4 个反向器)。为了使结构紧凑,这些反向器是沿螺母周围均匀分布的,即对应 2 列、3 列、4 列的滚珠螺旋的反向器分别沿螺母圆周方向互错 180°、120°、90°。反向器的轴向间隔视反向器的形式不同,分别为 $3P_h/2$、$4P_h/3$、$5P_h/4$ 或 $5P_h/2$、$7P_h/3$、$9P_h/4$,其中 P_h 为导程。

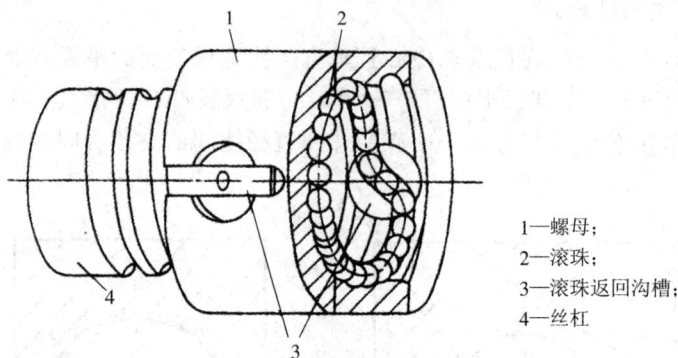

1—螺母；

2—滚珠；

3—滚珠返回沟槽；

4—丝杠

图 3-21　内循环

滚珠在每一循环中绕经螺纹滚道的圈数称为工作圈数。内循环的工作圈数是一列只有一圈，因而回路短，滚珠少，滚珠的流畅性好，效率高。此外，它的径向尺寸小，零件少，装配简单。内循环的缺点是反向器的回珠槽具有空间曲面，加工较复杂。

（2）外循环。滚珠在返回时与螺杆脱离接触的循环称为外循环。按结构的不同，外循环可分为螺旋槽式、插管式和端盖式三种。

螺旋槽式（见图 3-22）是指直接在螺母 1 外圆柱面上铣出螺旋线形的凹槽作为滚珠循环通道，凹槽的两端钻出两个通孔分别与螺纹滚道相切，同时用两个挡珠器 4 引导滚珠 3 通过这两通孔，用套筒 2 或螺母座内表面盖住凹槽，从而构成滚珠循环通道。螺旋槽式结构工艺简单，易于制造，螺母径向尺寸小。缺点是挡珠器刚度较差，容易磨损。

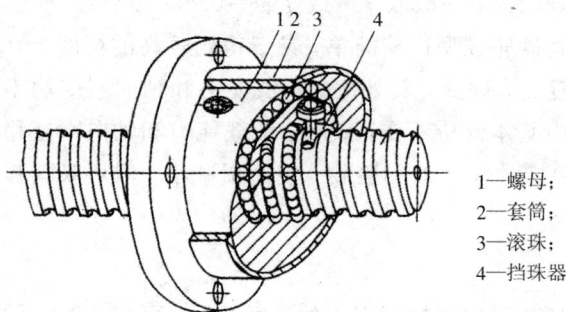

1—螺母；

2—套筒；

3—滚珠；

4—挡珠器

图 3-22　螺旋槽式外循环

插管式（见图 3-23）是指用管 2 代替螺旋槽式中的凹槽，把弯管的两端插入螺母 3 上与螺纹滚道相切的两个通孔内，外加压板 1 用螺钉固定，用弯管的端部或其他形式的挡珠器引导滚珠 4 进出弯管，以构成循环通道。插管式结构简单，工艺性好，适于批量生产。缺点是弯管突出在螺母的外部，径向尺寸较大，若用弯管端部作挡珠器，则耐磨性较差。

端盖式（见图 3-24）是指在螺母 1 上钻有一个纵向通孔作为滚珠返回通道，螺母两端装有铣出短槽的端盖 2，短槽端部与螺纹滚道相切，并引导滚珠返回通道，构成滚珠循环回路。端盖式的优点是结构紧凑，工艺性好。缺点是滚珠通过短槽时容易卡住。

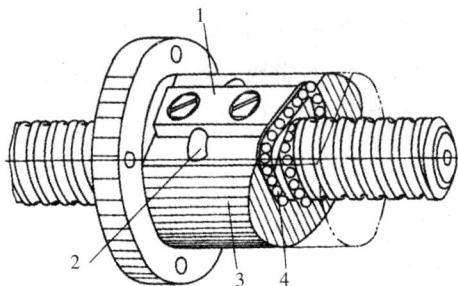

1—外加压板；
2—管；
3—螺母；
4—滚珠

图 3-23　插管式外循环

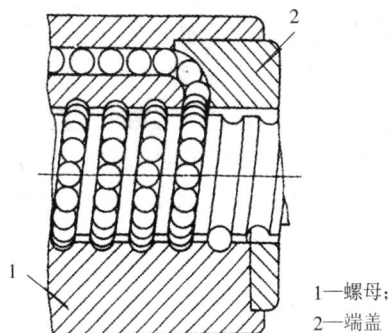

1—螺母；
2—端盖

图 3-24　端盖式外循环

3．消除轴向间隙的调整预紧方法

如果滚珠螺旋副中有轴向间隙或在载荷作用下滚珠与滚道接触处有弹性变形，则当螺杆反向转动时，将产生空回误差。为了消除空回误差，在螺杆上可装配两个螺母 1 和 2，调整两个螺母的轴向位置，使两个螺母中的滚珠在承受载荷之前就以一定的压力分别压向与螺杆螺纹滚道相反的侧面，使其产生一定的变形(见图 3-25)。这样既可消除轴向间隙，也可提高轴向刚度。常用的调整预紧方法有下列三种：

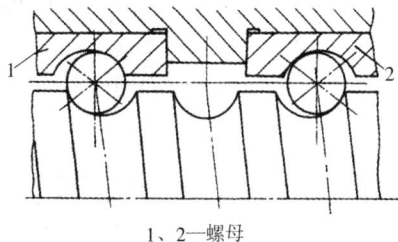

1、2—螺母

图 3-25　双螺母预紧

（1）垫片调隙式。如图 3-26 所示，调整垫片 2 的厚度 △，可使螺母 1 产生轴向移动，以达到消除轴向间隙和预紧的目的。这种方法结构简单，可靠性高，刚性好。为了避免调整时拆卸螺母，垫片可制成剖分式。其缺点是精确调整比较困难，并且当滚道磨损时不能随意调整，除非更换垫圈。因此，该方法适用于一般精度的传动机构。

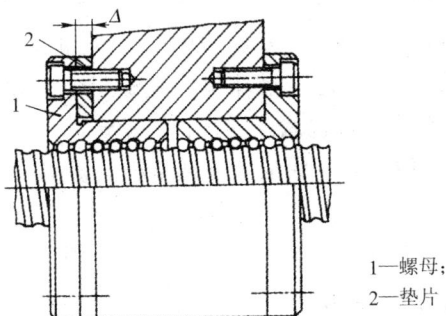

1—螺母；
2—垫片

图 3-26　垫片调隙式

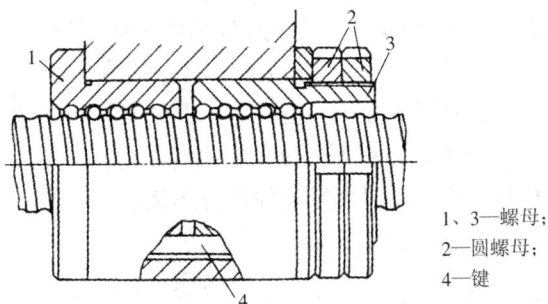

1、3—螺母；
2—圆螺母；
4—键

图 3-27　螺纹调隙式

（2）螺纹调隙式。如图 3-27 所示，螺母 1 的外端有凸缘，螺母 3 加工有螺纹的外端伸出螺母座外，以两个圆螺母 2 锁紧。旋转圆螺母即可调整轴向间隙和预紧。这种方法的特点是结构紧凑，工作可靠，调整方便。缺点是不很精确。键 4 的作用是防止两个螺母相对转动。

（3）齿差调隙式。如图 3-28 所示，在螺母 1 和 2 的凸缘上切出齿数相差一个齿的外齿轮（$z_2 = z_1 + 1$），把其装入螺母座中分别与具有相应齿数（z_1 和 z_2）的内齿轮 3 和 4 啮合。调整时，先取下内齿轮，将两个螺母相对螺母座同方向转动一定的齿数，然后把内齿轮复位固定。此时，两个螺母之间产生相应的轴向位移，从而达到调整的目的。当两个螺母按同方向转过一个齿时，其相对轴向位移为

$$\Delta L = \left(\frac{1}{z_1} - \frac{1}{z_2} \right) P_h = \frac{(z_2 - z_1)}{z_1 z_2} P_h = \frac{P_h}{z_1 z_2} \qquad (3-8)$$

式中，P_h 为导程。如果 $z_1 = 99$，$z_2 = 100$，$P_h = 8$ mm，则 $\Delta L = 0.8$ μm。可见，这种方法的特点是调整精度很高，工作可靠，但结构复杂，加工工艺和装配性能较差。

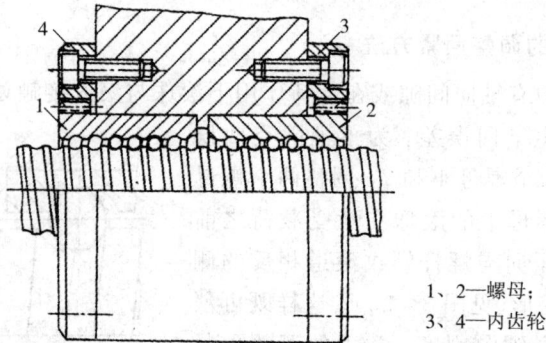

1、2—螺母；
3、4—内齿轮

图 3-28　齿差调隙式

3.3.3　滚珠螺旋副的精度

滚珠螺旋副的精度包括螺母的行程误差和空回误差。影响螺旋副精度的因素同滑动螺旋副一样，主要是螺旋副的参数误差、机构误差以及因受轴向力后滚珠与螺纹滚道面的接触变形和螺杆刚度不足引起的螺纹变形等所产生的动态变形误差。

在 JB/T3162.2—19 标准中，根据滚珠螺旋副的使用范围和要求将其分为两个类型：P 类定位滚珠螺旋副和 T 类传动滚珠螺旋副，并分成 7 个精度等级，即 1、2、3、4、5、7 和 10 级。其中，1 级精度最高，其余的依次递减。标准中规定了滚珠螺旋副螺距公差和公称直径变动量的公差，还规定了各精度等级的滚珠螺旋副行程偏差和行程变动量。

滚珠螺旋副由专业厂家生产，具有标准系列。使用时可根据滚珠螺旋副的负载、速度、行程、精度和寿命等条件进行选型。

3.4　滑动摩擦导轨

直线运动导轨的作用是用来支承和引导运动部件按给定的方向作往复直线运动。导轨可以是一个专门的零件，也可以是一个零件上起导向作用的部分。滑动摩擦导轨的运动件与承导件直接接触，其优点是结构简单，接触刚度大；缺点是摩擦阻力大，磨损快，低速运动时易产生爬行现象。

由机械运动学原理可知，一个刚体在空间有 6 个自由度，即沿 x、y、z 轴移动和绕它们转动(见图 3-29(a))。对于直线运动导轨，必须限制运动件的 5 个自由度，仅保留沿一个方向移动的自由度。

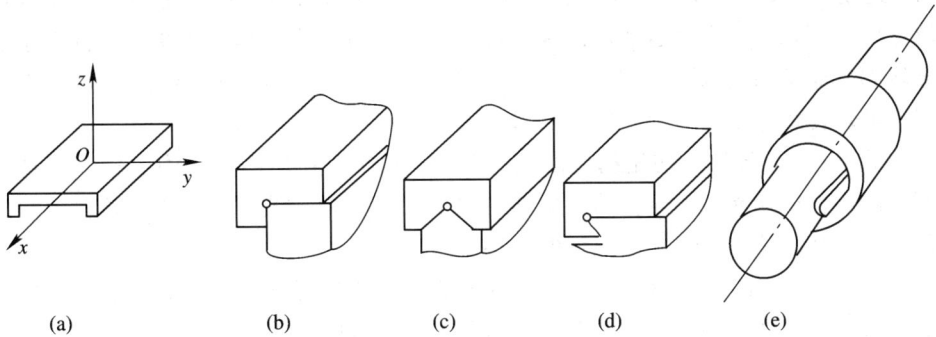

图 3-29 导轨的导向原理

导轨的导向面有棱柱面和圆柱面两种基本形式。

以棱柱面相接触的零件只有沿一个方向移动的自由度，如图 3-29(b)、(c)、(d)所示的棱柱面导轨，运动件只能沿 x 方向移动。棱柱面由几个平面组成，但从便于制造、装配和检验出发，平面的数目应尽量少，图中的棱柱面导轨由两个窄长导向平面组成。限制运动件自由度的面，可以集中在一根导轨上，但为提高导轨的承载能力和抵抗倾复力矩的能力，绝大多数情况是采用两根导轨。

以圆柱面相配合的两个零件，有绕圆柱面轴线转动及沿此轴线移动的两个自由度，在限制转动这一自由度后，则只有沿其轴线方向移动的自由度(如图 3-29(e)所示)。

3.4.1 导轨的基本要求

（1）导向精度高。导向精度是指运动件按给定方向作直线运动的准确程度，它主要取决于导轨本身的几何精度及导轨配合间隙。导轨的几何精度可用线值或角值表示。

• 导轨在垂直平面和水平面内的直线度。如图 3-30(a)、(b)所示，理想的导轨面与垂直平面 A-A 或水平面 B-B 的交线均应为一条理想直线，但由于存在制造误差，致使交线的实际轮廓偏离理想直线，其最大偏差量 Δ 即为导轨全长在垂直平面(图 3-30(a))和水平面(图 3-30(b))内的直线度误差。

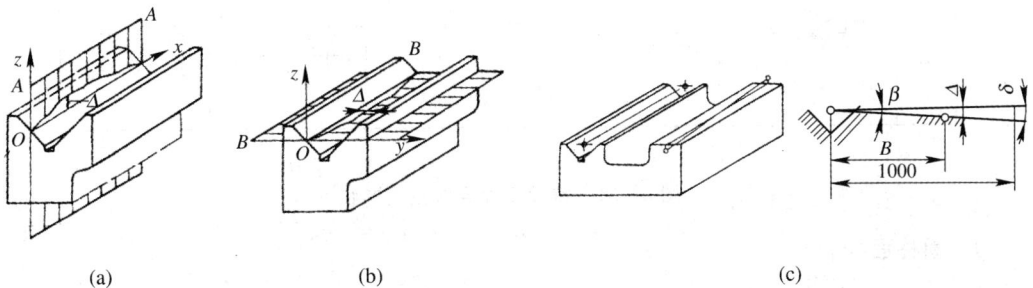

图 3-30 导轨的几何角度

• 导轨面间的平行度。图 3-30(c)所示为导轨面间的平行度误差。设 V 形导轨没有误差，平面导轨纵向有倾斜，由此产生的误差 Δ 即为导轨间的平行度误差。导轨间的平行度误差一般以角度值表示，这项误差会使运动件运动时发生"扭曲"。

(2)运动轻便、平稳，低速时无爬行现象。导轨运动的不平稳性主要表现在低速运动时导轨速度的不均匀，这使运动件出现时快时慢、时动时停的爬行现象。爬行现象主要取决于导轨副中摩擦力的大小及其稳定性。为此，设计时应合理选择导轨的类型、材料、配合间隙、配合表面的几何形状精度及润滑方式。

(3)耐磨性好。导轨的初始精度由制造保证，而导轨在使用过程中的精度保持性则与导轨面的耐磨性密切相关。导轨的耐磨性主要取决于导轨的类型、材料、导轨表面的粗糙度及硬度、润滑状况和导轨表面压强的大小。

(4)对温度变化的不敏感性。即导轨在温度变化的情况下仍能正常工作。导轨对温度变化的不敏感性主要取决于导轨类型、材料及导轨配合间隙等。

(5)足够的刚度。在载荷的作用下，导轨的变形不应超过允许值。刚度不足不仅会降低导向精度，还会加快导轨面的磨损。刚度主要与导轨的类型、尺寸以及导轨材料等有关。

(6)结构工艺性好。导轨的结构应力求简单，便于制造、检验和调整，从而降低成本。

3.4.2 滑动摩擦导轨的类型及结构特点

按导轨承导面的截面形状，可将滑动导轨分为圆柱面导轨和棱柱面导轨(见图 3-31)。其中凸形导轨不易积存切屑、脏物，但也不易保存润滑油，故宜作低速导轨，例如车床的床身导轨。凹形导轨则相反，可作高速导轨，如磨床的床身导轨，但需有良好的保护装置，以防切屑、脏物掉入。

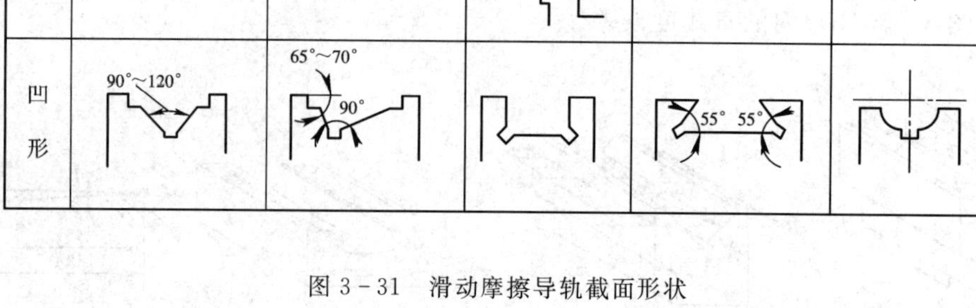

图 3-31　滑动摩擦导轨截面形状

1. 圆柱面导轨

圆柱面导轨的优点是导轨面的加工和检验比较简单，易于达到较高的精度；缺点是对温度变化比较敏感，间隙不能调整。

在图 3-32 所示的结构中，支臂 3 和立柱 5 构成圆柱面导轨。立柱 5 的圆柱面上加工有螺纹槽，转动螺母 1 即可带动支臂 3 上下移动。螺钉 2 用于锁紧，垫块 4 用于防止螺钉 2 压伤圆柱表面。

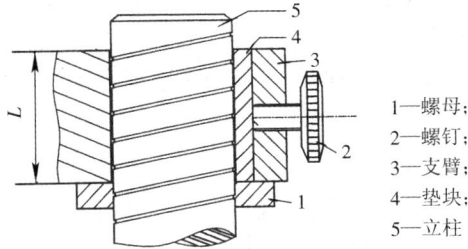

1—螺母；
2—螺钉；
3—支臂；
4—垫块；
5—立柱

图 3-32　圆柱面导轨

在多数情况下，圆柱面导轨的运动件不允许转动，为此，可采用各种防转结构。最简单的防转结构是在运动件和承导件的接触表面上作出平面、凸起或凹槽。图 3-33(a)、(b)、(c)是这种防转结构的几个例子。利用辅助导向面可以更好地限制运动件的转动(见图 3-33(d))，适当增大辅助导向面与基本导向面之间的距离，可减小由导轨间的间隙所引起的转角误差。当辅助导向面也为圆柱面时，即构成双圆柱面导轨(见图 3-33(e))，它既能保证较高的导向精度，又能保证较大的承载能力。

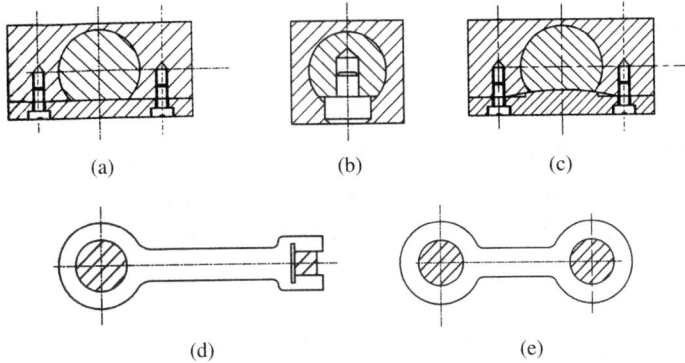

(a)　　　　　(b)　　　　　(c)

(d)　　　　　(e)

图 3-33　有防转结构的圆柱面导轨

为了提高圆柱面导轨的精度，必须正确选择圆柱面导轨的配合。当导向精度要求较高时，常选用 H7/f7 或 H7/s6 配合。当导向精度要求不高时，可选用 H8/f7 或 H8/s7 配合。若仪器在温度变化不大的环境下工作，可按 H7/h6 或 H7/s6 配合加工，然后再进行研磨，直到能够平滑移动时为止。

导轨的表面粗糙度可根据相应的精度等级决定。通常，被包容零件外表面的粗糙度小于包容件的内表面的粗糙度。

2. 棱柱面导轨

常用的棱柱面导轨有三角形导轨、矩形导轨、燕尾形导轨以及它们的组合式导轨。

(1) 双三角形导轨。如图 3-34(a)所示，两条导轨同时起着支承和导向作用，故导轨的导向精度高，承载能力大，两条导轨磨损均匀，磨损后能自动补偿间隙，精度保持性好。但这种导轨的制造、检验和维修都比较困难，因为它要求四个导轨面都均匀接触，刮研劳动量较大。此外，这种导轨对温度变化比较敏感。

（2）三角形—平面导轨。如图 3-34(b)所示，这种导轨保持了双三角形导轨导向精度高、承载能力大的优点，避免了由于热变形所引起的配合状况的变化，且工艺性较双三角形导轨大为改善，因而应用很广。缺点是两条导轨磨损不均匀，磨损后不能自动调整间隙。

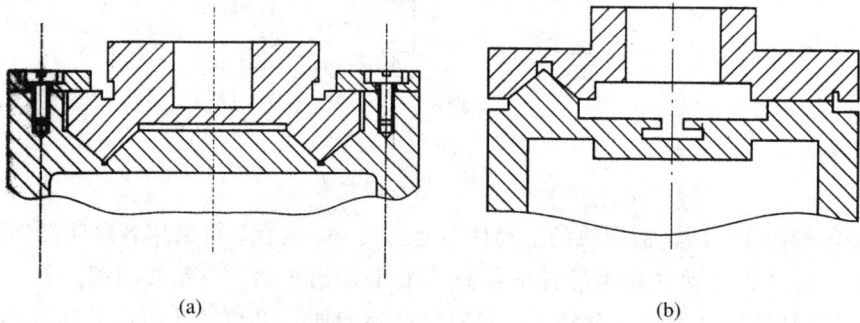

图 3-34 三角形导轨

（3）矩形导轨。矩形导轨可以做得较宽，因而承载能力和刚度较大。优点是结构简单，制造、检验、修理较容易。缺点是磨损后不能自动补偿间隙，导向精度不如三角形导轨。

图 3-35 所示结构是将矩形导轨的导向面 A 与承载面 B、C 分开，从而减小导向面的磨损，有利于保持导向精度。图 3-35(a)中的导向面 A 是同一导轨的内外侧，两者之间的距离较小，热膨胀变形较小，可使导轨的间隙相应减小，导向精度较高。但此时两导轨面的摩擦力将不相同，因此应合理布置驱动元件的位置，以避免工作台倾斜或被卡住。图 3-35(b)所示结构以两导轨面的外侧作为导向面，克服了上述缺点，但因导轨面间距离较大，容易受热膨胀的影响，要求间隙不宜过小，从而影响导向精度。

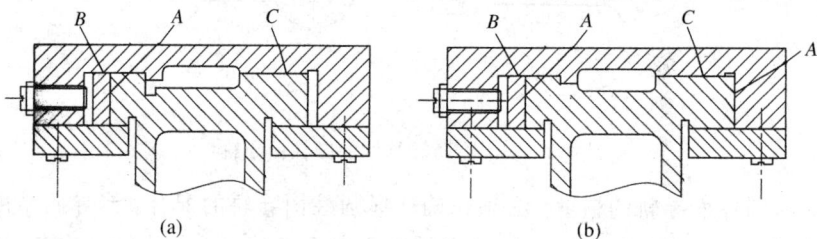

图 3-35 矩形导轨

（4）燕尾导轨。燕尾导轨的主要优点是结构紧凑，调整间隙方便。缺点是几何形状比较复杂，难于达到很高的配合精度，并且导轨中的摩擦力较大，运动灵活性较差。因此，它通常用在结构尺寸较小及导向精度与运动灵便性要求不高的场合。图 3-36 为燕尾导轨的应用举例，其中图 3-36(c)所示结构的特点是把燕尾槽分成几块，便于制造、装配和调整。

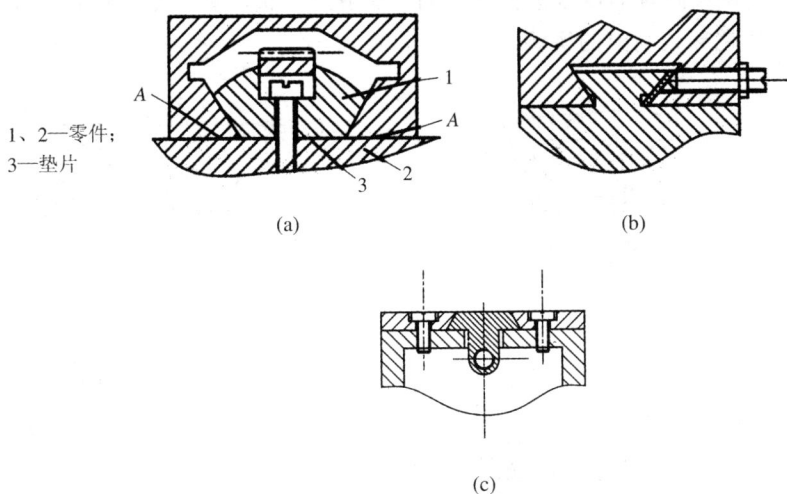

1、2—零件；
3—垫片

(a)   (b)

(c)

图 3 - 36 燕尾导轨的应用举例

3.4.3 导轨间隙的调整

为保证导轨正常工作，导轨滑动表面之间应保持适当的间隙。间隙过小会增大摩擦力，间隙过大又会降低导向精度。为此常采用以下办法，以获得必要的间隙：

（1）采用磨、刮相应的结合面或加垫片的方法，以获得合适的间隙。如图 3 - 36(a)所示燕尾导轨，为了获得合适的间隙，可在零件 1 与 2 之间加上垫片 3 或采取直接铲刮承导件与运动件的结合面 A 的办法达到。

（2）采用平镶条调整间隙。平镶条为一平行六面体，其截面形状为矩形（见图 3 - 37(a)）或平行四边形（见图 3 - 37(b)）。调整时，只要拧动沿镶条全长均布的几个螺钉，便能调整导轨的侧向间隙，调整后再用螺母锁紧。平镶条制造容易，但在全长上只有几个点受力，容易变形，故常用于受力较小的导轨。缩短螺钉间的距离并加大镶条厚度(h)，有利于镶条压力的均匀分布，当 $L/h = 3 \sim 4$ 时，镶条压力基本上均布（见图 3 - 37(c)）。

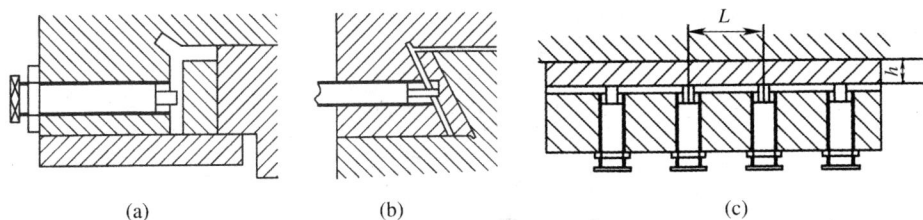

(a)   (b)   (c)

图 3 - 37 平镶条调整导轨间隙

（3）采用斜镶条调整间隙。斜镶条的侧面磨成斜度很小的斜面，导轨间隙是用镶条的纵向移动来调整的，为了缩短镶条长度，一般将其放在运动件上。

图 3 - 38(a)的结构简单，但螺钉凸肩与斜镶条的缺口间不可避免地存在间隙，可能使镶条产生窜动。图 3 - 38(b)所示的结构较为完善，但轴向尺寸较长，调整也较麻烦。图

3 – 38(c)是由斜镶条两端的螺钉进行调整的，镶条的形状简单，便于制造。图 3 – 38(d)是用斜镶条调整燕尾导轨间隙的实例。

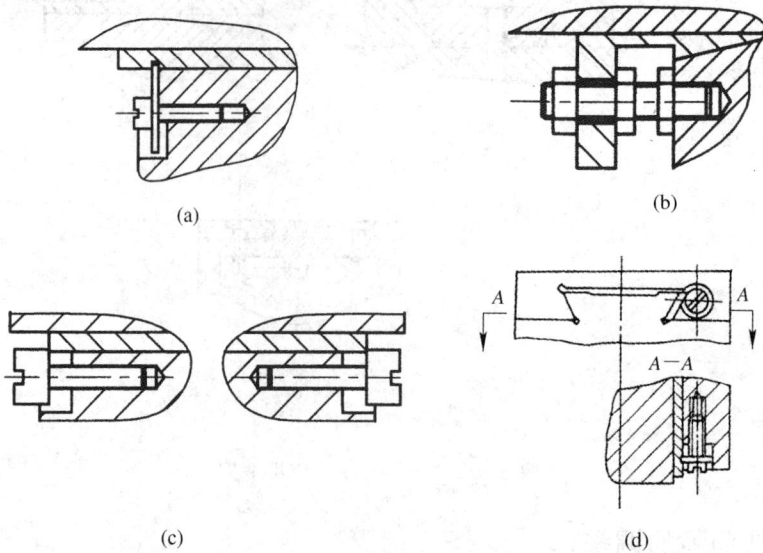

(a)

(b)

(c)

(d)

图 3 – 38　斜镶条调整导轨间隙

3.4.4　驱动力的方向和作用点对导轨工作的影响

设计导轨时，必须合理确定驱动力的方向和作用点，使导轨的倾覆力矩尽可能小。否则，将使导轨中的摩擦力增大，磨损加剧，从而降低导轨运动灵便性和导向精度，严重时甚至使导轨卡住而不能正常工作。因此，需要研究运动件不被卡住的条件。

设驱动力作用在通过导轨轴线的平面内，驱动力 F 的方向与导轨运动方向的夹角为 α，作用点离导轨轴线的距离为 h。导轨受力情况如图 3 – 39 所示，由于驱动力 F 将使运动件倾转，因此可认为运动件与承导件的两端点压紧，正压力分别为 N_1、N_2，相应的摩擦力为 $N_1 f_v$ 和 $N_2 f_v$，载荷为 F_a，忽略运动件与承导件间的配合间隙和运动件重力的影响，且当 d/L 很小时，保证运动件不被卡住的条件是

$$\tan\alpha < \frac{L - 2f_v h}{f_v(L + 2b)} \tag{3 – 9}$$

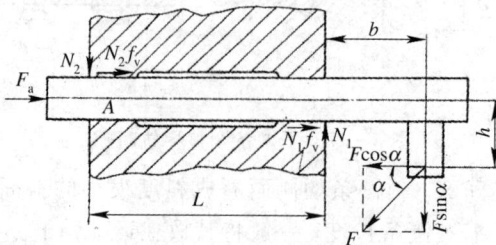

图 3 – 39　导轨受力简图

当 $h=0$ 时，

$$\frac{L}{b} > \frac{2f_v \tan\alpha}{1 - f_v \tan\alpha} \qquad\qquad (3-10)$$

当 $\alpha=0$ 时，

$$2f_v \frac{h}{L} < 1$$

为了保证运动灵活，建议设计时取

$$2f_v \frac{h}{L} < 0.5 \qquad\qquad (3-11)$$

上述公式中，f_v 为当量滑动摩擦系数。对于不同的导轨，f_v 值不同：

矩形导轨：

$$f_v = f$$

燕尾形和三角形导轨：

$$f_v = \frac{f}{\cos\beta}$$

圆柱面导轨：

$$f_v = \frac{4f}{\pi} = 1.27f$$

式中：

　　f——滑动摩擦系数；

　　β——燕尾轮廓角或三角形底角。

对于不同截面形状的组合导轨，由于两根导轨的摩擦力不同，因此驱动运动件的驱动元件(螺旋副、齿轮—齿条或其他传动装置)的位置应随之不同。例如对图3-40所示的三角形—平面组合导轨，因三角形导轨上的摩擦力要比平面导轨大，摩擦力的合力作用在 O 点，且 $c>b$，因此，驱动元件的位置应该设在 O 点，从而消除运动件移动时转动的趋势，使运动件移动平稳而灵活。

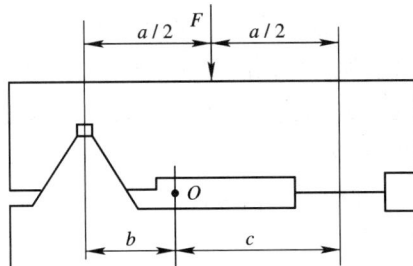

图 3-40　三角形—平面导轨

3.4.5　温度变化对导轨间隙的影响

滑动摩擦导轨对温度变化比较敏感。由于温度的变化，可能使自封式导轨卡住或造成不能允许的过大间隙。为减小温度变化对导轨的影响，承导件和运动件最好用膨胀系数相同或相近的材料。

如果导轨在温度变化大的条件下工作(如大地测量仪器或军用仪器等),在选定精度等级和配合以后,应对温度变化的影响进行验算。

为了保证导轨在工作时不致卡住,导轨中的最小间隙值 $\Delta_{\min}$ 应大于或等于零。

导轨的最小间隙可用下式计算:

$$\Delta_{\min} = D_{2\min}(1 + a_2(t - t_0)) - D_{1\max}(1 + a_1(t - t_0)) \tag{3-12}$$

式中:

$D_{2\min}$——包容件在制造温度时的最小直径或最小直线尺寸;

$D_{1\max}$——被包容件在制造温度时的最大直径或最大直线尺寸;

a_1、a_2——被包容件与包容件材料的线膨胀系数;

t_0——导轨制造时的温度;

t——导轨工作时的最高或最低温度。

为保证导轨的工作精度,导轨副中的最大间隙 $\Delta_{\max}$ 应小于或等于允许间隙,导轨中的最大间隙可用下式计算:

$$\Delta_{\max} = D_{2\max}[1 + a_2(t - t_0)] - D_{1\min}[1 + a_1(t - t_0)] \tag{3-13}$$

式中:

$D_{2\max}$——包容件在制造温度时的最大直径或最大直线尺寸;

$D_{1\min}$——被包容件在制造温度时的最小直径或最小直线尺寸。

3.4.6 导轨的刚度计算

为了保证机构的工作精度,设计时应保证导轨的最大弹性变形量不超过允许值。必要时应进行导轨的刚度计算或验算。由于导轨主要受静载荷作用,故导轨的刚度主要是指静刚度。

如果忽略机座变形对导轨刚度的影响(假设机座为绝对刚体),则导轨的刚度主要取决于在载荷作用下,导轨运动件和承导件的弯曲变形和它们工作面间接触变形的大小。

在计算导轨的弯曲变形时,可将与导轨运动件连成一体的工作台简化成梁,按工程力学中梁的变形公式进行简化计算。为了提高导轨的刚度,除必要时增大导轨尺寸外,常采用合理布置加强筋的办法,以达到既保证刚度又减轻重量的目的。

导轨的接触变形可按经验公式估算,对于接触面积不超过 $100 \sim 150$ cm^2 的钢和铸铁的接触,其接触变形 δ(单位为 μm)为

$$\delta = c\sqrt{p} \tag{3-14}$$

式中:

p——接触面间的平均压力(N/cm^2);

c——系数,对于精刮导轨面(每 25 mm×25 mm 在 16 点以上)和磨削导轨面(粗糙度 R_a 为 $0.16 \sim 0.32$ μm)为 $1.47 \sim 1.94$,研磨表面(粗糙度 R_a 为 $0.01 \sim 0.02$ μm)为 0.69。

3.4.7 提高导轨耐磨性的措施

为使导轨在较长的使用期间内保持一定的导向精度,必须提高导轨的耐磨性。由于磨损速度与材料性质、加工质量、表面压强、润滑及使用维护等因素直接有关,因此要想提

高导轨的耐磨性,需从这些方面采取措施。

1. 合理选择导轨的材料及热处理

用于导轨的材料,应具有耐磨性好,摩擦系数小,并具有良好的加工和热处理性质。常用的材料有:

(1) 铸铁。如 HT200、HT300 等,均有较好的耐磨性。采用高磷铸铁(含磷量质量分数高于 0.3%)、磷铜钛铸铁和钒钛铸铁作导轨,耐磨性比普通铸铁分别提高 1~4 倍。铸铁导轨的硬度一般为 180~200 HBS。为提高其表面硬度,采用表面淬火工艺,使其表面硬度可达 55 HRC,导轨的耐磨性可提高 1~3 倍。

(2) 钢。常用的有碳素钢(40、50、T8A、T10A)和合金钢(20Cr、40Cr)。淬硬后钢导轨的耐磨性比一般铸铁导轨高 5~10 倍。要求高的可用 20Cr 制成,渗碳后淬硬至 56~62 HRC;要求低的用 40Cr 制成,高频淬火硬度至 52~58 HRC。钢制导轨一般做成条状,用螺钉及销钉固定在铸铁机座上,螺钉的尺寸和数量必须保证良好的接触刚度,以免引起变形。

(3) 有色金属。常用的有黄铜、锡青铜、超硬铝(LC_4)、铸铝(ZL_6)等。

(4) 塑料。聚四氟乙烯具有优良的减摩、耐磨和抗振性能,工作温度适应范围广($-200℃ \sim +280℃$),静、动摩擦系数都很小,是一种良好的减摩材料。以聚四氟乙烯为基体的塑料导轨性能良好,它是一种在钢板上烧结球状青铜颗粒并浸渍聚四氟乙烯塑料的板材,如图 3-41 所示。导轨板的厚度为 1.5~3 mm,在多孔青铜颗粒上面的聚四氟乙烯表层厚为 0.025 mm。这种塑料导轨板既有聚四氟乙烯的摩擦特性,又具有青铜和钢铁的刚性与导热性,装配时可用环氧树脂粘接在动导轨上。这种导轨用在数控机床、集成电路制板设备上,可保证较高的重复定位精度,并满足微量进给时无爬行的要求。

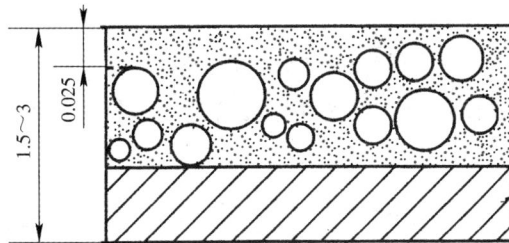

图 3-41 塑料导轨板截面示意图

2. 减小导轨面压强

导轨面的平均压强越小,分布越均匀,则磨损越均匀,磨损量越小。导轨面的压强取决于导轨的支承面积和负载,设计时应保证导轨工作面的最大压强不超过允许值。为此,许多精密导轨常采用卸载导轨,即在导轨载荷的相反方向给运动件施加一个机械的或液压的作用力(卸载力),抵消导轨上的部分载荷,从而达到既保持导轨面间仍为直接接触,又减小导轨工作面的压力的目的。一般卸载力取为运动件所受总重力的 2/3 左右。

(1) 静压卸载导轨(见图 3-42)。在运动件导轨面上开有油腔,通入压力为 p_s 的液压油,对运动件施加一个小于运动件所受载荷的浮力,以减小导轨面的压力。油腔中的液压油经过由导轨表面宏观与微观不平度所形成的间隙流出导轨,回到油箱。

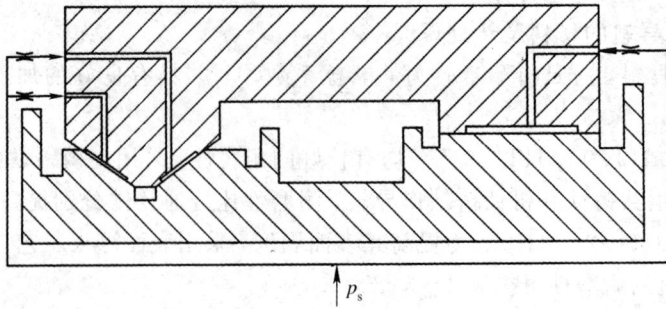

图 3-42　静压卸载导轨原理

(2) 水银卸载导轨(见图 3-43)。在运动件下面装有浮子 1(木块),并置于水银槽 2 中,利用水银产生的浮力抵消运动组件的部分重力。这种卸载方式结构简单,缺点是水银蒸气有毒,故必须采取防止水银挥发的措施。

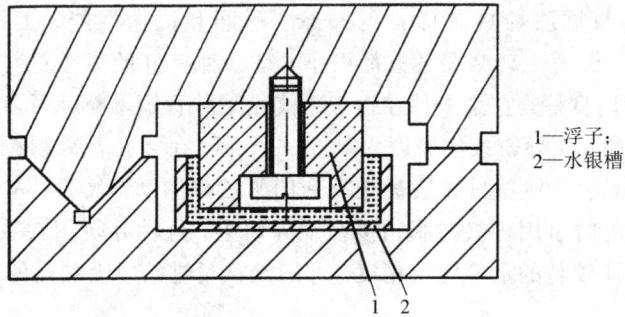

1—浮子;
2—水银槽

图 3-43　水银卸载导轨原理

(3) 机械卸载导轨(见图 3-44)。选用刚度合适的弹簧,并调节其弹簧力,以减小导轨面直接接触处的压力。

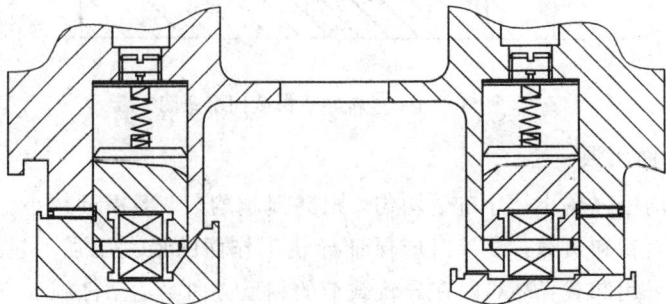

图 3-44　机械卸载导轨

3. 保证导轨良好的润滑

保证导轨良好的润滑,是减小导轨摩擦和磨损的另一个有效措施。这主要是润滑油的分子吸附在导轨接触表面,形成厚度约为 0.005~0.008 mm 的一层极薄的油膜,从而阻止或减少导轨面间直接接触的缘故。

由于滑动导轨的运动速度一般较低，并且往复反向运动，运动和停顿相间进行，不易形成油楔，因此，要求润滑油具有合适的粘度和较好的油性，以防止导轨出现干摩擦现象。

选择导轨润滑油的主要原则是：载荷越大、速度越低，则油的粘度应越大；垂直导轨的润滑油粘度，应比水平导轨润滑油的粘度大些；在工作温度变化时，润滑油的粘度变化要小；润滑油应具有良好的润滑性能和足够的油膜强度，不浸蚀机件，油中的杂质应尽量少。

对于精密机械中的导轨，应根据使用条件和性能特点来选择润滑油。常用的润滑油有机油、精密机床液压导轨油和变压器油等。还有少数精密导轨，选用润滑脂进行润滑。

关于润滑方法，对于载荷不大、导轨面较窄的精密仪器导轨，通常只需直接在导轨上定期地用手加油即可，导轨面也不必开出油沟。对于大型及高速导轨，则多用手动油泵或自动润滑，并在导轨面上开出合适形状和数量的油沟，以使润滑油在导轨工作表面上分布均匀。

4. 提高导轨的精度

提高导轨精度主要指保证导轨的直线度和各导轨面间的相对位置精度。导轨的直线度误差都规定在对导轨精度有利的方向上，如精密车床的床身导轨在垂直面内的直线度误差只允许上凸，以补偿导轨中间部分经常使用而产生向下凹的磨损。

适当减小导轨工作面的粗糙度，可提高耐磨性，但过小的粗糙度不易储存润滑油，甚至产生"分子吸力"，以致撕伤导轨面。粗糙度一般要求 $R_a \leqslant 0.32\ \mu m$。

3.4.8　导轨主要尺寸的确定

导轨的主要尺寸有运动件和承导件的长度、导轨宽度、两导轨之间的距离及三角形导轨的顶角等。

增大导轨运动件长度 L，有利于提高导轨的导向精度和运动灵活性，但却使工作台的尺寸和重量加大。因此，设计时一般取 $L = (1.2 \sim 1.8)a$。其中，a 为两导轨之间的距离。如结构允许，则可取 $L \geqslant 2a$。承导件的长度则主要取决于运动件的长度及工作行程。

导轨宽度 B 可根据载荷 F 和允许压强 p 求出：

$$B = \frac{F}{pL} \tag{3-15}$$

两导轨之间的距离减小，则导轨尺寸减小，但导轨稳定性变差。设计时应在保证导轨工作稳定的前提下，减小两导轨之间的距离。

三角形导轨的顶角一般取为 $90°$。

3.5　滚动摩擦导轨

滚动摩擦导轨是在运动件和承导件之间放置滚动体(滚珠、滚柱、滚动轴承等)，使导轨运动时处于滚动摩擦状态。滚动摩擦导轨按滚动体的形状可分为滚珠导轨、滚柱导轨、滚动轴承导轨等。

与滑动摩擦导轨比较，滚动导轨的特点是：

（1）摩擦系数小，并且静、动摩擦系数之差很小，故运动灵便，不易出现爬行现象。

（2）定位精度高，一般滚动导轨的重复定位误差约为 $0.1\sim0.2~\mu m$，而滑动导轨的定位误差一般为 $10\sim20~\mu m$。因此，当要求运动件产生精确微量的移动时，通常采用滚动导轨。

（3）磨损较小，寿命长，润滑简便。

（4）结构较为复杂，加工比较困难，成本较高。

（5）对脏物及导轨面的误差比较敏感。

3.5.1　滚珠导轨

图 3-45 和图 3-46 是滚珠导轨的两种典型结构型式。在 V 形槽（V 形角一般为 $90°$）中安置着滚珠，隔离架 1 用来保持各个滚珠的相对位置，固定在承导件上的限动销 2 与隔离架上的限动槽构成限动装置，用来限制运动件的位移，以免运动件从承导件上滑脱。

V 形滚珠导轨的优点是工艺性较好，容易达到较高的加工精度。但由于滚珠和导轨面是点接触，接触应力较大，容易压出沟槽，如沟槽的深度不均匀，将会降低导轨的精度。为了改善这种情况，可采取如下措施：

（1）预先在 V 形槽与滚珠接触处研磨出一窄条圆弧面的浅槽，从而增加了滚珠与滚道的接触面积，提高了承载能力和耐磨性，但这时导轨中的摩擦力略有增加。

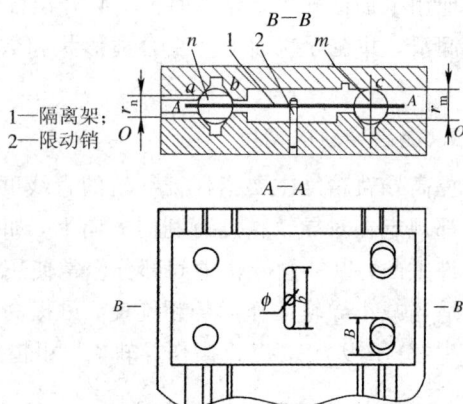

1—隔离架；
2—限动销

图 3-45　力封式滚珠导轨

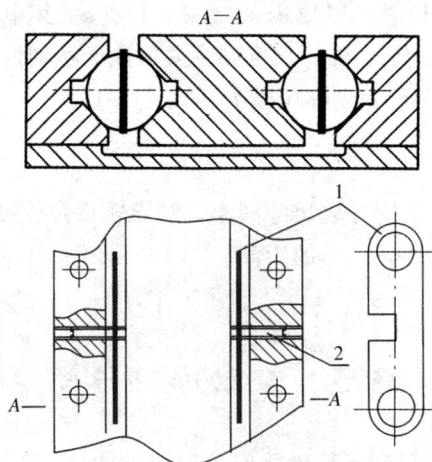

图 3-46　自封式滚珠导轨

（2）采用双圆弧滚珠导轨（见图 3 - 47(a)）。这种导轨是把 V 形导轨的 V 形滚道改为圆弧形滚道，以增大滚动体与滚道接触点的综合曲率半径，从而提高导轨的承载能力、刚度和使用寿命。双圆弧导轨的缺点是形状复杂，工艺性较差，摩擦力较大，当精度要求很高时不易满足使用要求。

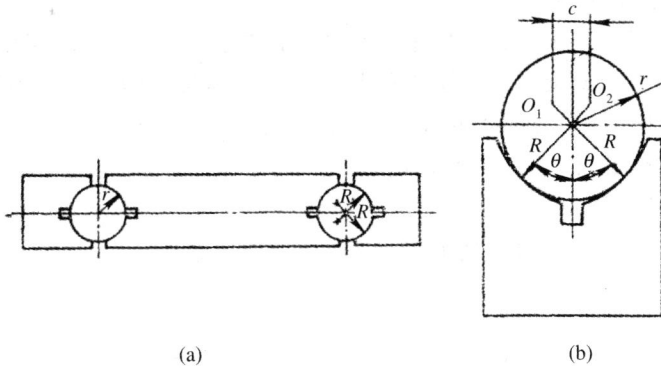

(a)   (b)

图 3 - 47 双圆弧导轨

为使双圆弧滚珠导轨既能发挥接触面积较大，变形较小的优点，又不致于过分增大摩擦力，应合理确定双圆弧滚珠导轨的主要参数（见图 3 - 47(b)）。根据使用经验，滚珠半径 r 与滚道圆弧半径 R 之比常取为 $r/R = 0.90 \sim 0.95$，接触角 $\theta = 45°$。

导轨两圆弧的中心距 C 为

$$C = 2(R - r)\sin\theta \qquad (3-16)$$

当要求运动件的行程很大或需要简化导轨的设计和制造时，可采用滚珠循环式导轨。图 3 - 48 是这种导轨的结构简图，它由运动件 1、滚珠 2、承导件 3 和返回器 4 组成。运动件上有工作滚道 5 和返回滚道 6，与两端返回器的圆弧槽面滚道接通，滚珠在滚道中循环滚动，行程不受限制。

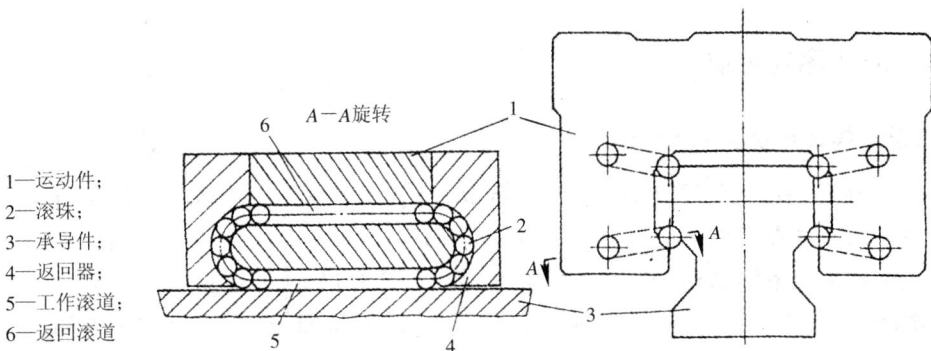

1—运动件；
2—滚珠；
3—承导件；
4—返回器；
5—工作滚道；
6—返回滚道

图 3 - 48 滚珠循环式滚动导轨的结构简图

为了保证滚珠导轨的运动精度和各滚珠承受载荷的均匀性，应严格控制滚珠的形状误差和各滚珠间的直径差。例如对于 19JA 万能工具显微镜横向滑板滚珠导轨，滚珠间的直径不均匀度和滚珠的圆度误差均要求在 $0.5~\mu m$ 以内。

3.5.2 滚柱导轨和滚动轴承导轨

为了提高滚动导轨的承载能力和刚度，可采用滚柱导轨或滚动轴承导轨。这类导轨的结构尺寸较大，常用在比较大型的精密机械上。

1. 交叉滚柱 V 形平导轨

如图 3-49(a)所示，在 V 形空腔中交叉排列着滚柱，这些滚柱的直径 d 略大于长度 b，相邻滚柱的轴线互相垂直交错，单数号滚柱在 AA_1 面间滚动(与 B_1 面不接触)，双数号滚柱在 BB_1 面间滚动(与 A_1 面不接触)，右边的滚柱则在平面导轨上运动。这种导轨不用保持架，可增加滚动体数目，提高导轨刚度。

2. V 形平滚柱导轨

如图 3-49(b)所示，这种导轨加工比较容易，V 形滚柱直径 d 与平面导轨滚柱 d_1 之间有如下关系：

$$d = d_1 \sin \frac{\alpha}{2} \tag{3-17}$$

其中，α 是 V 形导轨的 V 形角。

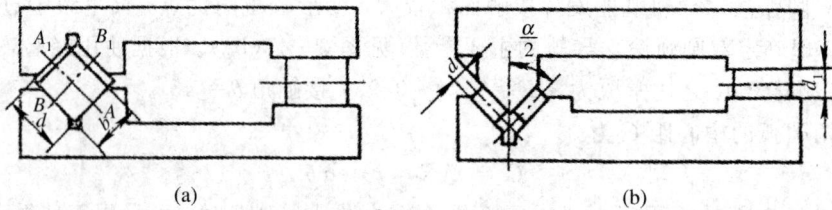

(a)　　　　　　　　　　　　　　　(b)

图 3-49　滚柱导轨

3.6　静压螺旋传动与静压导轨简介

3.6.1　静压螺旋传动

1. 静压螺旋传动的工作原理

静压螺旋传动的工作原理如图 3-50 所示。来自液压泵 3 的润滑油，经溢留阀 6 调压后，通过精密过滤器 2 以一定压力(F_s)通过节流阀 1，由内螺纹牙侧面的油腔进入工作螺纹的间隙，然后各经回油孔(虚线所示，回油路图中未画出)流回油箱 5。

当螺杆无外载荷时，通过每一油腔沿间隙流出的流量相等，螺纹牙两侧的油压及间隙也相等，即 $p_{r1} = p_{r2} = p_{r0}$，$h_1 = h_2 = h_0$，螺杆保持在中间位置。

当螺杆受轴向力 F_a 而偏向左侧时，间隙 h_1 减小，h_2 增大。由于节流阀的作用，使 $p_{r1} > p_{r2}$，从而产生一个平衡 F_a 的反力。

当螺杆受径向力 F_r 作用而沿载荷方向产生位移时，油腔 A 侧间隙减小，B、C 侧间隙增大。同样，由于节流阀的作用，使 A 侧的油压增高，B、C 侧油压降低，形成压差与径向力 F_r 平衡。

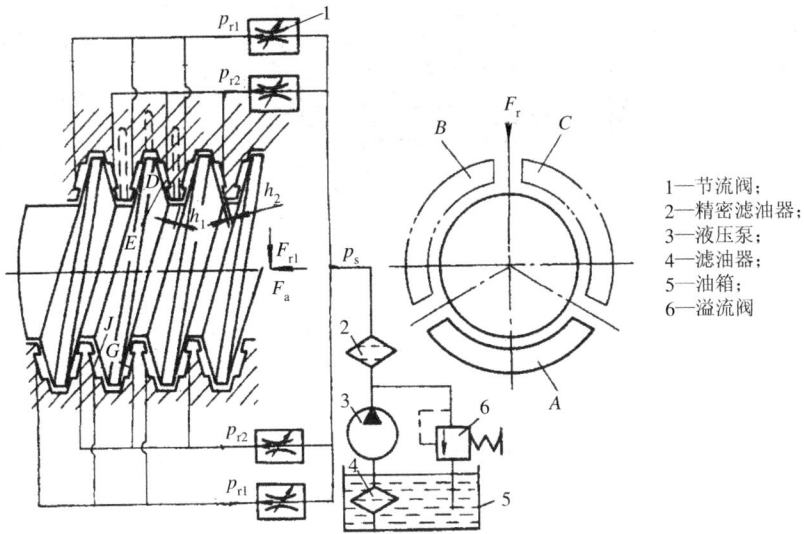

图 3-50 静压螺旋传动的工作原理

1—节流阀；
2—精密滤油器；
3—液压泵；
4—滤油器；
5—油箱；
6—溢流阀

当螺杆一端受径向力矩 M 作用而形成一倾覆力矩时，螺母上对应油腔 E、J 侧的间隙减小，D、C 侧间隙增大。由于节流阀的作用使螺杆产生一个反向力矩，使其保持平衡。

由上述三种受力情况可知，当每一个螺旋面上设有三个以上的油腔时，螺杆（或螺母）不但能承受轴向载荷，同时也能承受一定的径向载荷和倾覆力矩。

2. 静压螺旋传动的特点

静压螺旋传动与滑动螺旋和滚动螺旋传动相比，具有下列特点：

(1) 摩擦阻力小，效率高（可达 99%）。

(2) 寿命长。螺纹表面不直接接触，能长期保持工作精度。

(3) 传动平稳，低速时无爬行现象。

(4) 传动精度和定位精度高。

(5) 具有传动可逆性，必要时应设置防止逆转机构。

(6) 需要一套可靠的供油系统，并且螺母结构复杂，加工比较困难。

3.6.2 静压导轨

静压导轨是指在两个相对运动的导轨面间通入压力油或压缩空气，使运动件浮起，以保证两导轨面间处于液体或气体摩擦状态。

1. 液体静压导轨

根据结构特点，液体静压导轨分为开式静压导轨和闭式静压导轨两类。

1) 开式静压导轨

如图 3-51 所示，液压泵 3 启动后，油液经滤油器 2 吸入，用溢流阀 4 调节进油压力。液压油经精密滤油器 5 过滤后流经节流阀 6，其压力降为 p_0，流入导轨油腔产生浮力将运动件浮起，直到形成一定的原始间隙 h_0 时，浮力与载荷 F 平衡，油膜将运动件 7 与承导件 8 完全隔开。油液从油腔经过间隙 h_0 流出，回到油箱 1。

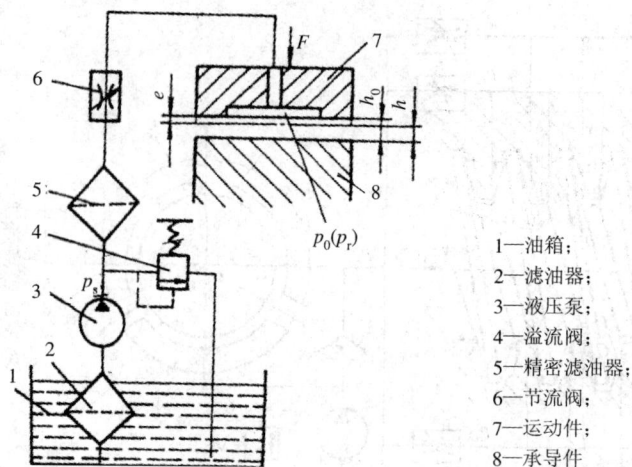

图 3-51 开式静压导轨的工作原理

1—油箱；
2—滤油器；
3—液压泵；
4—溢流阀；
5—精密滤油器；
6—节流阀；
7—运动件；
8—承导件

当载荷 F 增大时，运动件下沉，间隙 h_0 减小，回油阻力增大，流量减小，油腔压力增大。当运动件下沉某一距离 e 时，导轨间隙减小至 $h(h=h_0-e)$，油腔压力增至 F_r，其所形成的浮力重新与载荷 F 平衡，从而将运动件的下沉限制在一定的范围内，保证导轨在液体摩擦状态下工作。开式静压导轨结构简单，但承受倾覆力矩的能力较差。

2）闭式静压导轨

图 3-52 为闭式静压导轨的工作原理图。图(a)两侧没有采用静压，图(b)两侧采用了静压。现以图(b)为例说明闭式静压导轨的工作原理。3 为承导件，当运动件 2 受到倾覆力矩 M 后，导轨间隙 h_3、h_4 增大，h_1、h_6 减小。由于各相应节流阀 1 的作用，p_{r3}、p_{r4} 减小，而 p_{r1}、p_{r6} 增大，它们作用在运动件的力，形成一个与倾覆力矩相反的力矩，从而使运动件保持平衡。当承受载荷 F 时，导轨间隙 h_1、h_4 减小，h_3、h_6 增大。由于各相应节流阀的作用，p_{r1}、p_{r4} 增大，而 p_{r3}、p_{r6} 减小，从而形成了向上的承载力，与载荷 F 平衡。同理，侧向载荷可由左、右两侧静压油腔所产生的压力差来平衡。

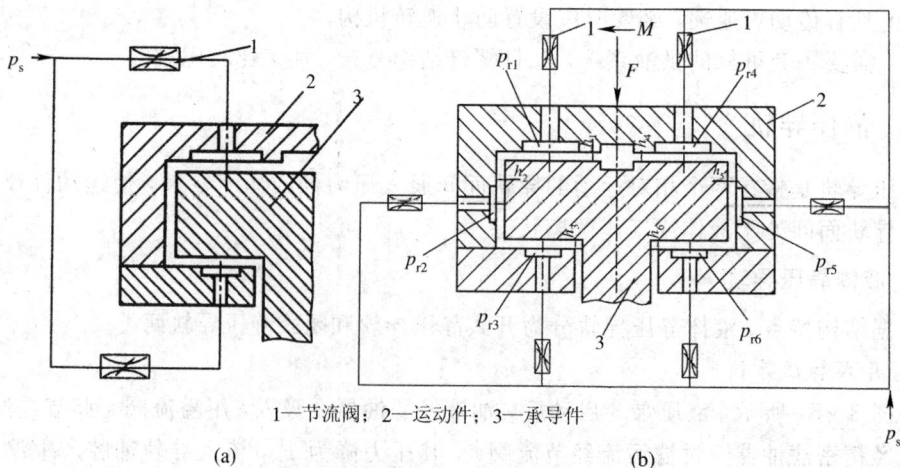

1—节流阀；2—运动件；3—承导件

(a)   (b)

图 3-52 闭式静压导轨的工作原理

液体静压导轨的优点是：

（1）摩擦系数很小（启动摩擦系数可小至 0.0005），可使驱动功率大大降低，运动轻便灵活，低速时无爬行现象。

（2）导轨工作表面不直接接触，基本上没有磨损，能长期保持原始精度，寿命长。

（3）承载能力大，刚度好。

（4）摩擦发热小，导轨温升小。

（5）油液具有吸振作用，抗振性好。

静压导轨的缺点是：结构较复杂，需要一套供油设备，油膜厚度不易掌握，调整较困难。这些缺点都影响静压导轨的广泛使用。

2. 气体静压导轨

气体静压导轨是由外界供压设备供给一定压力的气体将运动件与承导件分开的，运动件运动时只存在很小的气体层之间的摩擦，摩擦系数极小，适用于精密、轻载、高速的场合，在精密机械中的应用愈来愈广。

气体静压导轨按结构形式的不同可分为开式、闭式和负压吸浮式气垫导轨三种。下面只对负压吸浮式气垫导轨作一简单介绍。

负压吸浮式气垫导轨是一种适用于高精度、高速度、轻载的新型空气静压导轨，它利用负压吸浮式平面气垫在工作面上不同区域同时存在正压（浮力）和负压（吸力）的特点，使运动件和承导件之间形成一定厚度的气体膜。负压吸浮式气垫的工作原理如图 3-53 所示，图(a)为气垫导轨的结构，图(b)为气垫工作面上的压力分布。

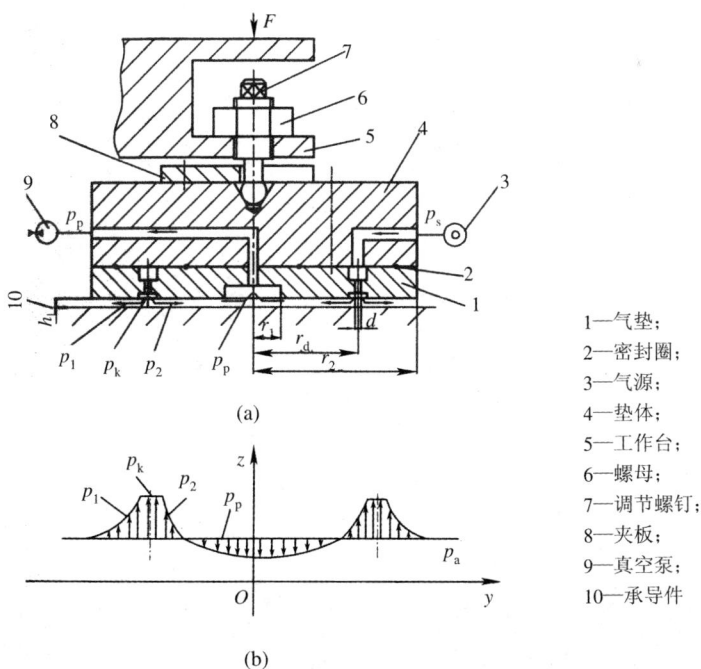

1—气垫；
2—密封圈；
3—气源；
4—垫体；
5—工作台；
6—螺母；
7—调节螺钉；
8—夹板；
9—真空泵；
10—承导件

图 3-53 负压吸浮式气垫的工作原理

10 为承导件，气源 3 产生的压力 p_s 经直径为 d 的节流孔流入气腔。气流分两个方向排出：一部分沿导轨面间的间隙向外流动，排入大气，压力降为 p_0；另一部分向内流动，经半径为 r_1 的负压腔，由真空泵 9 抽走。因此，在 r_d 与 r_2 之间的环形区域形成正压 p_k、p_1、p_2，将气垫 1 浮起，使其具有承载能力，而在以 r_1 为半径的圆域内，形成负压产生吸力。正压使气膜厚度增大，负压则使气膜厚度减小，当二者匹配时，形成一个稳定的气膜厚度 h，使气垫与导轨面既不接触，又不脱开。

·········· 思 考 题 ··········

3-1 机电一体化系统中的机械装置包括哪些内容？

3-2 机电一体化传动系统有哪几种类型？各有什么作用？

3-3 齿轮传动间隙对系统有何影响？有哪些方法可以消除该因素引起的系统误差？

3-4 导向机构都有哪几种类型？各有什么特点？

3-5 滚珠螺旋副的轴向间隙对系统有何影响？如何处理？

3-6 试比较塑料导轨和滚珠导轨的性能特点。

3-7 试比较液体和气体静压装置的特点。

3-8 查阅资料，了解磁悬浮技术。试分析磁悬浮技术在机械传动和导向中的应用。

第4章 机电一体化检测系统

4.1 概　　述

检测系统是机电一体化产品的一个重要组成部分，是用于检测相关外界环境及产品自身状态，为控制环节提供判断和处理依据的信息反馈环节。在机电一体化系统中，检测系统所测试的物理量一般包括温度、流量、功率、位移、速度、加速度、力等。由于机电一体化系统是以电信号为信息传输和处理的媒体，且控制系统的输入接口往往规定了特定的信号形式（如数字信号、直流信号、开关信号），因此，检测系统通常要用传感器将被测试的物理量变为电量，再经过变换、放大、调制、解调、滤波等电路处理后才能得到控制系统（或显示、记录等仪器）需要的信号。本章重点介绍各种机电一体化系统中常见物理量的检测方法、测试系统的工作原理以及传感器的信号处理、接口技术等。

4.1.1 检测系统的组成

机电一体化产品中需要检测的物理量分成电量和非电量两种形式。非电量的检测系统有两个重要环节：

（1）把各种非电量信息转换为电信号，这就是传感器的功能，传感器又称为一次仪表。

（2）对转换后的电信号进行测量，并进行放大、运算、转换、记录、指示、显示等处理，这叫作电信号处理系统，通常被称为二次仪表。

机电一体化系统一般采用计算机控制方式，因此，电信号处理系统通常是以计算机为中心的电信号处理系统。综上所述，非电量检测系统的结构形式如图 4-1 所示。

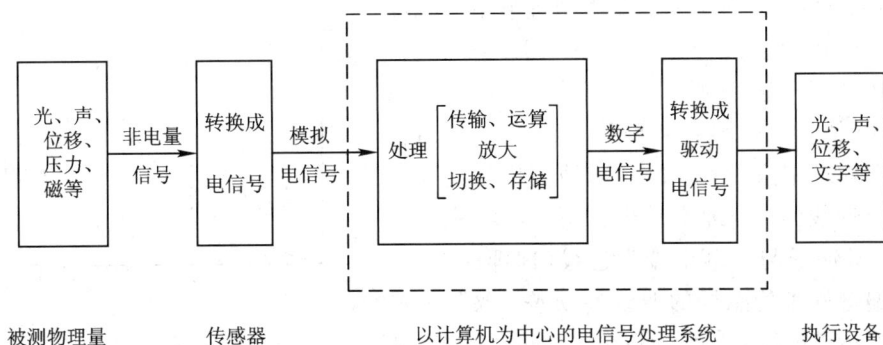

图 4-1　非电量检测系统的结构形式

对于电量检测系统，只保留了电信号的处理过程，省略了一次仪表的处理过程。

4.1.2　传感器的概念及基本特性

传感器是一种以一定的精确度将被测量转换为与之有确定对应关系的、易于精确处理和测量的某种物理量（如电量）的测量部件或装置。通常，传感器是将非电量转换成电量来输出的。传感器的特性（静态特性和动态特性）是其内部参数所表现的外部特征，这些特征决定了传感器的性能和精度。

1. 传感器的构成

传感器一般由敏感元件、传感元件和转换电路三部分组成，如图 4 - 2 所示。

图 4 - 2　传感器的组成框图

（1）敏感元件：是一种能够将被测量转换成易于测量的物理量的预变换装置，其输入、输出间具有确定的数学关系（最好为线性）。如弹性敏感元件将力转换为位移或应变输出。

（2）传感元件：将敏感元件输出的非电物理量转换成电信号（如电阻、电感、电容等）形式。例如将温度转换成电阻变化，将位移转换为电感或电容变化等的传感元件。

（3）基本转换电路：将电信号量转换成便于测量的电量，如电压、电流、频率等。

有些传感器（如热电偶）只有敏感元件，感受被测量时直接输出电动势。有些传感器由敏感元件和转换元件组成，无需基本转换电路，如压电式加速度传感器。还有些传感器由敏感元件和基本转换电路组成，如电容式位移传感器。有些传感器，转换元件不止一个，要经过若干次转换才能输出电量。大多数传感器是开环系统，但也有个别的是带反馈的闭环系统。

2. 传感器的静态特性

传感器变换的被测量的数值处于稳定状态时，传感器的输入/输出关系称为传感器的静态特性。描述传感器静态特性的主要技术指标是：线性度、灵敏度、迟滞、重复性、分辨率和零漂。

（1）线性度。传感器的静态特性是在静态标准条件下，利用一定等级的标准设备，对传感器进行往复循环测试，得到的输入/输出特性（列表或画曲线）。通常希望这个特性（曲线）为线性，这对标定和数据处理带来方便。但实际的输出与输入特性只能接近线性，与理论直线有偏差，如图 4 - 3 所示。实际曲线与其两个端尖连线（称理论直线）之间的偏差称为传感器的非线性误差。取其中最大值与输出满度值之比作为评价线性度（或非线性误差）的指标。

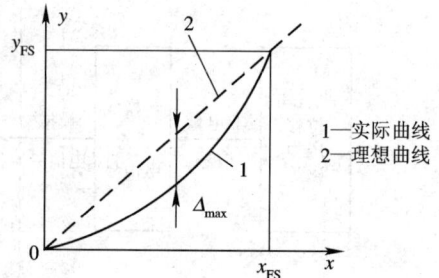

1—实际曲线
2—理想曲线

图 4 - 3　传感器的线性度示意图

线性度可用下式计算：

$$\gamma_{\mathrm{L}} = \pm \frac{\Delta_{\max}}{y_{\mathrm{FS}}} \times 100\% \qquad (4-1)$$

式中：

γ_{L}——线性度（非线性误差）；

$\Delta_{\max}$——最大非线性绝对误差；

y_{FS}——输出满度值。

（2）灵敏度。传感器在静态标准条件下，输出变化对输入变化的比值称为灵敏度，用 S_0 表示，即

$$S_0 = \frac{输出量的变化量}{输入量的变化量} = \frac{\Delta y}{\Delta x} \qquad (4-2)$$

对于线性传感器来说，它的灵敏度 S_0 是个常数。

（3）迟滞。传感器在正（输入量增大）、反（输入量减小）行程中输出/输入特性曲线的不重合程度称为迟滞，迟滞误差一般以满量程输出 y_{FS} 的百分数表示：

$$\gamma_{\mathrm{H}} = \frac{\Delta H_{\mathrm{m}}}{y_{\mathrm{FS}}} \times 100\% \quad \text{或} \quad \gamma_{\mathrm{H}} = \pm \frac{1}{2} \frac{\Delta H_{\mathrm{m}}}{y_{\mathrm{FS}}} \times 100\% \qquad (4-3)$$

式中：

ΔH_{m}——输出值在正、反行程间的最大差值。

迟滞特性一般由实验方法确定，如图 4-4 所示。

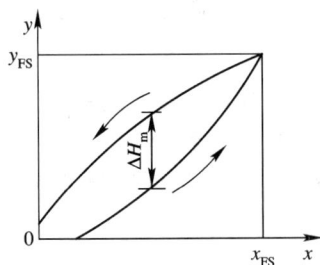

图 4-4　迟滞特性

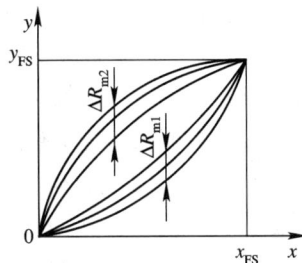

图 4-5　重复特性

（4）重复特性。传感器在同一条件下，被测输入量按同一方向作全量程连续多次重复测量时，所得的输出/输入曲线不一致的程度，称为重复特性，如图 4-5 所示。重复特性误差用满量程输出的百分数表示，即

$$\gamma_{\mathrm{R}} = \pm \frac{\Delta R_{\mathrm{m}}}{y_{\mathrm{FS}}} \times 100\% \qquad (4-4)$$

式中：

ΔR_{m}——最大重复性误差。

重复特性也由实验方法确定，常用绝对误差表示，如图 4-5 所示。

（5）分辨力。传感器能检测到的最小输入增量称为分辨力，在输入零点附近的分辨力称为阈值。分辨力与满度输入比的百分数表示称为分辨率。

（6）漂移。由于传感器内部因素或在外界干扰的情况下，传感器的输出发生的变化称

为漂移。当输入状态为零时的漂移称为零点漂移。在其他因素不变的情况下，输出随着时间的变化产生的漂移称为时间漂移；随着温度变化产生的漂移称为温度漂移。

（7）精度。精度表示测量结果和被测的"真值"的靠近程度。精度一般用校验或标定的方法来确定，此时"真值"则靠其他更精确的仪器或工作基准来给出。国家标准中规定了传感器和测试仪表的精度等级，如电工仪表精度分七级，分别是 0.1、0.2、0.5、1.0、1.5、2.5 和 5。精度等级(S)的确定方法是：算出绝对误差与输出满量程之比的百分数，与该值靠近但比其低的国家标准等级值即为该仪器的精度等级。

3. 传感器的动态特性

动态特性是指传感器测量动态信号时，输出对输入的响应特性。传感器测量静态信号时，由于被测量不随时间变化，测量和记录过程不受时间限制。而实际中大量的被测量是随时间变化的动态信号，传感器的输出不仅需要精确地显示被测量的大小，还要显示被测量的时间变换规律，即被测量的波形。传感器测量动态信号的能力用动态特性表示。

动态特性好的传感器，其输出量随时间的变化规律将再现输入量随时间的变化规律，即它们具有同一个时间函数。但是，除了理想情况外，实际传感器的输出信号与输入信号不会具有相同的时间函数，因此会引起动态误差。

动态特性参数一般都用阶跃信号输入状态下的输出特性和不同频率信号输入状态下的幅值变化和相位变化表达。

4.1.3 信号传输与处理电路

传感器的输出信号一般比较微弱(mV、μV级)，有时夹杂其他信号(干扰或载波)，因此，在传输过程中，需要依据传感器输出信号的具体特征和后端系统的要求，对传感器输出信号进行各种形式的处理，如阻抗变换、电平转换、屏蔽隔离、放大、滤波、调制、解调、A/D 和 D/A 等。同时，还要考虑在传输过程中可能受到的干扰影响，如噪声、温度、湿度、磁场等，并采取一定的措施。传感器信号处理电路的内容要依据被测对象的特点和环境条件来决定。

传感器信号处理电路内容的选择所要考虑的问题主要包括：

（1）传感器输出信号形式，如是模拟信号还是数字信号，是电压还是电流。

（2）传感器输出电路形式，是单端输出还是差动输出。

（3）传感器电路的输出能力，是电压还是功率，输出阻抗的大小如何等。

（4）传感器的特性，如线性度、信噪比、分辨率。

由于电子技术的发展和微加工技术的应用，现在的许多传感器中已经配置了部分处理电路(或配置有专用处理电路)，这就大大简化了设计和维修人员的技术难度。例如：反射式光电开关传感器中集成了逻辑控制电路；压力传感器的输出连接专用接口处理电路后可以直接输送给 A/D；光电编码传感器的输出是 5 V 的脉冲信号，可以直接传送给计算机。

4.2 位移检测

位移测量是线位移测量和角位移测量的总称，位移测量在机电一体化制造系统中的应用十分广泛，这不仅因为在各种机械加工中对位置确定和加工尺寸的需要，而且还因为速度、加速度等参数的检测都可以借助于测量位移的方法。有些参数的测量属于微位移测量，如力、扭矩、变形等。

微位移检测传感器包括：应变式传感器、电容式传感器及电感传感器。

一般的位移传感器主要有：电感传感器、电容传感器、感应同步器、光栅传感器、磁栅传感器、旋转变压器和光电编码盘等。其中，旋转变压器和光电编码盘只能测试角位移，其他几种传感器既有直线型位移传感器又有角度型位移传感器。

位移传感器还可以分为模拟式传感器和数字式传感器。模拟式传感器的输出是以幅值形式表示输入位移的大小的，如电容式传感器、电感式传感器等；数字式传感器的输出是以脉冲数量的多少表示位移的大小的，如光栅传感器、磁栅传感器、感应同步器等。光电编码盘的输出以一组不同的编码代表不同的角度位置。下面分别介绍模拟式位移传感器和数字式传感器的原理。

4.2.1 模拟式位移传感器

由于电容式、电感式传感器在原理上有相似之处，因此这里以电感式传感器为例来介绍模拟式传感器测量位移的原理。

电感式传感器是基于电磁感应原理，将被测非电量转换为电感量变化的一种结构型传感器。按其转换方式的不同，可分为自感型和互感型两种。自感型电感传感器又分为可变磁阻式和涡流式。互感型又称为差动变压器式。

1. 可变磁阻式电感传感器

典型的可变磁阻式电感传感器的结构如图 4-6 所示，它主要由线圈、铁心和活动衔铁组成。在铁心和活动衔铁之间保持一定的空气隙 δ，被测位移构件与活动衔铁相连，当被测构件产生位移时，活动衔铁随着移动，空气隙 δ 发生变化，引起磁阻变化，从而使线圈的电感值发生变化。

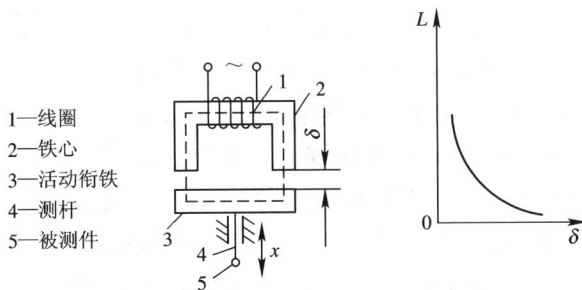

1—线圈
2—铁心
3—活动衔铁
4—测杆
5—被测件

图 4-6 可变磁阻式电感传感器

当线圈通以激磁电流时，其自感 L 与磁路的总磁阻 R_m 有关，即

$$L = \frac{W^2}{R_m} \tag{4-5}$$

式中：

　　W——线圈匝数；

R_m——总磁阻。

如果空气隙 δ 较小，而且不考虑磁路的损失，则总磁阻为

$$R_m = \frac{l}{\mu A} + \frac{2\delta}{\mu_0 A_0} \qquad (4-6)$$

式中：

L——铁心导磁长度（m）；

μ——铁心导磁率（H/m）；

A——铁心导磁截面积（m^2），$A = a \times b$；

δ——空气隙（m），$\delta = \delta_0 + \Delta\delta$；

μ_0——空气磁导率（H/m），$\mu_0 = 2\pi \times 10^{-7}$；

A_0——空气隙导磁截面积（m^2）。

由于铁心的磁阻与空气隙的磁阻相比是很小的，因此计算时铁心的磁阻可以忽略不计，故

$$R \approx \frac{2\delta}{\mu_0 A_0} \qquad (4-7)$$

将式(4-7)代入式(4-5)，得

$$L = \frac{W^2 \mu_0 A_0}{2\delta} \qquad (4-8)$$

式(4-8)表明，自感 L 与空气隙 δ 的大小成反比，与空气隙导磁截面积 A_0 成正比。当 A_0 固定不变而改变 δ 时，L 与 δ 成非线性关系，此时传感器的灵敏度为

$$S = \frac{dL}{d\delta} = -\frac{W^2 \mu_0 A_0}{2\delta^2} \qquad (4-9)$$

由式(4-9)可知，传感器的灵敏度与空气隙 δ 的平方成反比，δ 愈小，灵敏度愈高。由于 S 不是常数，故会出现非线性误差，同变极距型电容式传感器类似。为了减小非线性误差，通常规定传感器应在较小间隙的变化范围内工作。在实际应用中，可取 $\Delta\delta/\delta_0 \leqslant 0.1$。这种传感器适用于较小位移的测量，一般为 $0.001 \sim 1$ mm。此外，这类传感器还常采用差动式接法。图4-7为差动型磁阻式传感器，它由两个相同的线圈、铁心及活动衔铁组成。当活动衔铁

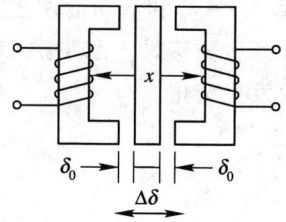

图 4-7 可变磁阻差动式传感器

接于中间位置（位移为零）时，两线圈的自感 L 相等，输出为零。当衔铁有位移 $\Delta\delta$ 时，两个线圈的间隙为 $\delta_0 + \Delta\delta$、$\delta_0 - \Delta\delta$，这表明一个线圈的自感增加，而另一个线圈的自感减小。将这两个线圈接入电桥的相邻臂时，其输出的灵敏度可提高一倍，并改善了线性特性，消除了外界干扰。

可变磁阻式传感器还可做成如图4-8所示的可变磁阻面积的形式，当固定 δ，改变空气隙导磁截面积 A_0 时，自感 L 与 A_0 呈线性关系。

如图4-9所示，在可变磁阻螺管线圈中插入一个活动衔铁，当活动衔铁在线圈中运动时，磁阻将变化，导致自感 L 的变化。这种传感器结构简单，制造容易，但是其灵敏度较低，适合于测量比较大的位移量。

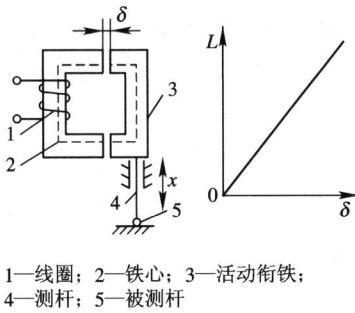

1—线圈；2—铁心；3—活动衔铁；
4—测杆；5—被测杆

图 4-8 可变磁阻面积型电感传感器

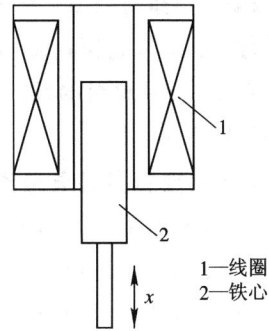

1—线圈
2—铁心

图 4-9 可变磁阻螺管型传感器

2. 涡流式传感器

涡流式传感器的变换原理，是金属导体在交流磁场中的涡电流效应。如图 4-10 所示，金属板置于一只线圈的附近，它们之间相互的间距为 δ。当线圈输入一交变电流 i_0 时，便产生交变磁通量 Φ。金属板在此交变磁场中会产生感应电流 i。这种电流在金属体内是闭合的，所以称之为"涡电流"或"涡流"。涡流的大小与金属板的电阻率 ρ、磁导率 μ、厚度 h、金属板与线圈的距离 δ、激励电流角频率 ω 等参数有关。若改变其中的某一参数，而固定其他参数不变，就可根据涡流的变化测量该参数。

涡流式传感器可分为高频反射式和低频透射式两种。

(1) 高频反射式涡流传感器。如图 4-10 所示，高频(>1 MHz)激励电流 i_0 产生的高频磁场作用于金属板的表面，由于集肤效应，在金属板表面将形成涡电流。与此同时，该涡流产生的交变磁场又反作用于线圈，引起线圈自感 L 或阻抗 Z_L 的变化，其变化与距离 δ、金属板的电阻率 ρ、磁导率 μ、激励电流 i 及角频率 ω 等有关，若只改变距离而保持其他系数不变，则可将位移的变化转换为线圈自感的变化，然后通过测量电路转换为电压输出。高频反射式涡流传感器多用于位移测量。

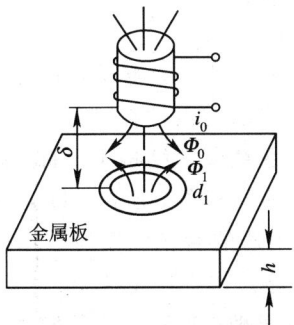

图 4-10 高频反射式涡流传感器

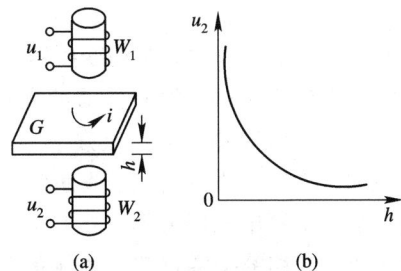

图 4-11 低频透射式涡流传感器
(a) 原理图；(b) 曲线图

(2) 低频透射式涡流传感器。低频透射式涡流传感器的工作原理如图 4-11 所示。发射线圈 W_1 和接收线圈 W_2 分别置于被测金属板材料 G 的上、下方。由于低频磁场集肤效应小,渗透深,当低频(音频范围)电压 u_1 加到线圈 W_1 的两端后,所产生磁力线的一部分透过金属板材料 G,使线圈 W_2 产生电感应电动势 u_2。但由于涡流消耗部分磁场能量使感应电动势 u_2 减少,当金属板材料 G 越厚时,损耗的能量越大,输出电动势 u_2 越小。因此,u_2 的大小与 G 的厚度及材料的性质有关。试验表明,u_2 随材料厚度的增加按负指数规律减少,如图 4-11(b)所示。因此,若金属板材料的性质一定,则利用 u_2 的变化即可测量其厚度。

3. 互感型差动变压器式电感传感器

互感型电感传感器是利用互感 M 的变化来反映被测量的变化的。这种传感器实质上是一个输出电压的变压器。当变压器初级线圈输入稳定交流电压后,次级线圈便产生感应电压输出,该电压随被测量的变化而变化。

差动变压器式电感传感器是常用的互感型传感器,其结构形式有多种,以螺管型应用较为普遍,其结构及工作原理如图 4-12(a)、(b)所示。传感器主要由线圈、铁心和活动衔铁三个部分组成。线圈包括一个初级线圈和两个反接的次级线圈,当初级线圈输入交流激励电压时,次级线圈将产生感应电动势 e_1 和 e_2。由于两个次级线圈极性反接,因此传感器的输出电压为两者之差,即 $e_y = e_1 - e_2$。活动衔铁能改变线圈之间的耦合程度。输出 e_y 的大小随活动衔铁的位置而变。当活动衔铁的位置居中时,$e_1 = e_2$,$e_y = 0$;当活动衔铁向上移时,$e_1 > e_2$,$e_y > 0$;当活动衔铁向下移时,$e_1 < e_2$,$e_y < 0$。活动衔铁的位置往复变化,其输出电压 e_y 也随之变化。其输出特性如图 4-12(c)所示。

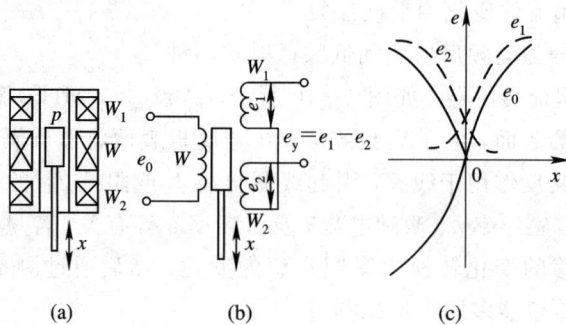

图 4-12　差动变压器式电感传感器
(a)、(b)工作原理;(c)输出特性

值得注意的是:首先,差动变压器式传感器输出的电压是交流电压,如用交流电压表指示,则输出值只能反应铁心位移的大小,而不能反应移动的极性;其次,交流电压输出存在一定的零点残余电压,零点残余电压是由于两个次级线圈的结构不对称,以及初级线圈铜损电阻、铁磁材质不均匀、线圈间分布电容等原因所形成的,所以,即使活动衔铁位于中间位置时,输出也不为零。鉴于这些原因,差动变压器的后接电路应采用既能反应铁心位移极性,又能补偿零点残余电压的差动直流输出电路。

图 4-13 是用于小位移的差动相敏检波电路的工作原理。当没有信号输入时,铁心处于中间位置,调节电阻 R,使零点残余电压减小;当有信号输入时,铁心移上或移下,其输出电压经交流放大、相敏检波、滤波后得到直流输出。由表头指示输入位移量的大小和方向。

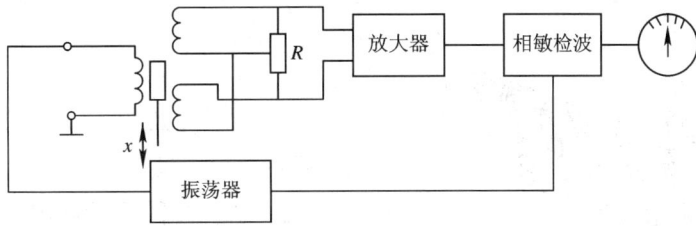

图 4-13 差动相敏检波电路的工作原理

差动变压器式传感器具有精度高(达 $0.1~\mu m$ 量级),线圈变化范围大(可扩大到 $\pm 100~mm$,视结构而定),结构简单,稳定性好等优点,被广泛应用于直线位移及其他压力、振动等参量的测量。图 4-14 是电感测微仪所用的螺旋差动型位移传感器的结构图。

电容式传感器是依据电容的大小与组成电容的两极板的面积或介质的介电常数成正比,与极板间的距离成反比的原理设计的。位移测试时,通过一定的结构使位移变化引起面积或极板间距离的变化就可以改变电容的大小;反之,检测电容的值也就可以测算出位移的变化。

4.2.2 数字式位移传感器

数字式位移传感器有光栅、磁栅、感应同步器等,它们的共同特点是:利用自身的物理特征,制成直线型和圆形结构的位移传感器,输出信号都是脉冲信号,每一个脉冲代表输入的位移当量,通过计数脉冲就可以统计位移的尺寸。下面主要以光栅传感器和感应同步器来介绍数字式传感器的工作原理。

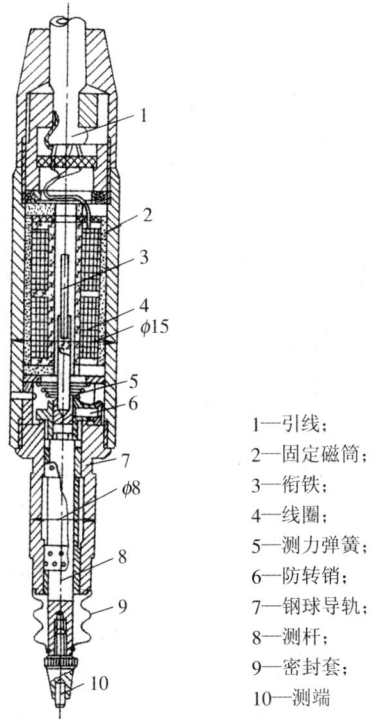

1—引线;
2—固定磁筒;
3—衔铁;
4—线圈;
5—测力弹簧;
6—防转销;
7—钢球导轨;
8—测杆;
9—密封套;
10—测端

图 4-14 螺旋差动型传感器的结构图

1. 光栅位移传感器

光栅是一种新型的位移检测元件,有圆光栅和直线光栅两种。它的特点是测量精度高(可达 $\pm 1~\mu m$)、响应速度快和量程范围大(一般为 $1\sim 2~m$,连接使用可达到 $10~m$)等。

光栅由标尺光栅和指示光栅组成,两者的光刻密度相同,但体长相差很多,其结构如图 4-15 所示。

光栅条纹密度一般为每毫米 25,50,100,250 条等。把指示光栅平行地放在标尺光栅上面,并且使它们的刻线相互倾斜一个很小的角度 θ,这时在指示光栅上就出现几条较粗的明暗条纹,称为莫尔条纹。它们是沿着与光栅条纹几乎成垂直的方向排列的,如图 4-16 所示。

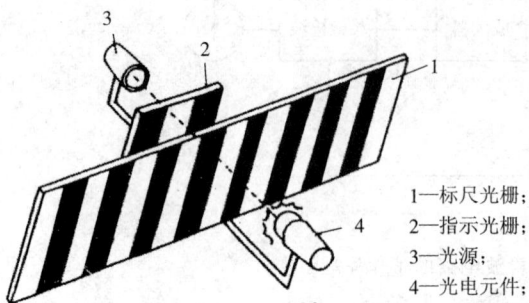

图 4-15 光栅测量原理

1—标尺光栅；
2—指示光栅；
3—光源；
4—光电元件；

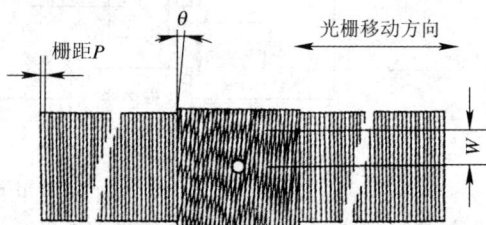

图 4-16 莫尔条纹示意

光栅莫尔条纹的特点是起放大作用，用 W 表示条纹宽度，P 表示栅距，θ 表示光栅条纹间的夹角，则有

$$W \approx \frac{P}{\theta} \qquad\qquad (4-10)$$

若 $P=0.01$ mm，把莫尔条纹的宽度调成 10 mm，则放大倍数相当于 1000 倍，即利用光的干涉现象把光栅间距放大 1000 倍，因而大大减轻了电子线路的负担。

光栅可分透射和反射光栅两种。透射光栅的线条刻制在透明的光学玻璃上，反射光栅的线条刻制在具有强反射能力的金属板上，一般用不锈钢。

光栅测量系统的基本构成如图 4-17 所示。光栅移动时产生的莫尔条纹明暗信号可以用光电元件接收。图 4-17 中的 a、b、c、d 是四块光电池，产生的信号的相位彼此差 90°，对这些信号进行适当的处理后，即可变成光栅位移量的测量脉冲。

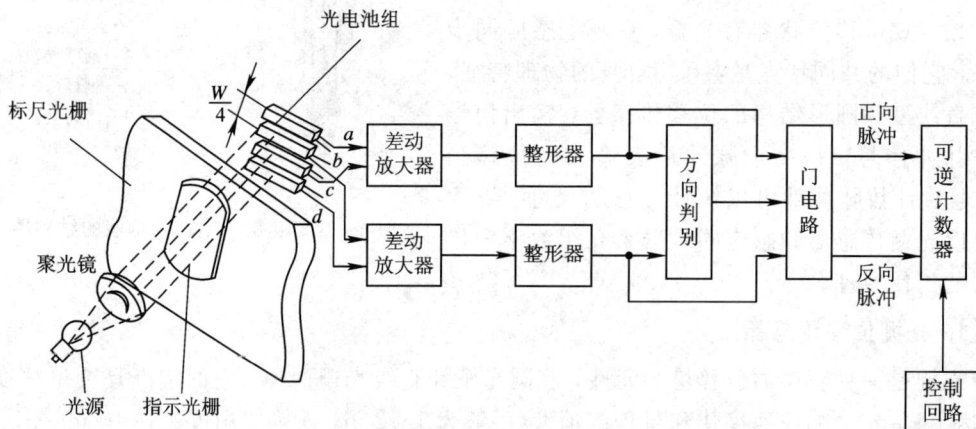

图 4-17 光栅测量系统

2. 感应同步器

感应同步器是一种应用电磁感应原理制造的高精度检测元件，有直线和圆盘式两种，分别用作检测直线位移和转角。

直线感应同步器由定尺和滑尺两部分组成。定尺较长（200 mm 以上，可根据测量行程的长度选择不同规格长度），上面刻有均匀节距的绕组；滑尺表面刻有两个绕组，即正弦绕组和余弦绕组，见图 4-18。当余弦绕组与定子绕组相位相同时，正弦绕组与定子绕组错开 1/4 节距。滑尺在通有电流的定尺表面相对运动，产生感应电势。

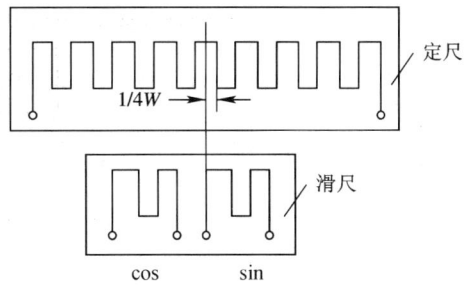

图 4-18　感应同步器原理图

圆盘式感应同步器如图 4-19 所示，其转子相当于直线感应同步器的滑尺，定子相当于定尺，而且定子绕组中的两个绕组也错开 1/4 节距。

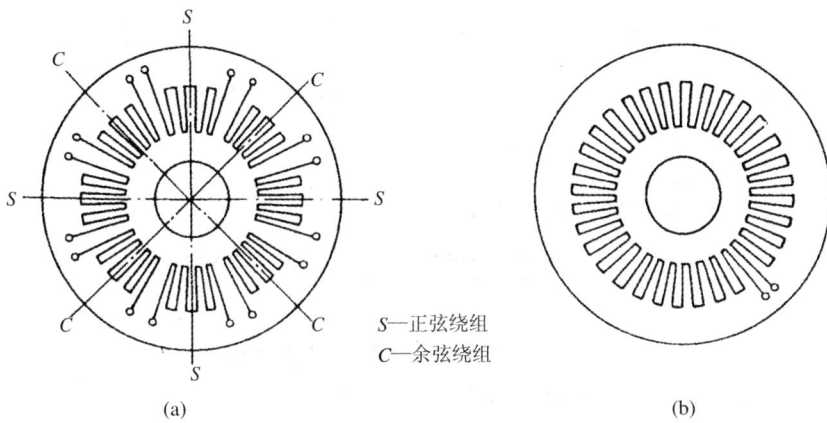

S—正弦绕组
C—余弦绕组

(a)　　　　　　　　　　　　(b)

图 4-19　圆盘式感应同步器

(a) 定子；(b) 转子

感应同步器根据其激磁绕组供电电压形式的不同，分为鉴相测量方式和鉴幅测量方式。

(1) 鉴相式。所谓鉴相式，就是根据感应电势的相位来鉴别位移量。

如果将滑尺的正弦和余弦绕组分别供给幅值、频率均相等，但相位相差 90° 的激磁电压，即 $u_A = U_m \sin\omega t$，$u_B = U_m \cos\omega t$ 时，则定尺上的绕组由于电磁感应作用将产生与激磁电压同频率的交变感应电势。图 4-20 说明了感应电势幅值与定尺和滑尺相对位置的关系。

如果只对余弦绕组 A 加交流激磁电压 u_A，则绕组 A 中有电流通过，因而在绕组 A 周围产生交变磁场（在图中 1 位置），定尺和滑尺绕组 A 完全重合，此时磁通交链最多，因而感应电势幅值最大。在图中 2 位置，定尺绕组交链的磁通相互抵消，因而感应电势幅值为零。滑尺继续滑动的情况见图中 3，4，5 位置。可以看出，滑尺在定尺上每滑动一个节距，定尺绕组感应电势就变化了一个周期，即

$$e_A = K u_A \cos\theta \tag{4-11}$$

式中：

　　K——滑尺和定尺的电磁耦合系数；

　　θ——滑尺和定尺相对位移的折算角。

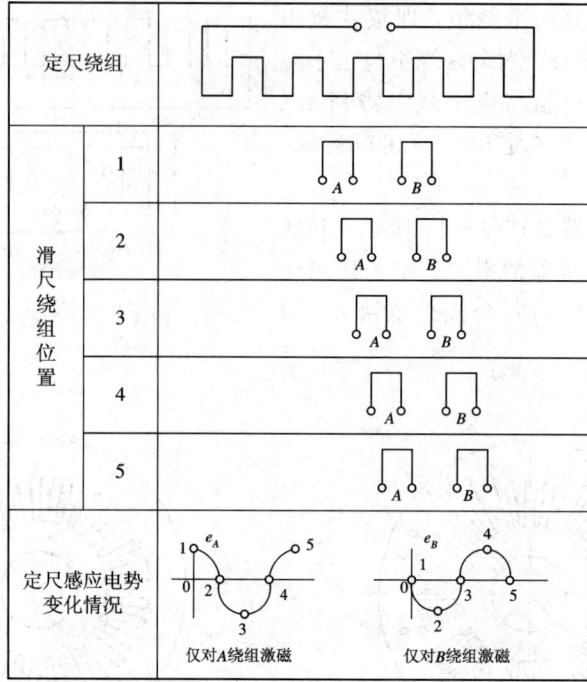

图 4 - 20　滑尺绕组位置与定尺感应电势幅值的变化关系

若绕组的节距为 W，相对位移为 l，则

$$\theta = \frac{l}{W} 360° \qquad (4-12)$$

同样，当仅对正弦绕组 B 施加交流激磁电压 U_B 时，定尺绕组感应电势为

$$e_B = -Ku_B \sin\theta \qquad (4-13)$$

对滑尺上两个绕组同时加激磁电压，则定尺绕组上所感应的总电势为

$$\begin{aligned}
e = e_A + e_B &= Ku_A \cos\theta - Ku_B \sin\theta \\
&= KU_m \sin\omega t \cos\omega - KU_m \cos\omega t \sin\omega \\
&= KU_m \sin(\omega t - \theta)
\end{aligned} \qquad (4-14)$$

从上式可以看出，感应同步器把滑尺相对定尺的位移 l 的变化转成感应电势相角 θ 的变化。因此，只要测得相角 θ，就可以知道滑尺的相对位移 l：

$$l = \frac{\theta}{360°} W \qquad (4-15)$$

（2）鉴幅式。在滑尺的两个绕组上施加频率和相位均相同，但幅值不同的交流激磁电压 u_A 和 u_B。

$$u_A = U_m \sin\theta_1 \sin\omega t \qquad (4-16)$$

$$u_B = U_m \cos\theta_1 \sin\omega t \qquad (4-17)$$

式中：θ_1——指令位移角。

设此时滑尺绕组与定尺绕组的相对位移角为 θ，则定尺绕组上的感应电势为

$$e = Ku_A \cos\theta - Ku_B \sin\theta = KU_m(\sin\theta_1 \cos\theta - \cos\theta_1 \sin\theta)\sin\omega t$$
$$= KU_m \sin(\theta_1 - \theta)\sin\omega t \qquad\qquad\qquad (4-18)$$

上式把感应同步器的位移与感应电势幅值 $KU_m \sin(\theta_1 - \theta)$ 联系起来了，当 $\theta_1 = \theta$ 时，$e = 0$。这就是鉴幅测量方式的基本原理。

4.3 速度、加速度检测

对速度、加速度的测试有许多方法，可以使用直流测速机直接测量速度，也可以通过检测位移换算出速度和加速度，还可以通过测试惯性力换算出加速度。下面介绍几种典型的测试方法。

4.3.1 直流测速机速度检测

直流测速机是一种测速元件，实际上它就是一台微型的直流发电机。根据定子磁极激磁方式的不同，直流测速机可分为电磁式和永磁式两种。如以电枢的结构不同来分，有无槽电枢、有槽电枢、空心杯电枢和圆盘电枢等。近年来，又出现了永磁式直线测速机。现在常用的为永磁式测速机。

测速机的结构有多种，但原理基本相同。图 4-21 所示为永磁式测速机的原理图。恒定磁通由定子产生，当转子在磁场中旋转时，电枢绕组中即产生交变的电势，经换向器和电刷转换成与转子速度成正比的直流电势。

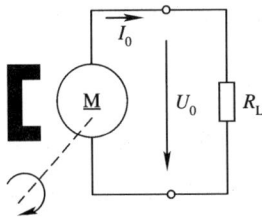

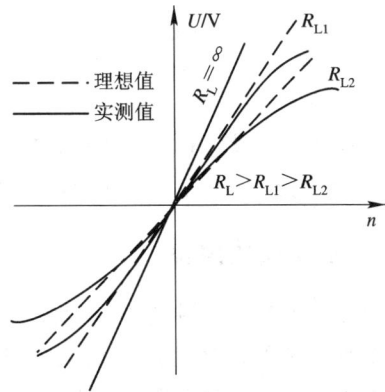

图 4-21　永磁式测速机的原理图　　　　图 4-22　直流测速机的输出特性

直流测速机的输出特性曲线如图 4-22 所示。从图中可以看出，当负载电阻 $R_L \rightarrow \infty$ 时，其输出电压 U 与转速 n 成正比。随着负载电阻 R_L 变小，其输出电压下降，而且输出电压与转速之间并不能严格保持线性关系。由此可见，对于要求精度比较高的直流测速机，除采取其他措施外，负载电阻 R_L 应尽量大。

直流测速机的特点是输出斜率大、线性好，但由于有电刷和换向器，因此其构造和维护都比较复杂，摩擦转矩较大。

直流测速机在机电控制系统中主要用作测速和校正元件。在使用中，为了提高检测灵敏度，应尽可能把它直接连接到电机轴上。有的电机本身就已安装了测速机。

4.3.2　光电式转速传感器

　　光电式转速传感器是一种角位移传感器，由装在被测轴（或与被测轴相连接的输入轴）上的带缝隙圆盘、光源、光电器件和指示缝隙盘组成，如图4-23所示。光源发生的光通过缝隙圆盘和指示缝隙照射到光电器件上。当缝隙圆盘随被测轴转动时，由于圆盘上的缝隙间距与指示缝隙的间距相同，因此圆盘每转一周，光电器件输出与圆盘缝隙数相等的电脉冲，根据测量单位时间内的脉冲数 N，则可测出转速为

$$n = \frac{60N}{Zt} \tag{4-19}$$

式中：

　　Z——圆盘上的缝隙数；

　　n——转速(r/min)；

　　t——测量时间(s)。

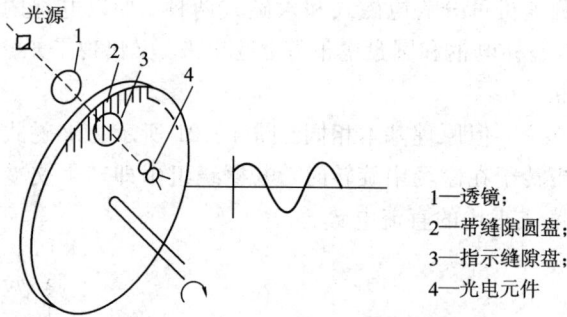

图4-23　光电式转速传感器的结构原理图

1—透镜；
2—带缝隙圆盘；
3—指示缝隙盘；
4—光电元件

　　一般取 $Zt = 60 \times 10^m$ $(m = 0, 1, 2, \cdots)$。利用两组缝隙间距 W 相同，位置相差 $(i/2 + 1/4)W$ $(i = 0, 1, 2, \cdots)$ 的指示缝隙和两个光电器件，就可辨别出圆盘的旋转方向。

4.3.3　加速度传感器

　　作为加速度检测元件的加速度传感器有多种形式，它们的工作原理都是利用惯性质量受加速度所产生的惯性力而造成的各种物理效应，进一步转化成电量，间接度量被测加速度。最常用的有应变式、压电式、电磁感应式等。

　　应变式传感器加速度测试原理如图4-24所示，它通过测试惯性力引起弹性敏感元件的变形换算出力的关系，相关原理在后续内容中介绍。电磁感应式传感器借助了弹性元件在惯性力的作用下产生的变形位移引起气隙的变化导致的电磁特性。压电式传感器是利用某些材料在受力变形的状态下产生电的特性的原理。下面重点介绍压电式传感器原理及使用方法。

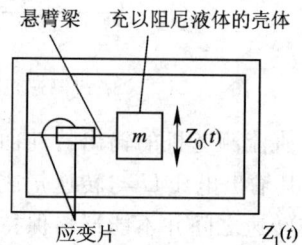

图4-24　应变式加速度传感器

1. 压电效应及压电材料

当某些材料在某一方向被施加压力或拉力时,会产生变形,并在材料的某一相对表面产生符号相反的电荷;当去掉外力后,它又重新回到不带电的状态。这种现象被称为压电效应。具有压电效应的材料叫压电材料。另外,当给压电材料的某一方向施加电场时,压电材料会产生相应的变形,这是压电材料的逆压电效应。

常见的压电材料有单晶体结构的石英晶体和多晶体结构的人造压电陶瓷(如钛酸钡和锆钛酸铅等)。压电材料的压电效应具有方向性,特别是石英晶体(SiO_2)的分子及原子排列结构使得石英晶体的压电方向是天然确定的。图 4-25 表示晶体切片在 z 轴和 y 轴方向受压力和拉力时电荷产生方向的情况。

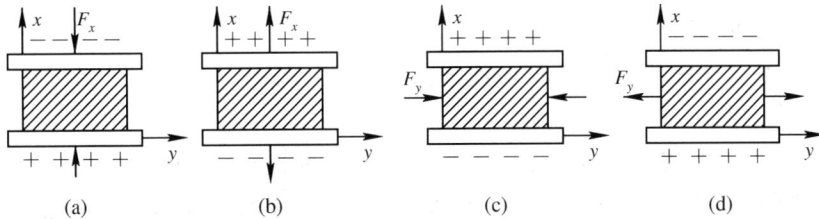

图 4-25　晶体的压电原理

实际上,压电材料的压电特性只和变形有关,施加的外力是产生变形的手段。石英晶体产生压电效应的方向只有 x 轴方向,其他方向都不会产生电荷。

2. 压电传感器的结构及特性

压电传感器以电荷或两极间的电势作为输出信号。当测试静态信号时,由于任何阻抗的电路都会产生电荷泄露,因此测量电势的方法误差很大,只能采用测量电荷的方法。当给压电传感器施加交变的外力时,传感器就会输出交变的电势,该信号处理电路相对简单,因此压电式传感器适合测试动态信号,且频率越高越好。

压电传感器一般由两片或多片压电晶体粘合而成,由于压电晶片有电荷极性,因此接法上分成并联和串联两种(如图 4-26 所示)。并联接法虽然输出电荷大,但由于本身电容也大,故时间常数大,可以测量变化较慢的信号,并以电荷作为输出测量参数。串联接法输出电压高,本身电容小,适应以电压输出的信号和测量电路输出阻抗很高的情况。

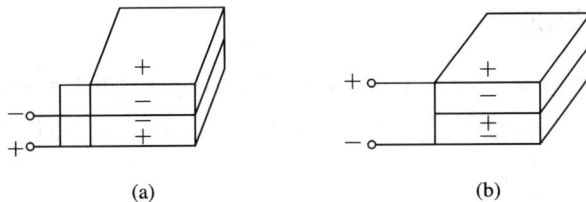

图 4-26　压电传感器的并联、串联示意图

(a) 并联;(b) 串联

由于压电传感器的信号较弱,且是电荷的表现形式,因此测量电路必须进行信号放大。当采用测量电势的方法时,测量电路要配置高阻抗的前置电压放大器和一般放大器。

高阻抗的前置电压放大器的作用是减缓电流的泄露速度。一般放大器是为了将高阻抗输出变为低阻抗输出。当采用电荷测试方法时，测量电路采用的是电荷放大的原理。目前，压电传感器的应用相当普遍，且生产厂家都专门配备有传感器处理电路。

3. 压电传感器的应用

压电传感器可以用在压力和加速度检测、振动检测、超声波探测等，还可以应用在拾音器、助听器、点火器等产品中。

压电加速度测试传感器的结构如图 4-27 所示。图中 1 是质量块，当加速运动时质量块产生的惯性力加载在 2（压电材料切片）上，3 是电荷（或电势）的输出端。该压电传感器由两片压电材料切片组成，下面一片的输出引线通过壳体与电极平面相连。

1—质量块；
2—压电材料切片；
3—电荷输出端

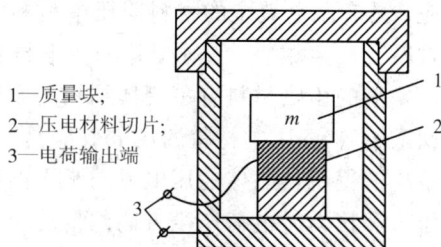

图 4-27　压电加速度传感器的结构

使用时，传感器固定在被测物体上，感受该物体的振动，惯性质量块产生惯性力，使压电元件产生变形。压电元件产生的变形和由此产生的电荷与加速度成正比。压电加速度传感器可以做得很小，重量很轻，故对被测机构的影响就小。压电式加速度传感器的频率范围广，动态范围宽，灵敏度高，应用较为广泛。

4.4　力、扭矩和流体压强检测

在机电一体化领域里，力、压力和扭矩是很常见的机械参量。近年来，各种高精度力、压力和扭矩传感器的出现，以其惯性小、响应快、易于记录、便于遥控等优点得到了广泛的应用。按其工作原理可分为弹性式、电阻应变式、气电式、位移式和相位差式等。在以上测量方式中，电阻应变式传感器用得最为广泛。下面着重介绍在机电一体化工程中常用的电阻应变式传感器。

电阻应变式力、压力和扭矩传感器的工作原理是：利用弹性敏感器元件将被测力、压力或扭矩转换为应变，然后通过粘贴在其表面的电阻应变片转换成电阻值的变化，经过转换电路输出电压或电流信号。

4.4.1　力、力矩检测

测力、力矩传感器按其量程大小和测量精度的不同而有很多规格，它们的主要差别是弹性元件的结构形式不同以及应变片在弹性元件上粘贴的位置不同。常见的弹性元件有柱形、筒形、环形、梁式和轮辐式等。

1. 柱形或筒形弹性元件

如图 4-28 所示，这种弹性元件结构简单，可承受较大的载荷，常用于测量较大力的拉（压）力传感器中，但其抗偏心载荷和测向力的能力差，制成的传感器高度大。应变片在柱形和筒形弹性元件上的粘贴位置及接桥方法如图 4-28 所示。这种接桥方法能减少偏心载荷引起的误差，且能增加传感器的输出灵敏度。

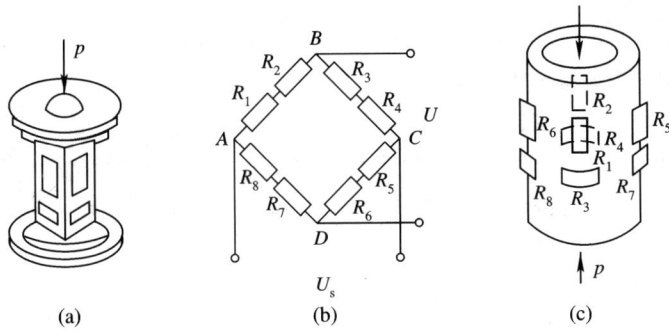

图 4-28 柱形和筒形弹性元件组成的测力传感器

若在弹性元件上施加一压力 p，则筒形弹性元件的轴向应变 ε_L 为

$$\varepsilon_L = \frac{\sigma}{E} = \frac{p}{EA} \tag{4-20}$$

用电阻应变仪测出的指示应变为

$$\varepsilon = 2(1+\mu)\varepsilon_L \tag{4-21}$$

式中：

p——作用于弹性元件上的载荷；

E——圆筒材料的弹性模量；

μ——圆筒材料的泊松系数；

A——筒体截面积，$A = \pi(D_1 - D_2)^2/4$。其中，D_1 为筒体外径，D_2 为筒体内径。

2. 梁式弹性元件

（1）悬臂梁式弹性元件。它的特点是结构简单，容易加工，粘贴应变片方便，灵敏度较高，适用于测量小载荷的传感器。

图 4-29 所示为一截面悬臂梁弹性元件，在其同一截面正反两面粘贴应变片，组成差动工作形式的电桥输出。

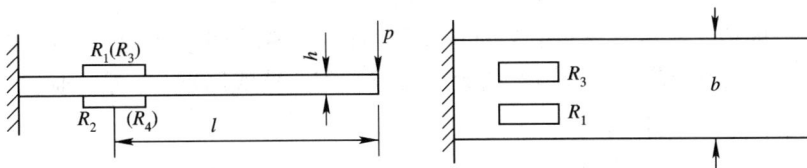

图 4-29 悬臂梁式测力传感器示意图

若梁的自由端有一被测力 p，则应变片感受的应变为

$$\varepsilon = \frac{l}{Eh^2}p \tag{4-22}$$

电桥输出为

$$U_{SC} = K\varepsilon U_0 \tag{4-23}$$

式中：

l——应变计中心处距受力点距离；

b——悬臂梁宽度；

h——悬臂梁厚度；

E——悬臂梁材料的弹性模量；

K——应变计的灵敏系数。

（2）两端固定梁。这种弹性元件的结构形状、参数以及应变片粘贴组成桥的形式如图 4 - 30 所示。它的悬臂梁刚度大，抗侧向能力强。粘贴应变片感受应变与被测力 p 之间的关系为

$$\varepsilon = \frac{3(4l_0 - l)}{4Ebh^2} \qquad (4 - 24)$$

它的电桥输出与式(4 - 23)相同。

图 4 - 30　两端固定式测力传感器示意图

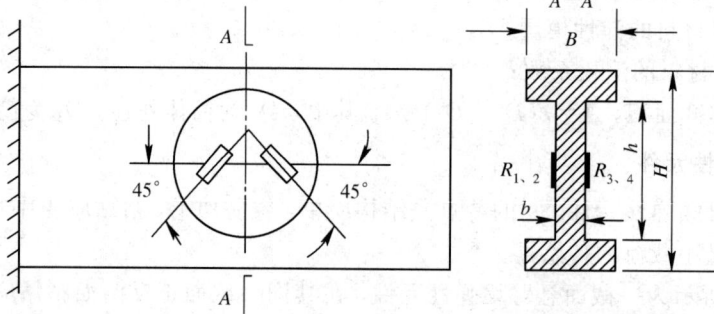

（3）梁式剪切弹性元件。这种弹性元件的结构与普通梁式弹性元件的结构基本相同，只是应变片粘贴位置不同。应变片受的应变只与梁所承受的剪切力有关，而与弯曲应力无关。因此，无论是拉伸还是压缩载荷，灵敏度相同。因此它适用于同时测量拉力和压力的传感器。此外，与梁式弹性元件相比，它的线性好、抗偏心载荷和侧向力的能力大，其结构和粘贴应变片的位置如图 4 - 31 所示。

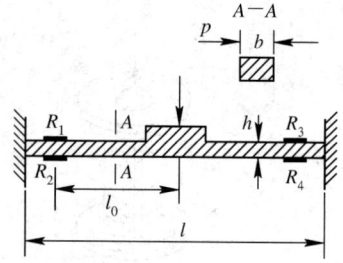

图 4 - 31　梁式剪切型测力传感器示意图

应变片一般粘贴在矩形截面梁中间盲孔的两侧，与梁的中心轴成 45°方向上。该处的截面为工字形，使剪切应力在截面上的分布比较均匀，且数值较大。粘贴应变片处的应变与被测力 p 之间的关系近似为

$$\varepsilon = \frac{p}{2bhG} \qquad (4 - 25)$$

式中：G 为弹性元件的剪切模量；b 和 h 为粘贴应变片处梁截面的宽度和高度。

3. 扭矩测量

图 4 - 32 所示为电阻应变转矩传感器。它的弹性元件是一个与被测转矩的轴相连的转轴，转轴上贴有与轴线成 45°的应变片，应变片两两相互垂直，并接成全桥工作的电路方式。应变片感受的应变与被测试件的扭矩 M_T 的关系如下式：

$$M_T = 2GW_T \qquad (4 - 26)$$

式中：$G = E/2(1+\mu)$ 为剪切弹性量；W_T 为抗扭截面模量，实心圆轴的 $W_T = \pi D^3/16$，空心圆轴的 $W_T = \pi D^3(1 - \alpha^4)/16$，$\alpha = d/D$，$d$ 为空心圆柱内径，D 为外径。

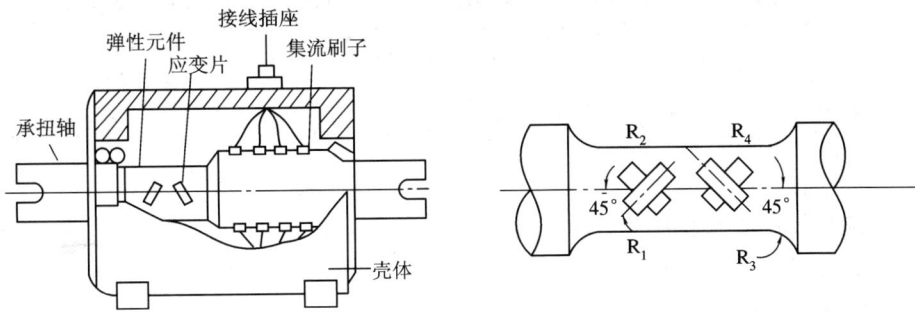

图 4 - 32 转矩传感器示意图

由于检测对象是旋转运动的轴,因此应变片的电阻变化信号要通过集流装置引出才能进行测量,转矩传感器已将集流装置安装在内部,所以只需将传感器直接相连就能测量转轴的转矩,使用非常方便。

4.4.2 流体压强传感器

电阻应变式流体压强传感器主要用于测量气体和液体压强。测量压强的方法是借助弹性元件把压强变为压力和应变后再进行测量。流体的压强测试范围一般为 $10^4 \sim 10^7 \mathrm{Pa}$。传感器所用弹性元件有膜式、筒式等,现分述如下。

1. 膜式压力传感器

它的弹性元件为四周固定的等截面圆形薄板,又称平膜板或膜片。其一表面承受被测分布压力,另一侧面贴有应变片。应变片接成桥路输出,如图 4-33 所示。应变片分别贴于膜片的中心(切向)和边缘(径向)。因为这两种应变的量值最大,且符号相反,所以接成全桥线路后传感器输出最大。

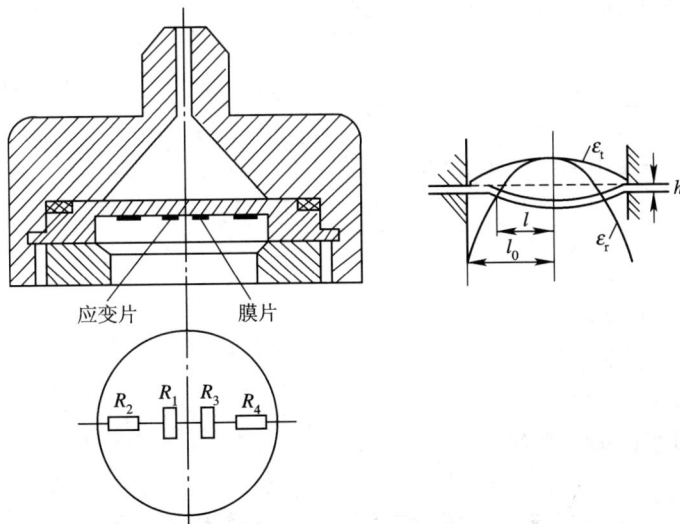

图 4 - 33 膜式压力传感器

膜片上粘贴应变片处的径向应变 ε_r 和切向应变 ε_t 与被测力 p 之间的关系为

$$\varepsilon_r = \frac{3p}{8h^2E} \cdot (1 - \mu^2)(r^2 - 3x^2) \qquad (4-27)$$

$$\varepsilon_t = \frac{3p}{8h^2E} \cdot (1 - \mu^2)(r^2 - 3x^2) \qquad (4-28)$$

式中:

x——应变计中心与膜片中心的距离;

h——膜片厚度;

r——膜片半径;

E——膜片材料的弹性模量;

μ——膜片材料的泊松比。

为保证膜式传感器的线性度小于 3%,在一定压力作用下,要求

$$\frac{r}{h} \leqslant 4\sqrt{3.5\frac{E}{p}} \qquad (4-29)$$

2. 筒式压力传感器

它的弹性元件为薄壁圆筒,筒的底部较厚。这种弹性元件的特点是圆筒受到被测压力后,外表面各处的应变是相同的。因此应变计的粘贴位置对所测应变不影响。如图 4-34 所示,工作应变片 R_1、R_3 沿圆周方向贴在筒壁上,温度补偿应变计 R_2、R_4 贴在筒底壁上,并接成全桥线路。这种传感器适用于测量较大压力。

对于薄壁圆筒(壁厚与臂的中面曲率半径之比<1/20),筒壁上工作应变计处的切向应变与被测压力 p 的关系,可用下式求得:

$$\varepsilon_t = \frac{(2-\mu)D_1}{2(D_2 - D_1)} \cdot p \qquad (4-30)$$

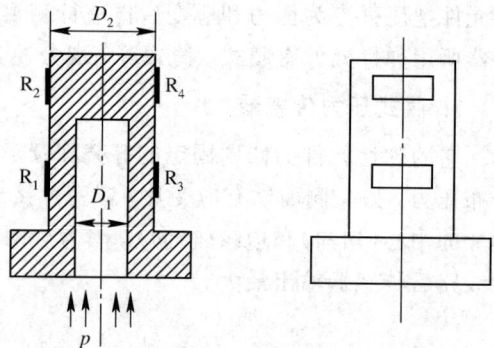

图 4-34　筒式压力传感器

对于厚壁圆筒(壁厚与中面曲率半径之比大于1/20),则有

$$\varepsilon_t = \frac{(2-\mu)D_1^2}{(D_2^2 - D_1^2)E} \cdot p \qquad (4-31)$$

式中:

D_1——圆筒内孔直径;

D_2——圆筒的外壁直径;

E——圆筒材料的弹性模量;

μ——圆筒材料的泊松系数。

4.5　传感器前级信号处理

传感器所感知、检测、转换和传递的信息表现形式为不同的电信号。传感器输出电信

号的参量形式可分为电压输出、电流输出和频率输出。其中以电压输出型为最多。在电流输出和频率输出传感器当中，除了少数直接利用其电流或频率输出信号外，大多数是分别配以电流－电压变换器或频率－电压变换器，从而将它们转换成电压输出型传感器。因此，本节重点介绍电压输出型传感器的接口电路和模拟信号的处理。

随着集成运算放大器性能的不断完善和价格的下降，传感器的信号放大越来越多地采用集成运算放大器。一般运算放大器的原理和特点已在电子技术课程中介绍了，在此不再叙述。这里主要介绍几种典型的传感器信号放大器。

4.5.1 测量放大器

在许多检测技术应用场合，传感器输出的信号往往较弱，而且其中还包含工频、静电和电磁耦合等共模干扰，对这种信号的放大就需要放大电路具有很高的共模抑制比以及高增益、低噪声和高输入阻抗。习惯上将具有这种特点的放大器称为测量放大器或仪表放大器。

图 4-35 为三个运放组成的测量放大器，差动输入端 U_1 和 U_2 分别是两个运算放大器(A_1、A_2)的同相输入端，因此输入阻抗很高。采用对称电路结构，而且被测信号直接加入到输入端上，从而保证了较强的抑制共模信号的能力。A_3 实际上是一差动跟随器，其增益近似为 1。测量放大器的放大倍数由下式确定：

$$A_U = \frac{U_0}{U_2 - U_1} \qquad (4-32)$$

或

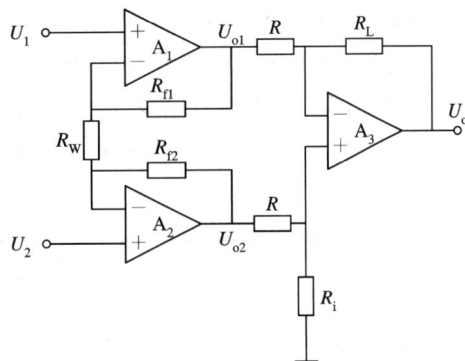

图 4-35 测量放大器原理图

$$A_U = \frac{R_f}{R}\left(1 + \frac{R_{f1} + R_{f2}}{R_w}\right) \qquad (4-33)$$

这种电路，只要运放 A_1 和 A_2 性能对称(主要输入阻抗和电压增益对称)，其漂移将大大减小，并具有高输入阻抗和高共模抑制比，对微小的差模电压很敏感，适用于测量远距离传输过来的信号，因而十分适宜于与具有微小信号输出的传感器配合使用。

R_w 是用来调整放大倍数的外接电阻，最好是多圈电位器。如果图 4-35 中左边两个运放采用 7650，这将是非常优质的放大。

目前，还有很多高性能的专家测量芯片出现，如 AD521/AD522 等也是一种运放，它们具有比普通运放性能优良、体积小、结构简单、成本低等特点。下面我们就具体介绍一下 AD522 集成测量放大器的特点及应用。

AD522 主要可用于恶劣环境下要求进行高精度数据采集的场合。由于 AD522 具有低电压漂移(2 μV/℃)、低非线性(0.005%，增益为 100 时)、高共模抑制比(>110 dB，增益为 1000 时)、低噪声(1.5 V(P-P)，0.1～100 Hz)、低失调电压(100 V)等特点，因而可用于许多 12 位数据采集系统中。图 4-36 为 AD522 的典型接法。

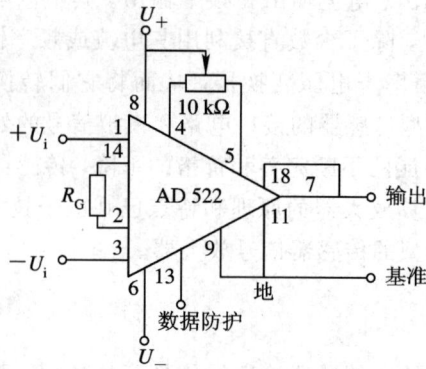

图 4-36 AD522 的外围电路

AD522 的一个主要特点是设有数据防护端，用于提高交流输入时的共模抑制比。对远处传感器送来的信号，通常采用屏蔽电缆传送到测量放大器，电缆线上的分布参量 RC 会使其产生相移。当出现交流共模信号时，这些相移将使共模抑制比降低。利用数据防护端可以克服上述影响（如图 4-37 所示）。对于无此端子的仪器用放大器，如 AD524、AD624 等，可在 R_{G2}（如图 4-40 所示）端取得共模电压，再用一运放作为它的输出缓冲屏蔽驱动器。运放应选用具有较低偏流的场效应管运放，以减少偏流流经增益电阻时对增益产生的误差。

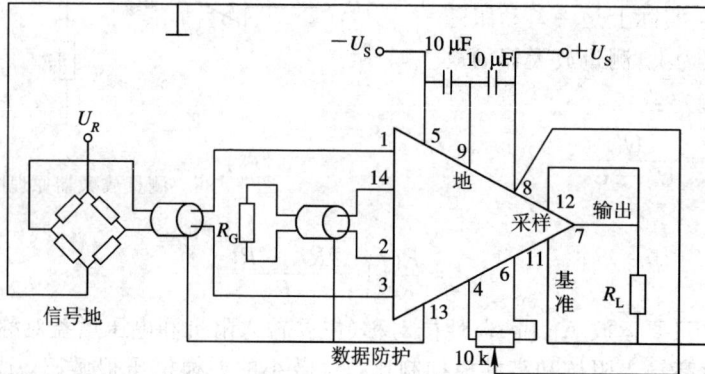

图 4-37 AD522 的典型应用

4.5.2 程控增益放大器

经过处理的模拟信号，在送入计算机进行处理前，必须进行量化，即进行模拟/数字变换，变换后的数字信号才能被计算机接收和处理。

当模拟信号送到模数变换器时，为减少转换误差，一般希望送来的模拟信号尽可能大，如采用 A/D 变换器进行模/数转换时，在 A/D 输入的允许范围内，希望输入的模拟信号尽可能达到最大值。然而，当被测参量变化范围较大时，经传感器转换后的模拟小信号变化也较大，在这种情况下，如果单纯只使用一个放大倍数的放大器，就无法满足上述要求。在进行小信号转换时，可能会引入较大的误差。为解决这个问题，工程上常采用通过改变放大器增益的方法，来实现不同幅度信号的放大，如万用表、示波器等许多测量仪器的量程变换等。

然而，在计算机自动测控系统，往往不希望、有时也不可能利用手动办法来实现增益变换，而希望利用计算机采用软件控制的办法来实现增益的自动变换，具有这种功能的放大器就叫程控增益放大器。

图 4-38 即为一利用改变反馈电阻的办法来实现量程变换的可变换增益放大器电路。当开关 S_1 闭合，S_2 和 S_3 断开时，放大倍数为

$$A_{vf} = -\frac{R_1}{R} \qquad (4-34)$$

而当 S_2 闭合，而其余两个开关断开时，其放大倍数为

$$A_{vf} = -\frac{R_2}{R} \qquad (4-35)$$

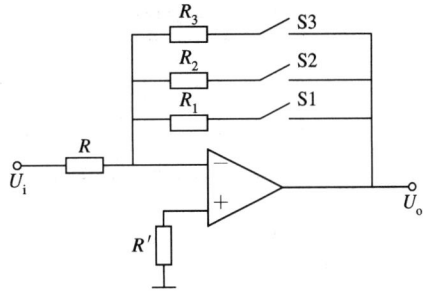

图 4-38　程控增益放大器原理图

选择不同的开关闭合，即可实现增益的变换。如果利用软件对开关闭合情况进行选择，即可实现程控增益变换。

利用程控增益放大器与 A/D 转换器组合，配合一定的软件，很容易实现输出信号的增益控制或量程变换，间接地提高输入信号的分辨率；

图 4-39 为 AD521 测量放大器与模拟开关结合组成的程控增益放大器，通过改变其外接电阻 R 的办法可实现增益控制。

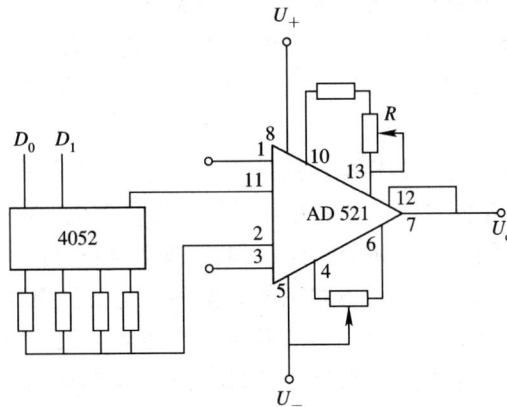

图 4-39　由 AD521 和模拟开关构成的程控增益放大器

有些测量放大器的电路中已将译码电路和模拟开关结合在一起了，有的甚至将设定增益所需的电阻也集成于同一组件中，这就为计算机控制提供了极为便利的条件。AD524 即是常用的一种集成可编程增益控制测量放大器。

图 4-40 为 AD524 的结构原理图，其特点是具有低失调电压(50 mV)，低失调电压漂移(0.5 μV/℃)，低噪声(0.3 μV(P-P)，0.1～10 Hz)，低非线性(0.003%，增益为 1 时)，

高共模抑制比(120 dB，增益为 1000 时，增益带宽为 25 MHz)，具有输入保护等。从其结构图可知，对于 1，10，100 和 1000 倍的整数倍增益，无需外接电阻，在具体使用时只需一个模拟开关的控制即可达到目的；对于其他倍数的增益控制，也可用外接增益调节电阻的方法来实现，同样也可用改变反馈电阻与 D/A 转换器的结合、甚至改变其参考端电压的方法来实现程控增益。

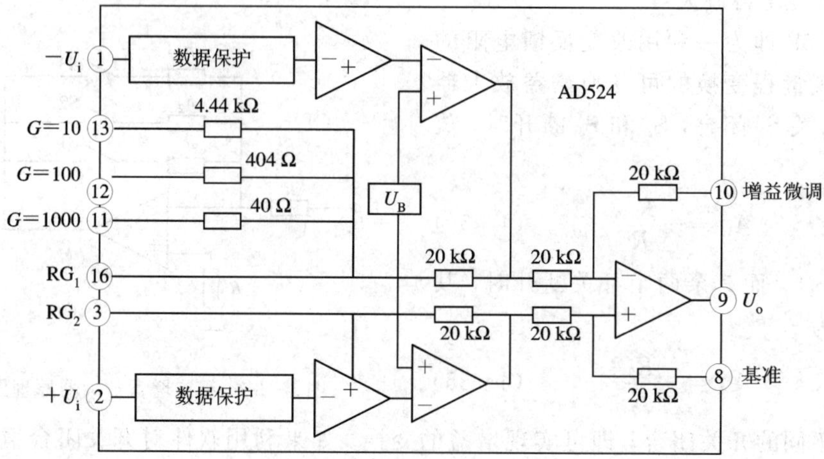

图 4-40 AD524 原理图

4.5.3　隔离放大器

　　在有强电或强电磁干扰的环境中，为了防止电网电压等对测量回路的损坏，其信号输入通道应采用隔离技术，有这种功能的放大器称为隔离放大器。

　　一般来讲，隔离放大器是指对输入、输出端和电源进行隔离使之没有直接耦合的测量放大器。由于隔离放大器采用了浮离式设计，消除了输入、输出端之间的耦合，因此还具有以下特点：

　　(1) 能保护系统元件不受高共模电压的损害，防止高压对低压信号系统的损坏。

　　(2) 泄漏电流低，对于测量放大器的输入端无须提供偏流返回通路。

　　(3) 共模抑制比高，能对直流和低频信号(电压或电流)进行准确、安全的测量。

　　目前，隔离放大器中采用的耦合方式主要有两种：变压器耦合和光电耦合。利用变压器耦合实现载波调制，通常具有较高的线性度和隔离性能，但是带宽一般在 1 kHz 以下。利用光电耦合方式实现载波调制，可获得 10 kHz 带宽，但其隔离性能不如变压器耦合。上述两种方法均需对差动输入级提供隔离电源，以便达到预定的隔离性能。

　　图 4-41 为 284 型隔离放大器的电路结构图。为提高微电流和低频信号的测量精度，减小漂移，其电路采用调制式放大，其内部分为输入、输出和电源三个彼此相互隔离的部分，并由低泄漏高频载波变压器耦合在一起。通过变压器的耦合，将电源电压送入输入电路并将信号从输出电路送出。输入部分包括双极型前置放大器、调制器；输出部分包括解调器和滤波器，一般在滤波器后还有缓冲放大器。

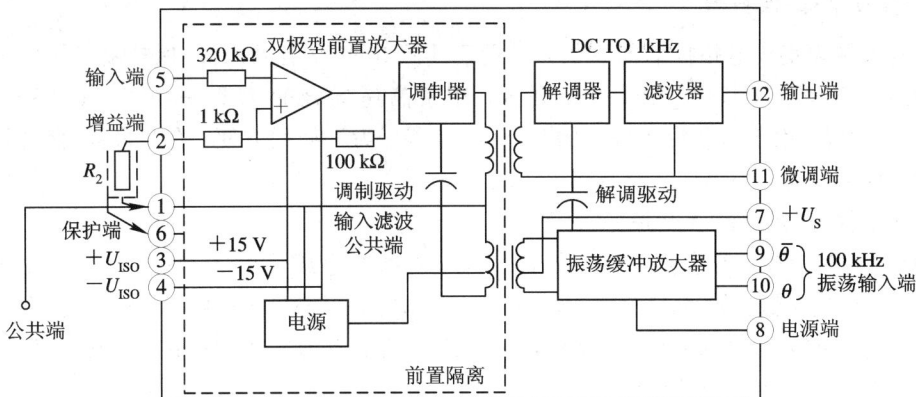

图 4-41   284 型隔离放大器的电路结构图

4.6   传感器接口技术

当模拟式传感器将非电物理量转换成电量，并经放大、滤波等一系列处理后，需经模/数变换将模拟量变成数字量，才能送入计算机系统。模/数转换过程包括信号的采样/保持、多路转换（多传感器输入时）、A/D 处理等过程。下面主要介绍前两项内容，A/D 转换在第 5 章介绍。

4.6.1   传感器信号的采样/保持

在对模拟信号进行模/数变换时，从启动变换到变换结束的数字量输出，需要一定的时间，即 A/D 转换器的孔径时间。当输入信号频率提高时，由于孔径时间的存在，会造成较大的转换误差。要防止这种误差的产生，必须在 A/D 转换开始时将信号电平保持住，而在 A/D 转换结束后又能跟踪输入信号的变化，即对输入信号处于采样状态。能完成这种功能的器件叫采样/保持器。从上面的分析也可知，采样/保持器在保持阶段相当于一个"模拟信号存储器"。

在模拟量输出通道，为使输出得到一个平滑的模拟信号，或对多通道进行分时控制时，也常使用采样/保持器。

1. 采样/保持器的原理

采样/保持器由存储电容 C，模拟开关 S 等组成，如图 4-42 所示。当 S 接通时，输出信号跟踪输入信号，称为采样阶段。当 S 断开时，电容 C 两端一直保持断开的电压，称为保持阶段。由此构成一个简单的采样/保持器。实际上为使采样/保持器具有足够的精度，一般在输入级和输出级

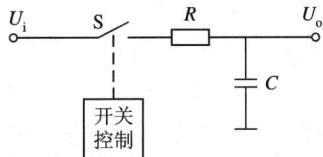

图 4-42   采样/保持原理

均采用缓冲器，以减少信号源的输出阻抗，增加负载的输入阻抗。在选择电容时，使其大小适宜，以保证其时间常数适中，并选用漏泄小的电容。

2. 集成采样/保持器

随着大规模集成电路技术的发展，目前已生产出多种集成采样/保持器，如可用于一般目的的 AD582、AD583、LF198 系列等；用于高速场合的 HTS－0025、HTS－0010、HTC－0300 等；用于高分辨率场合的 SHA1144 等。为了使用方便，有些采样/保持器的内部还设有保持电容，如 AD389、AD585 等。

集成采样/保持器的特点是：

（1）采样速度快、精度高，一般在 2～2.5 s 内即可达到±0.01％～±0.003％的精度。

（2）下降速率慢，如 AD585，AD348 为 0.5 mV/ms，AD389 为 0.1 V/ms。

正因为集成采样/保持器有许多优点，因此得到了极为广泛的应用。下面以 LF398 为例，介绍集成采样/保持器的原理。

图 4－43 为 LF398 的原理图。由图可知，其内部由输入缓冲级、输出驱动级和控制电路三部分组成。

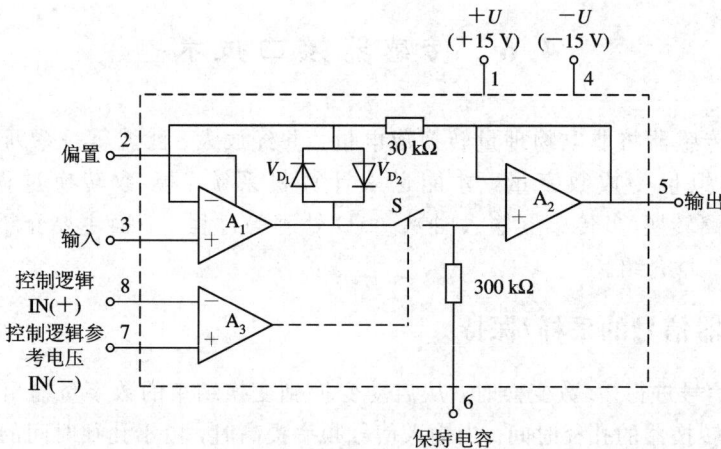

图 4－43　LF398 的原理图

控制电路中的 A_3 主要起比较器的作用，其中 7 脚为参考电压。当输入控制逻辑电平高于参考端电压时，A_3 输出一个低电平信号驱动开关 S 闭合，此时输入经 A_1 后跟随输出到 A_2 再由 A_2 的输出端跟随输出，同时向保持电容（接 6 端）充电；而当控制端逻辑电平低于参考电压时，A_3 输出一个正电平信号使开关断开，以达到非采样时间内保持器仍保持原来输入的目的。因此，A_1、A_2 是跟随器，其作用主要是对保持电容输入和输出端进行阻抗变换，以提高采样/保持器的性能。

与 LF398 结构相同的还有 LF198、LF298 等，它们都是由场效应管构成的，具有采样速度高、保持电压下降慢以及精度高等特点。当作为单一放大器时，其直流增益精度为 0.002％，采样时间小于 6 μs 时精度可达 0.001％；输入偏置电压的调整只需在偏置端（2 脚）调整即可，并且在不降低偏置电流的情况下，带宽允许 1 MHz。其主要技术指标有：

（1）工作电压：±5～±18 V。

（2）采样时间：≤10 μs。

（3）可与 TTL、PMOS、CMOS 兼容。

(4) 当保持电容为 0.01 μF 时,典型保持步长为 0.5 mV。

(5) 低输入漂移,保持状态下输入特性不变。

(6) 在采样或保持状态时高电源抑制。

图 4-44 为 LF398 的外引脚图,图 4-45 为其典型应用图。在有些情况下,还可采取两级采样保持串联的方法,选用不同的保持电容,使前一级具有较高的采样速度而使后一级保持电压下降速率慢,两级结合构成一个采样速度快而下降速度慢的高精度采样/保持电路,此时的采样总时间为两个采样/保持电路时间之和。

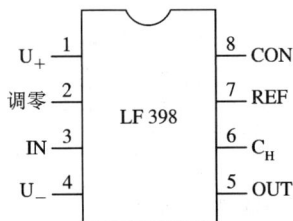

图 4-44 LF398 的外引脚图

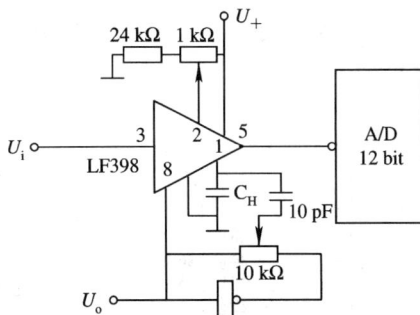

图 4-45 LF398 的典型应用图

4.6.2 多通道模拟信号输入

在机电一体化系统中,经常要对许多传感器信号进行采集和控制。如果每一路都单独采用各自的输入回路(即每一路都采用放大、采样/保持、A/D 等环节),不仅成本比单路成倍增加,还会导致系统体积庞大,且由于模拟器件、阻容元件参数和特性不一致,因此给系统的校准也带来很多困难。因此除特殊情况下,多采用公共的采样/保持及 A/D 转换电路。要实现这种设计,往往采用多路模拟开关,常用的有 AD7501、AD7506、AD7502、LF13508 等。

1. 常用多路模拟开关集成电路

1) 单端 8 通道

AD7501 是单片集成的 CMOS 8 选 1 多路模拟开关,每次只选中 8 个输入端的一路与公共端接通,选通通道是根据输入地址编码而得到的。所有数字量输入均可用 TTL 或 CMOS 电路。图 4-46 为 AD7501 的外引脚图和原理图。

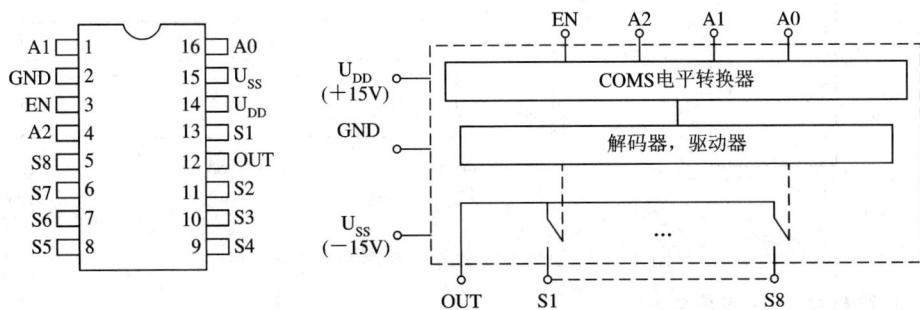

图 4-46 AD7501 的外引脚图和原理图

AD7501 的主要参数有:

(1) 导通电阻 R_{on} 的典型值为 $170(-10\text{ V}\leqslant\text{VS}\leqslant 10\text{ V})$,导通电阻温漂为 $0.5\%/℃$,路间偏差为 4%。

(2) 输入电容:3 pF。

(3) 开关时间:$t_{on}=0.8\ \mu s$,$t_{off}=0.8\ \mu s$。

(4) 极限电源电压:$U_{DD}=+17\text{ V}$,$U_{SS}=-17\text{ V}$。

2) 单端 16 通道

AD7506 为单端 16 选 1 多路模拟开关,图 4 - 47 为 AD7506 的外引脚图和原理图。其主要参数有:

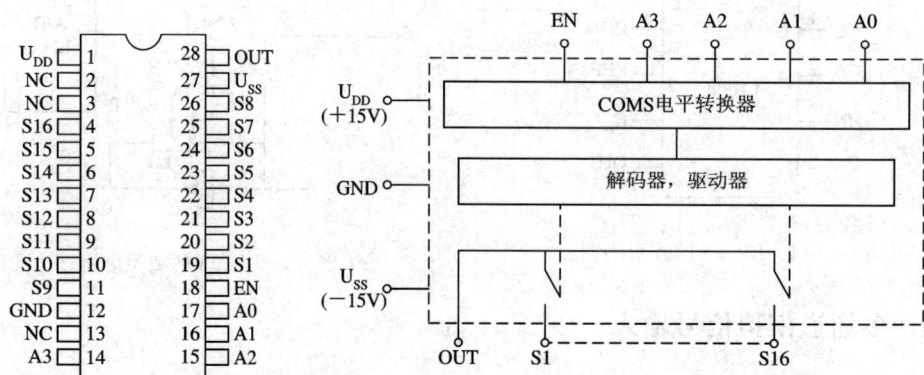

图 4 - 47 AD7506 的外引脚图和原理图

(1) 导通电阻 $R_{on}=300$。导通电阻温漂为 $0.5\%/℃$,路间偏差为 4%。

(2) 开关时间:$t_{on}=0.8\ \mu s$,$t_{off}=0.8\ \mu s$。

(3) 极限电源电压:$U_{DD}=+17\text{ V}$,$U_{SS}=-17\text{ V}$。

3) 差动 4 通道

AD7502 是差动 4 通道多路模拟开关,其主要特性与 AD7501 的基本相同,但在同选通地址情况下有两路同时选通。其外引脚和原理图如图 4 - 48 所示。

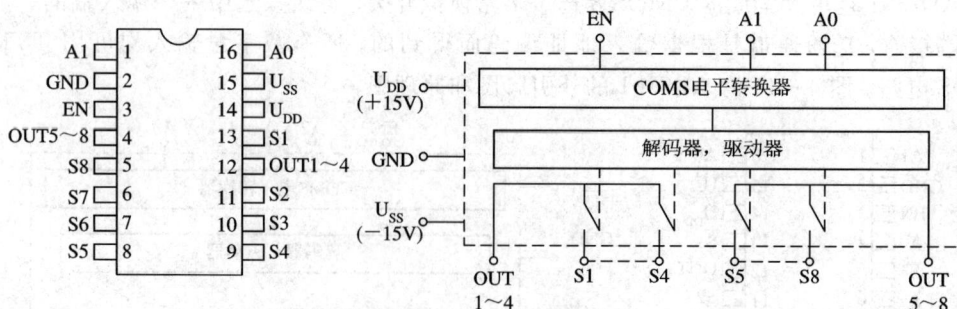

图 4 - 48 AD7502 的外引脚图和原理图

2. 多路模拟开关应用举例

在许多机电一体化产品中,都需要用到多路模拟量输入情况,此时可采用多路模拟开关来实现。图 4-49 为利用 AD7501 组成的 8 路模拟量输入通道。对于 16 路输入情况,可使用两片 AD7501 组合而成,见图 4-50。当然也可采用单片 AD7506 等。但对于更多输入情况,如 64 路、128 路输入,则只能使用多个多路模拟开关组合的方式。

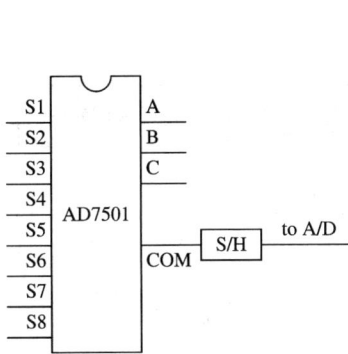

图 4-49　AD7501 8 路输入　　　　　　　图 4-50　两片 AD7501 组成 16 路输入

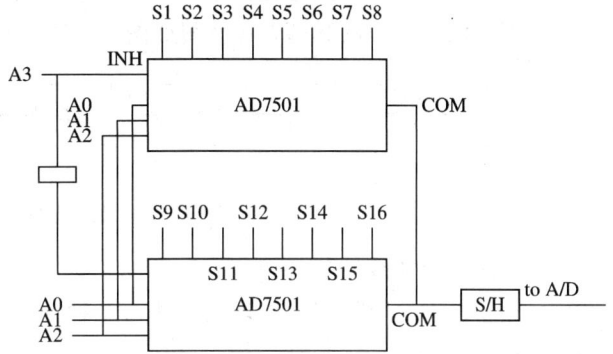

3. 多路开关选用时的注意事项

在选用多路开关时,常要考虑许多因素:要单端型还是差动型的;开关电阻多大;控制电平多高。另外还要考虑开关速度及开关间互扰等诸多方面。

(1) 对于传输信号电平较低的场合,可选用低压型多路模拟开关,这时必须在电路中有严格的抗干扰措施,一般情况下选用常用的高压型。

(2) 对于要求传输精度高而信号变化慢的场合,如利用铂电阻测量缓变温度场,就可选用机械触点式开关。但在输入通道较多的场合,应考虑其体积问题。

(3) 在切换速度要求高、路数多的情况下,宜选用多路模拟开关。在选用时应尽可能根据通道量选取单片模拟开关集成电路,因为在这种情况下每路特性参数可基本一致;在使用多片组合时,也宜选用同一型号的芯片以尽可能使每个通道的特性一致。

(4) 在选择多路模拟开关的速度时,要考虑到其后级采样保持电路和 A/D 的速度,只需略大于它们的速度即可,不必一味追求高速。

(5) 在使用高精度采样/保持 A/D 进行精密数据采集和测量时,需考虑模拟开关的传输精度问题,尤其需注意模拟开关漂移特性。因为如果性能稳定,即使开关导通电阻较大,也可采取补偿措施来消除影响;但如果阻值和漏电流等漂移很大,将会大大影响测量精度。

4.7　传感器非线性补偿处理

在机电一体化测控系统中,当需对被测参量进行显示时,总是希望传感器及检测电路的输出和输入特性呈线性关系,使测量对象在整个刻度范围内灵敏度一致,以便于读数及对系统进行分析处理。但是,很多检测元件如热敏电阻、光敏管、应变片等具有不同程度的非线性特性,这使较大范围的动态检测存在着很大的误差。以往在使用模拟电路组成检测回路时,为了进行非线性补偿,通常用硬件电路组成各种补偿回路,如常用的信息反馈式补偿回路(使用对数放大器和反对数放大器),应变测试中的温度漂移桥式补偿电路等,这不但增加了电路的复杂性,而且也很难达到理想的补偿。这种非线性补偿完全可以用计算机的软件来完成,其补偿过程较简单,精确度也很高,又减少了硬件电路的复杂性。在完成了非线性参数的线性化处理以后,要进行工程量转换,即标度变换,才能显示或打印带物理单位(如℃)的数值,其框图如图4-51。

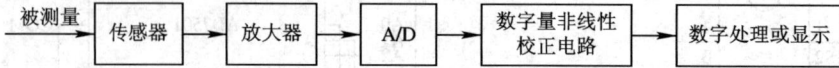

图4-51 数字量非线性校正框图

下面介绍非线性软件处理方法。

用软件进行"线性化"处理的方法有三种:计算法、查表法和插值法。

1. 计算法

当输出电信号与传感器的参数之间有确定的数字表达式时,就可采用计算法进行非线性补偿。即在软件中编制一段完成数字表达式计算的程序,被测参数经过采样、滤波和标度变换后直接进入计算机程序进行计算,计算后的数值即为经过线性化处理的输出参数。

在实际工程上,被测参数和输出电压常常是一组测定的数据。这时如仍想采用计算法进行线性化处理,则可应用数字曲线拟合的方法对被测参数和输出电压进行拟合,以得出误差最小的近似表达式。

2. 查表法

在机电一体化测控系统中,有些参数的计算是非常复杂的,如一些非线性参数,它们不是用一般算术运算就可以算出来的,而需要涉及到指数、对数、三角函数以及积分、微分等运算,所有这些运算用汇编语言编写程序都比较复杂,有些甚至无法建立相应的数学模型。为了解决这些问题,可以采用查表法。

所谓查表法,就是把事先计算或测得的数据按一定顺序编制成表格,查表程序的任务就是根据被测参数的值或者中间结果,查出最终所需要的结果。

查表是一种非数值计算方法,利用这种方法可以完成数据补偿、计算、转换等各种工作。它具有程序简单、执行速度快等优点。表的排列不同,查表的方法也不同。查表的方法有:顺序查表法,计算查表法,对分搜索法等。下面只介绍顺序查表法。顺序查表法是针对无序排列表格的一种方法。因为无序表格中所有各项的排列均无一定的规律,所以只能按照顺序从第一项开始逐项寻找,直到找到所要查找的关键字为止。如在以DATA为首地址的存储单元中,有一长度为100个字节的无序表格,设要查找的关键字放在HWORD单元,试用软件进行查找,若找到,则将关键字所在的内存单元地址存于R2、R3寄存器中,如未找到,将R2、R3寄存器清零。

由于待查找的是无序表格,因此只能按单元逐个搜索,由此可画出程序流程图,如图4-52所示。

顺序查表法虽然比较"笨",但对于无序表格和较短的表而言,仍是一种比较常用的方法。

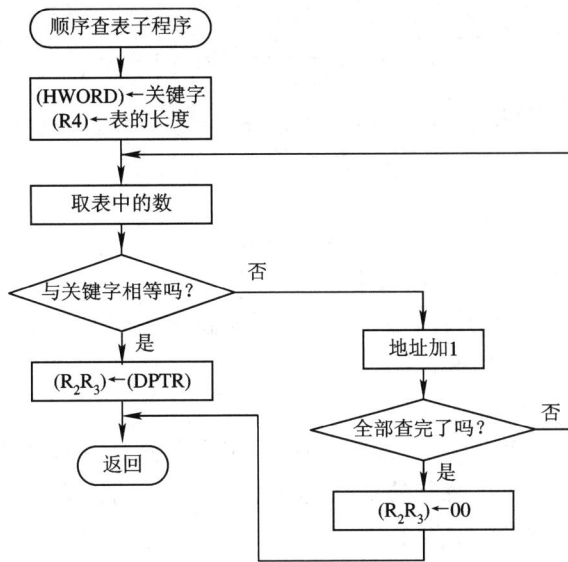

图 4-52　顺序查表法程序流程图

3. 插值法

查表法占用的内存单元较多，表格的编制比较麻烦。所以在机电一体化测试系统中我们也常利用微机的运算能力，使用插值计算法来减少列表点和测量次数。

1）插值原理

设某传感器的输出特性曲线（例如电阻—温度特性曲线）如图 4-53 所示。

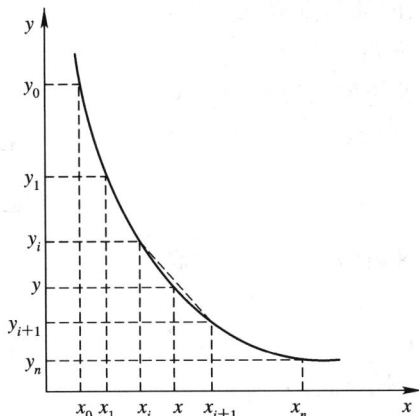

图 4-53　分段先行插值原理

由图 4-53 可以看出，当已知某一输入值 x_i 以后，要想求出值 y_i 并非易事，因为其函数关系式 $y=f(t)$ 并不是简单的线性方程。为使问题简化，可以把该曲线按一定要求分成若干段，然后把相邻两分段点用直线连起来（如图中虚线所示），用此直线代替相应的各段曲线，即可求出输入值 x 所对应的输出值 y。例如，设 x 在 (x_i, x_{i+1}) 之间，则其对应的逼

近值为

$$y = y_i + \frac{y_{i+1} - y_i}{x_{i+1} - x_i}(x - x_i) \qquad (4-36)$$

将上式进行化简,可得

$$y = y_i + k_i(x - x_i) \qquad (4-37)$$

或

$$y = y_{i0} + k_i x \qquad (4-38)$$

其中,$y_{i0} = y_i - k_i x_i$ 为第 i 段直线的斜率。

式(4-37)是点斜式直线方程,而式(4-38)为截矩式直线方程。上两式中,只要 n 取得足够大,即可获得良好的精度。

2) 插值法的计算机实现

下边以点斜式直线方程(4-37)为例,讲一下用计算机实现线性插值的方法。

第一步,用实验法测出传感器的变化曲线 $y = f(x)$。为准确起见,要多测几次,以便求出一个比较精确的输入/输出曲线。

第二步,将上述曲线进行分段,选取各插值基点。为了使基点的选取更合理,不同的曲线采用不同的方法分段。主要有两种方法:等距分段法和非等距分段法。

等距分段法即沿 x 轴等距离地选取插值基点。这种方法的主要优点是使式(4-36)中的 $x_{i+1} - x_i =$ 常数,因而使计算变得简单。但是函数的曲率和斜率变化比较大时,会产生一定的误差。要想减少误差,必须把基点分得很细,这样势必占用较多的内存,并使计算机所占用的机时加长。

非等距分段法的特点是函数基点的分段不是等距的,通常将常用刻度范围插值距离划分小一点,而使非常用刻度区域的插值距离大一点,但非等值插值点的选取比较麻烦。

第三步,确定并计算出各插值点的 x_i、y_i 值及两相邻插值点间的拟合直线的斜率 k_i,并存放在存储器中。

第四步,计算 $x - x_i$。

第五步,找出 x 所在的区域 (x_i, x_{i+1}),并取出该段的斜率 k_i。

第六步,计算 $k_i(x - x_i)$。

第七步,计算结果 $y = y_i + k_i(x - x_i)$。

程序框图见图 4-54。

对于非线性参数的处理,除了前边讲过的查表法和插值法以外,还有许多其他方法,如最小二乘拟合法、函数逼近法、数值积分法等。对于机电一体化测控系统来说,具体采用哪种方法来进行非线性计算机处理,应根据实际情况和具体被测对象而定。

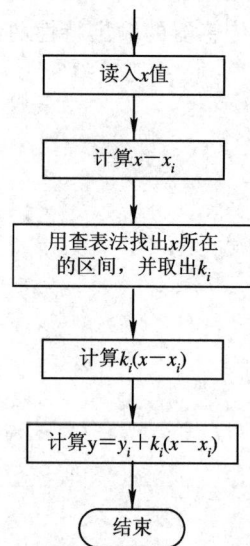

图 4-54 先行插值计算程序流程图

4-1 机电一体化系统中,需要测试的常见物理量有哪些? 举例说明。

4-2 在家用电器中,有些传感器是借助敏感元件来进行测试的。举一个事例,并分析其检测原理(绘出原理框图)。

4-3 设计一套较完整的汽车油箱液位测试及显示方案,要求有简图和文字说明。

4-4 举出机电一体化系统中应用压力传感器的事例。

4-5 机械加工装置中应用了大量的位移测试传感器,分析不同位移传感器的应用场合。

4-6 各类传感器的信号输出电压差别较大,请简述几种传感器的输出电压范围。

4-7 为什么机电一体化系统中的测试过程往往要进行非线性补偿? 试分析非线性补偿通常使用的几种方法的原理。

4-8 传感器信号处理过程有哪些环节? 各有什么作用?

第 5 章 计算机控制及接口技术

机电一体化系统中的计算机软、硬件占有相当重要的地位，它代表着系统的先进性和智能特性。计算机以其运算速度快、可靠性高、价格便宜等优势，被广泛地应用于工业、农业、国防以及日常生活的各个领域。计算机用于机电一体化系统或工业控制领域是近年来发展非常迅速的技术。例如，卫星跟踪天线的控制，电气传动装置的控制，数控机床，工业机器人的运动、力控系统，飞机、大型油轮的自动驾驶仪等等。现在，当你走进一个自动化生产车间时，将会看到许多常规的控制仪表和调节器已经被计算机所取代，计算机正在不断监视整个生产过程，对生产中的各种参数，如温度、压力、流量、液位、转速和成分等进行采样，迅速进行复杂的数据处理，打印和显示生产工艺过程的统计数字和参数，并发出各种控制命令。

5.1 概　　述

5.1.1 计算机控制系统的组成

将模拟式自动控制系统中的控制器的功能用计算机来实现，就组成了一个典型的计算机控制系统，如图 5-1 所示。因此，简单地说，计算机控制系统就是采用计算机来实现的工业自动控制系统。

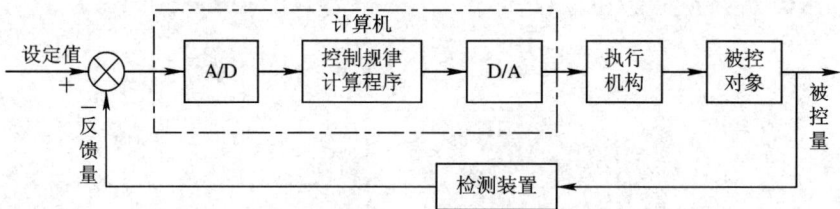

图 5-1 计算机控制系统的基本框图

在控制系统中引入计算机，可以充分利用计算机的运算、逻辑判断和记忆等功能完成多种控制任务。在系统中，由于计算机只能处理数字信号，因而给定值和反馈量要先经过A/D 转换器将其转换为数字量，才能输入计算机。当计算机接收了给定量和反馈量后，依照偏差值，按某种控制规律进行运算（如 PID 运算），计算结果（数字信号）再经过 D/A 转换器，将数字信号转换成模拟控制信号输出到执行机构，便完成了对系统的控制作用。

典型的机电一体化控制系统结构可用图 5-2 来示意，它可分为硬件和软件两大部分。硬件是指计算机本身及其外围设备，一般包括中央处理器，内存储器，磁盘驱动器，各种接口电路，以 A/D 转换和 D/A 转换为核心的模拟量 I/O 通道、数字量 I/O 通道，以及各种显示、记录设备，运行操作台等。

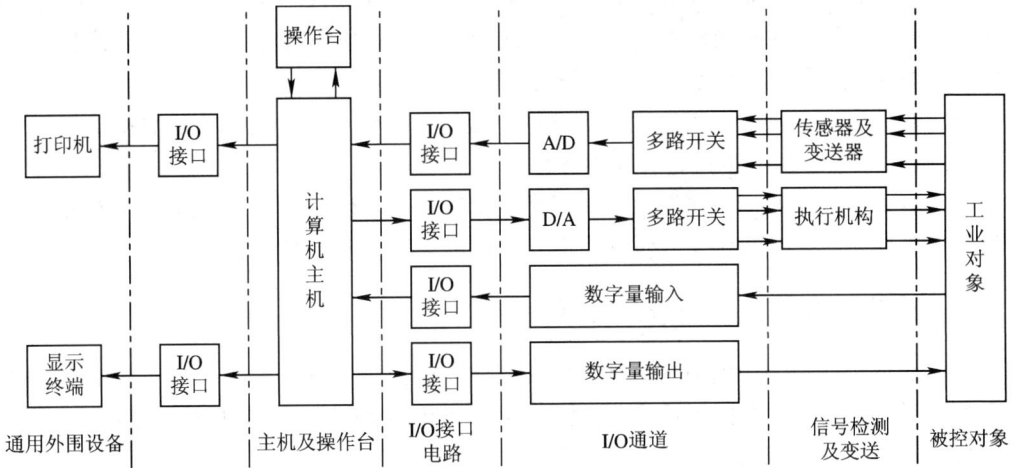

图 5-2　典型计算机控制系统的组成框图

（1）由中央处理器、时钟电路、内存储器构成的计算机主机是组成计算机控制系统的核心部件，主要实现数据采集、数据处理、逻辑判断、控制量计算、越限报警等功能，并通过接口电路向系统发出各种控制命令，指挥全系统有条不紊地协调工作。

（2）操作台是人—机对话的联系纽带。操作人员可通过操作台向计算机输入和修改控制参数，发出各种操作命令；计算机可向操作人员显示系统运行状况，发出报警信号。操作台一般包括各种控制开关、数字键、功能键、指示灯、声讯器、数字显示器或 CRT 显示器等。

（3）通用外围设备主要是为了扩大计算机主机的功能而配置的。它们用来显示、存储、打印、记录各种数据。常用的有打印机、记录仪、图形显示器(CRT)、软盘、硬盘及外存储器等。

（4）I/O 接口与 I/O 通道是计算机主机与外部连接的桥梁。常用的 I/O 接口有并行接口和串行接口，I/O 通道有模拟量 I/O 通道和数字量 I/O 通道。其中，模拟量 I/O 通道的作用是：一方面将经由传感器得到的工业对象的生产过程参数变换成二进制代码传送给计算机；另一方面将计算机输出的数字控制量变换为控制操作执行机构的模拟信号，以实现对生产过程的控制。数字量通道的作用是，除完成编码数字输入/输出外，还可将各种继电器、限位开关等的状态通过输入接口传送给计算机，或将计算机发出的开关动作逻辑信号经由输出接口传送给生产机械中的各个电子开关或电磁开关。

（5）传感器的主要功能是将被检测的非电学量参数转变成电学量，如热电偶把温度变成电压信号，压力传感器把压力变成电信号等等。变送器的作用是将传感器得到的电信号转变成适用于计算机接口使用的标准的电信号(如 0~10 mA DC)。

此外，为了控制生产过程，还需有执行机构。常用的执行机构有各种电动、液动、气动开关，电液伺服阀，交、直流电动机，步进电动机等等。

软件是指计算机控制系统中具有各种功能的计算机程序的总和，如完成操作、监控、管理、控制、计算和自诊断等功能的程序。整个系统在软件指挥下协调工作。以功能区分，软件可分为系统软件和应用软件。

系统软件是由计算机的制造厂商提供的，用来管理计算机本身的资源和方便用户使用计算机的软件。常用的有操作系统、开发系统等，它们一般不需用户自行设计编程，只需掌握使用方法或根据实际需要加以适当改造即可。

应用软件是用户根据要解决的控制问题而编写的各种程序，比如各种数据采集、滤波程序，控制量计算程序，生产过程监控程序等。

在计算机控制系统中，软件和硬件不是独立存在的，在设计时必须注意两者相互间的有机配合和协调，只有这样才能研制出满足生产要求的高质量的控制系统。

5.1.2 计算机在控制中的应用方式

根据计算机在控制中的应用方式，可以把计算机控制系统划分为四类，它们是：操作指导控制系统、直接数字控制系统、监督计算机控制系统和分级计算机控制系统。

1. 操作指导控制系统

如图 5-3 所示，在操作指导控制系统中，计算机的输出不直接用来控制生产对象。计算机只是对生产过程的参数进行采集，然后根据一定的控制算法计算出供操作人员参考、选择的操作方案和最佳设定值等，操作人员根据计算机的输出信息去改变调节器的设定值，或者根据计算机输出的控制量执行相应的操作。操作指导控制系统的优点是结构简单，控制灵活安全，特别适用于未摸清控制规律的系统，常常被用于计算机控制系统研制的初级阶段，或用于试验新的数学模型和调试新的控制程序等。由于最终需人工操作，故它不适用于快速过程的控制。

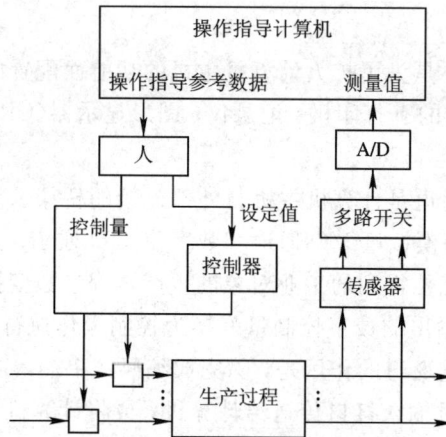

图 5-3 计算机操作指导控制系统示意图

2. 直接数字控制系统

直接数字控制 DDC(Direct Digital Control)系统是计算机用于工业过程控制最普遍的一种方式，其结构如图 5-4 所示。计算机通过输入通道对一个或多个物理量进行巡回检测，并根据规定的控制规律进行运算，然后发出控制信号，通过输出通道直接控制调节阀等执行机构。

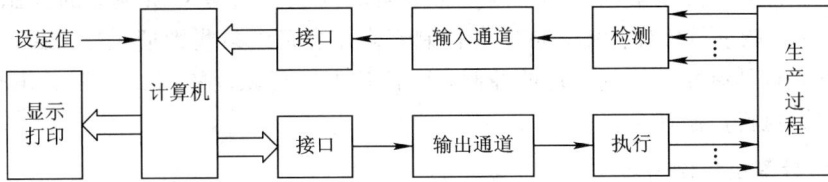

图 5-4 直接数字控制系统的结构

在 DDC 系统中的计算机参加闭环控制过程，它不仅能完全取代模拟调节器，实现多回路的 PID(比例、积分、微分)调节，而且不需改变硬件，只需通过改变程序就能实现多种较复杂的控制规律，如串级控制、前馈控制、非线性控制、自适应控制及最优控制等。

3. 监督计算机控制系统

在监督计算机控制 SCC(Supervisory Computer Control)系统中，计算机根据工艺参数和过程变量检测值，并按照所设计的控制算法进行计算，计算出最佳设定值后直接传送给常规模拟调节器或者 DDC 计算机，最后由模拟调节器或 DDC 计算机控制生产过程。SCC系统有两种类型，一种是 SCC＋模拟调节器，另一种是 SCC＋DDC 控制系统。监督计算机控制系统的构成示意图如图 5-5 所示。

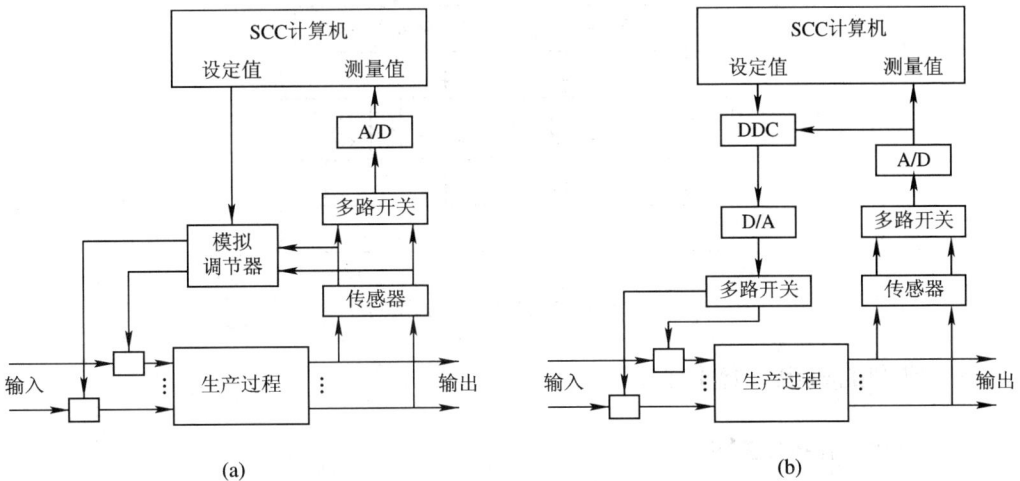

图 5-5 监督计算机控制系统的构成示意图
(a) SCC＋模拟调节器系统；(b) SCC＋DDC 系统

(1) SCC＋模拟调节器的控制系统。在这种类型的系统中，计算机对各过程变量进行巡回检测，并按一定的数学模型对生产工况进行分析、计算后得出被控对象各参数的最优设定值送给调节器，使工况保持在最优状态。当 SCC 计算机发生故障时，可由模拟调节器独立执行控制任务。

(2) SCC＋DDC 的控制系统。这是一种二级控制系统，SCC 可采用较高档的计算机，它与 DDC 之间通过接口进行信息交换。SCC 计算机完成工段、车间等高一级的最优化分析和计算，然后给出最优设定值，送给 DDC 计算机执行控制。

通常在 SCC 系统中，选用具有较强计算能力的计算机，其主要任务是输入采样和计算设定值。由于它不参与频繁的输出控制，可以有时间进行具有复杂规律的控制算式的计算，因此，SCC 能进行最优控制、自适应控制等，并能完成某些管理工作。SCC 系统的优点是不仅可进行具有复杂控制规律的控制，而且其工作可靠性较高；当 SCC 出现故障时，下级仍可继续执行控制任务。

4. 分级计算机控制系统

生产过程中既存在控制问题，也存在大量的管理问题。同时，设备一般分布在不同的区域，其中各工序、各设备同时并行地工作，基本上是相互独立的，故全系统是比较复杂的。这种系统的特点是功能分散，用多台计算机分别执行不同的控制功能，既能进行控制又能实现管理。图 5-6 是一个四级计算机控制系统。其中，过程控制级为最底层，对生产设备进行直接数字控制；车间管理级负责本车间各设备间的协调管理；工厂管理级负责全厂各车间的生产协调，包括安排生产计划、备品备件等；企业（公司）管理级负责总的协调，安排总生产计划，进行企业（公司）经营方向的决策等。

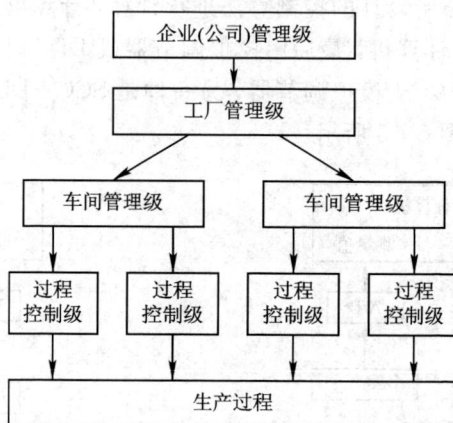

图 5-6　计算机分级控制系统

5.1.3　典型的机电一体化控制系统

1. 计算机过程控制系统

用计算机对温度、压力、流量、液面、速度等过程参数进行测量与控制的系统称为计算机过程控制系统。图 5-7 介绍了工业炉计算机控制的典型情况，其燃料为燃料油或者煤气，为了保证燃料在炉膛内正常燃烧，必须保持燃料和空气的比值恒定。图中描述了燃料和空气的比值控制过程，它可以防止空气太多时，过剩空气带走大量热量；也可防止当空气太少时，由于燃料燃烧不完全而产生过多的一氧化碳或碳黑。为了保持所需的炉温，将测得的炉温送入计算机计算，进而控制燃料和空气阀门的开度。为了保持炉膛压力恒定，避免在压力过低时从炉墙的缝隙处吸入大量过剩空气，或在压力过高时大量燃料通过缝隙逸出炉外，同时还采用了压力控制回路。测得的炉膛压力送入计算机，进而控制烟道出口挡板的开度。此外，为了提高炉子的热效率，还需对炉子排出的废气进行分析，一般是用氧化锆传感器测量烟气中的微量氧，通过计算而得出其热效率，用以指导燃烧调节。

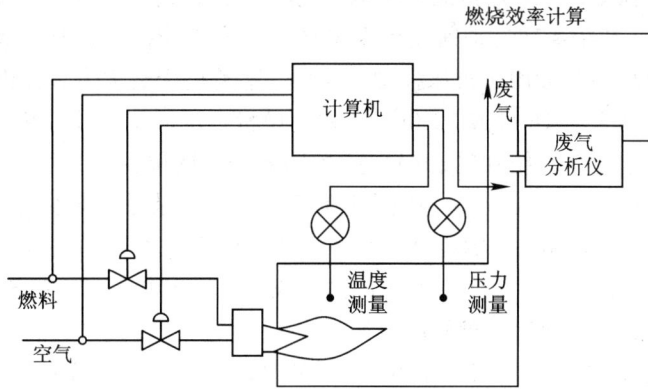

图 5-7　工业炉的计算机控制

2. 微型计算机控制的电动机调速系统

由于微型计算机具有极好的快速运算、信息存储、逻辑判断和数据处理能力，因此电动机调速系统中的许多控制要求很容易在计算机中实现。例如，变流装置的非线性补偿，启动和调速时选用不同的控制方式或不同的控制参数，四象限运行时的逻辑切换，在PWM型逆变器、交—交变频或某些生产机械传动控制中要求的电压、电流基准曲线等，经采用了计算机控制后，大大提高了系统的性能。

图 5-8 是计算机控制的双闭环直流调速系统的原理图。其中，晶闸管触发器、速度调节器和电流调节器均由计算机实现。

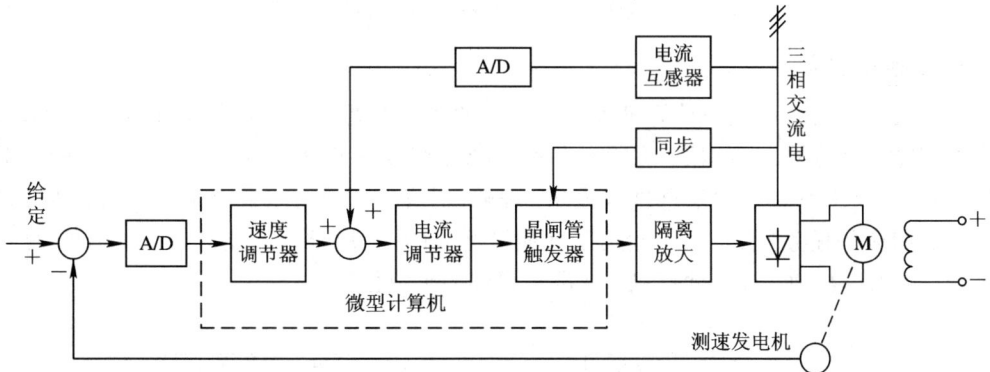

图 5-8　计算机控制的双闭环系统

3. 计算机数字程序控制系统

采用计算机来实现顺序控制和数字程序控制是计算机在自动控制领域中应用的一个重要方面。它广泛地应用于机床控制、生产自动线控制、运输机械控制等许多工业自动控制系统中。

所谓顺序控制系统，是指使生产机械或生产过程按预先规定的时序(或现场输入条件等)顺序动作的自动控制系统。目前这类系统中多采用微处理器构成的可编程序控制器(PC 或 PLC)。可编程序控制器使用方便，可靠性高，应用广泛。

所谓数字程序控制系统，是指能根据输入的指令和数据，控制生产机械按规定的工作顺序、运动轨迹、运动距离和运动速度等规律自动完成工作的自动控制系统。数字程序控制系统(通常简称数控)一般用于机床控制系统中，这类机床被称为数控机床。

目前数控系统多采用16位或32位工业控制微机系统或多微处理机系统控制。它按运动轨迹可以分为点位控制系统和轮廓(轨迹)控制系统。点位控制系统中，被控机构(如刀具)在移动中不进行加工，对运动轨迹没有具体要求，只要能准确定位即可，它适用于数控钻床、冲床等类机床的控制。轮廓控制系统中，被控机构按加工件的设计轮廓曲线连续地移动，并在移动中进行加工，最终将加工件加工成所需的形状，它适用于数控铣床、车床、线切割机、绣花机等机床和生产机械的控制。

在图5-9中表示出一个在线、开环、实时的简单机床数字程序控制系统的构成框图。根据所使用的软件，该系统既可以设计成平面点位控制系统，又可设计成平面轮廓控制系统。图中的微型计算机是系统的核心部件，它完成程序和数据的输入、存储、加工轨迹计算和步进电动机控制程序、显示程序、故障诊断程序等控制程序的执行等。

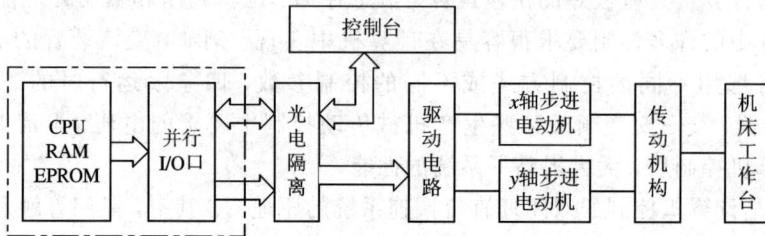

图5-9　简单机床数字程序控制系统的构成框图

4. 工业机器人

工业机器人是一种应用计算机进行控制的可替代人进行工作的高度自动化系统，它主要由控制器、驱动器、夹持器、手臂和各种传感器组成。工业机器人计算机系统能够对力觉、触觉、视觉等外部反馈信息进行感知、理解、决策，并及时按要求驱动运动装置和语音系统完成相应的任务。图5-10给出了智能机器人的一般结构，它是一个多级的计算机控制系统。可以这样说：没有计算机，就没有现代的工业机器人。

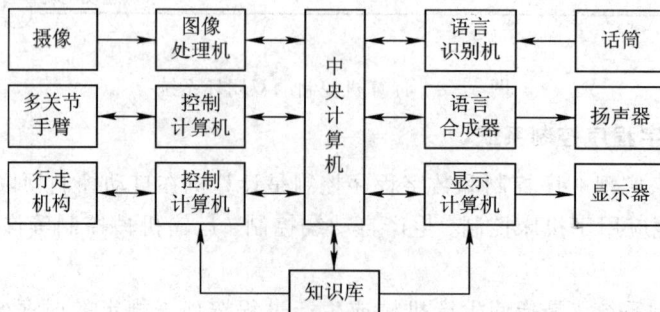

图5-10　智能机器人的一般结构

5.2 工业控制计算机

工业控制计算机是用于工业控制现场的计算机,它是处理来自检测传感器的输入信息,并把处理结果输出到执行机构去控制生产过程,同时可对生产进行监督、管理的计算机系统。应用于工业控制的计算机主要有单片微型计算机、可编程序控制器(PLC)、总线工控机等类型。

根据机电一体化系统的大小和控制参数的复杂程度,我们可以采用不同的微型计算机。对于小系统,一般监视控制量为开关量和少量数据信息的模拟量,这类系统采用单片机或可编程序控制器就能满足控制要求。对于数据处理量大的系统,则往往采用基于各类总线结构的工控机,如 STD 总线工控机、IBM-PC 总线工控机、Multibus 工控机等。对于多层次、复杂的机电一体化系统,则要采用分级分步式控制系统,在这种控制系统中,根据各级及控制对象的特点,可分别采用单片机、可编程序控制器、总线工控机和微型机来分别完成不同的功能。

5.2.1 工业控制计算机的特点及要求

由于工业控制计算机的应用对象及使用环境的特殊性,决定了工业控制机主要有以下一些特点和要求。

1. 实时性

实时性是指计算机控制系统能在限定的时间内对外来事件作出反应的能力。为满足实时控制要求,通常既要求从信息采集到生产设备受到控制作用的时间尽可能短,又要求系统能实时地监视现场的各种工艺参数,并进行在线修正,对紧急事故能及时处理。因此,工业控制计算机应具有较完善的中断处理系统以及快速信号通道。

2. 高可靠性

工业控制计算机通常控制着工业过程的运行,如果其质量不高,运行时发生故障,又没有相应的冗余措施,则轻者使生产停顿,重者可能产生灾难性的后果。很多生产过程是日夜不停地连续运转,因此要求与这些过程相连的工业控制机也必须无故障地连续运行,实现对生产过程的正确控制。另外,许多工业现场的环境恶劣,震动、冲击、噪声、高频辐射及电磁波干扰往往十分严重,以上这一切都要求工业控制计算机具有高质量和很强的抗干扰能力,并且具有较长的平均无故障间隔时间。

3. 硬件配置的可装配可扩充性

工业控制计算机的使用场合千差万别,系统性能、容量要求、处理速度等都不一样,特别是与现场相连接的外围设备的接口种类、数量等差别更大,因此宜采用模块化设计方法。

4. 可维护性

工业控制计算机应有很好的可维护性,这要求系统的结构设计合理,便于维修,系统使用的板级产品一致性好,更换模板后,系统的运行状态和精度不受影响;软件和硬件的诊断功能强,在系统出现故障时,能快速准确地定位。另外,模块化模板上的信号应加上隔离措施，保证发生故障时故障不会扩散，这也可使故障定位变得容易。

作为计算机控制系统的设计者，应根据机电一体化系统（或产品）中的信息处理量、应用环境、市场状况及操作者的特点，经济合理地优选工业控制机产品。

5.2.2 单片微型计算机

单片微型计算机简称为单片机，它是将 CPU、RAM、ROM 和 I/O 接口集成在一块芯片上，同时还具有定时/计数、通信和中断等功能的微型计算机。自 1976 年 Intel 公司首片单片机问世以来，随着集成电路制造技术的发展，单片机的 CPU 依次出现了 8 位和 16 位机型，并使运行速度、存储器容量和集成度不断提高。现在比较常用的单片机一般具有数十 KB 的闪存、16 位的 A/D 及看门狗等功能，而各种满足专门需要的单片机也可由生产厂家定做。

单片机以其体积小、功能齐全、价格低等优点，越来越被广泛地应用于机电一体化产品中。特别是在数字通信产品、智能化家用电器和智能仪器领域，单片机以其几元到几十元人民币的价格优势独霸天下。由于单片机的数据处理能力和接口限制，在大型工业控制系统中，它一般只能辅助中央计算机系统测试一些信号的数据信息和完成单一量控制。

单片机的生产厂家和种类很多，如美国 Intel 公司的 MCS 系列、Zilog 公司的 SUPER 系列、Motorola 公司的 6801 和 6805 系列，日本 National 公司的 MN6800 系列、HITA-CHI 公司的 HD6301 系列等。其中，Intel 公司的 MCS 单片机产品在国际市场上占有最大的份额，在我国也获得最广泛的应用。下面以 MCS 系列单片机为例，来介绍单片机的结构、性能及使用上的特点。

1. MCS - 48 单片机系列

MCS - 48 系列是 8 位的单片机，根据存储器的配置不同，该系列包括有 8048、8049、8021、8035 等多种机型，由于价格低廉，目前仍有简单的控制场合在使用。其主要特点是：

(1) 8 位 CPU，工作频率为 1～6 MHz。

(2) 64 B RAM 数据存储器，1 KB 程序存储器。

(3) 5 V 电源，40 引脚双列直插式封装。

(4) 6 MHz 工作频率时机器周期为 2.5 μs，所有指令的执行为 1～2 个机器周期。

(5) 有 96 条指令，其中大部分为单字节指令。

(6) 8 字节堆栈，单级中断，两个中断源。

(7) 两个工作寄存器区。

(8) 一个 8 位定时/计数器。

2. MCS - 51 单片机系列

MCS - 51 系列比 48 系列要先进得多，也是市场上应用最普遍的机型。它具有更大的存储器扩展能力、更丰富的指令系统和更多的实用功能。MCS - 51 单片机也是 8 位的单片机，该系列包括有 8031、8051、8751、2051、89C51 等多种机型。其主要特点是：

(1) 8 位 CPU，工作频率为 1～12 MHz。

(2) 128 B RAM 数据存储器，4 KB ROM 程序存储器。

(3) 5 V 电源，40 引脚双列直插式封装。

（4）12 MHz 工作频率时机器周期为 1 μs，所有指令的执行为 1～4 个机器周期。

（5）外部可分别扩展 64 KB 数据存储器和程序存储器。

（6）2 级中断，5 个中断源。

（7）21 个专用寄存器，有位寻址功能。

（8）两个 16 位定时/计数器，1 个全双工串行通信口。

（9）4 组 8 位 I/O 口。

3. MCS-96 单片机系列

MCS-96 系列是 16 位单片机，适用于高速的控制和复杂数据处理系统中，其在硬件和指令系统的设计上较 8 位机有很多不同之处。MCS-96 单片机系列主要有 8096、8094、8396、8394、8796 等多种机型。其主要特点是：

（1）16 位 CPU，工作频率为 6～12 MHz。

（2）232 B RAM 数据存储器，8 KB ROM 程序存储器。

（3）有 48 和 68 两种引脚，多种封装形式。

（4）高速 I/O 接口，能测量和产生高分辨率的脉冲（12 MHz 时是 2 μs），6 条专用 I/O，两条可编程 I/O。

（5）外部可分别扩展 64 KB 数据存储器和程序存储器。

（6）可编程 8 级优先中断，21 个中断源。

（7）脉宽调制输出，提供一组能改变脉宽的可编程脉宽信号。

（8）两个 16 位定时/计数器，4 个 16 位软件定时器。

（9）5 组 8 位 I/O 口。

（10）10 位 A/D 转换器，可接收 4 路或 8 路的模拟量输入。

（11）6.25 μs 的 16 位乘 16 位和 32 位除 16 位指令。

（12）运行时可对 EPROM 编程，ROM/EPROM 的内容可加密。

（13）全双工串行通信口及专门的波特率发生器。

另外一种 16 位的单片机是 8098 单片机，其内部结构和性能与 8096 完全一样，但其外部数据总线却只有 8 位，因此是准 16 位单片机。由于 8098 减少了 I/O 线，其外形结构简化，芯片的制造成本降低，因此应用非常广泛。MCS-98 单片机系列主要有 8398、8798 等几种机型。

5.2.3 可编程序控制器（PC）

在制造业的自动化生产线上，各道工序都是按预定的时间和条件顺序执行的，对这种自动化生产线进行控制的装置称为顺序控制器。以往顺序控制器主要是由继电器组成的，改变生产线的工序、执行次序或条件时需改变硬件连线。随着大规模集成电路和微处理器在顺序控制器中的应用，顺序控制器开始采用类似微型计算机的通用结构，把程序存储于存储器中，用软件实现开关量的逻辑运算、延时等过去用继电器完成的功能，形成了可编程序逻辑控制器 PLC（Programable Logic Controller）。现在它已经发展成除了具有顺序控制功能外，还具有数据处理、故障自诊断、PID 运算、联网等能力的多功能控制器。因此，现已把它们统称为可编程序控制器 PC（Programable Controller）。

图 5 - 11 是 PLC 应用于逻辑控制的简单事例。输入信号是由按钮开关、限位开关、继电器触点等提供的各种开关信号，通过接口进入 PC，经 PC 处理后产生控制信号，通过输出接口送给线圈、继电器、指示灯、电动机等输出装置。

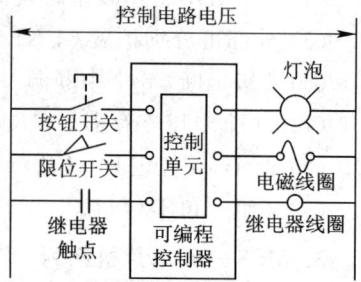

图 5 - 11　PLC 的逻辑控制电路

目前，世界上生产 PC 的工厂有上百家，总产量已达千万台的数量级，其中以通用电气、德克萨斯仪器、Honey-well、西门子、三菱、富士、东芝等公司的产品最为著名，这些公司为开拓市场，竞争十分激烈，竞相发展新的机型系列。而我国的 PC 技术，不论是 PC 的制造水平，还是使用 PC 的广度与深度，与发达国家相比差距仍比较大。

1. PC 的组成原理

PC 实际上是一个专用计算机，它的结构和组成与通用微机的基本相同，主要包括 CPU、存储器、接口模块、外部设备、编程器等。下面介绍 PC 的各主要部分。

(1) CPU。与通用微机的 CPU 一样，PC 的 CPU 按 PC 的系统程序的要求，接收并存储从编程器键入的用户程序和数据；用扫描的方式接收现场输入装置的状态和数据，并存入输入状态表或数据寄存器中；诊断电源、内部电路的故障和编程过程中的语法错误等。PC 进入运行状态后，从存储器逐条读入用户程序，经过命令解释后按指令规定的任务产生相应的控制输出，去启动有关的控制门电路，分时、分渠道地执行数据的存取、传送、组合、比较和变换等工作；完成用户程序规定的逻辑和算术运算等任务；根据运算结果更新有关标志位的状态和输出状态寄存器的内容，再由输出状态表的位状态和数据寄存器的有关内容，实现输出控制、制表打印和数据通信等功能。

PC 的运行方式采取扫描工作机制，这是和微处理器的本质区别。扫描工作机制就是按照定义和设计的要求连续和重复地检测系统输入，求解目前的控制逻辑，并修正系统输出。在 PC 的典型扫描机制中，I/O 服务处于扫描周期的末尾，并且为扫描计时的组成部分。这种典型的扫描称为同步扫描。扫描循环一周所花费的时间为扫描周期。PC 的扫描周期一般为 10～100 ms。在多数 PC 中，都设有一个"看门狗"计时器，测量每一次扫描循环的长度，如果扫描时间超过预设的长度(例如150～200 ms)，系统将激发临界警报。图 5 - 12 中，在同步扫描周期内，除 I/O 扫描之外，还有服务程序、通信窗口、内部执行程序等。

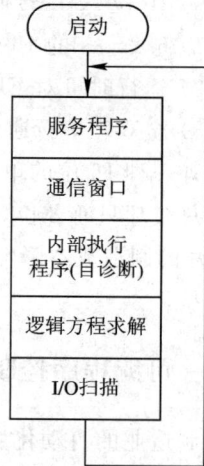

图 5 - 12　PC 的扫描工作机制

(2) 存储器。存储器分为系统程序存储器和用户程序存储器。

系统程序存储器的作用是存放监控程序、命令解释、功能子程序、调用管理程序和各种系统参数等。系统程序是由 PC 生产厂家提供的，固化在存储器中。

用户存储器的作用是存储用户编写的梯形逻辑图等程序。用户程序是使用者根据现场的生产过程和工艺要求编写的控制程序。PC 产品说明中提供的存储器型号和容量一般指的是用户程序存储器。

（3）接口模块。它是 CPU 与现场 I/O 装置和其他外部设备之间的连接部件。PC 是通过接口模块来实现对工业设备或生产过程的检测、控制和联网通信的。各个生产厂家都有各自的模块系列供用户选用。PLC 模块包括如下几种类型：

① 数字量 I/O 模块。数字量 I/O 模块完成数字量信号的输入/输出，一般可替代继电器逻辑控制。数字量输入模块的技术指标有：输入点数、公共端极性、隔离方式、电源电压、输入电压和输出电流等。数字量输出模块的技术指标有：输出形式、输出点数、公共端极性、隔离方式、电源电压、输出电流、响应时间和开路端电流等。

② 模拟量 I/O 模块。控制系统中，经常要对电流、电压、温度、压力、流量、位移和速度等模拟量进行信号采集并输入给 CPU 进行判断和控制，模拟量输入模块就是用来将这些模拟量输入信号转换成 PC 能够识别的数字量信号的模块。模拟量输入模块的技术指标包括：输入点数、隔离方式、转换方式、转换时间、输入范围、输入阻抗和分辨率等。模拟量输出模块就是将 CPU 输出的数字信息变换成电压或电流以对电磁阀、电磁铁和其他模拟量执行机构进行控制的模块。它的技术指标包括：输出点数、隔离方式、转换时间、输出范围、负载电阻和分辨率等。

③ 专用和智能接口模块。上述的接口模块都是在 PC 的扫描方式下工作的，能满足一般的继电器逻辑控制和回路调节控制，然而对于同上位机通信、控制 CRT 和其他显示器、连接各种传感器和其他驱动装置等工作，则需要专门的接口模块完成。专用和智能接口模块主要有：扩展接口模块、通信模块、CRT/LCD 控制模块、PID 控制模块、高速计算模块、快速响应模块和定位模块等。

④ 编程器。编程器是为用户提供程序的编制、编辑、调试和监控的专用工具，还可以通过其键盘去调用和显示 PC 的一些内部状态和系统参数。它通过通信端口与 CPU 联系，完成人机对话功能。各个厂家为自己的 PC 提供专用的编程器，不同品牌的 PC 的编程器一般不能互换使用。

⑤ 外部设备。一般 PC 都可以配置打印机、EPROM 写入器、高分辨率大屏幕显示器等外围设备。

2. PC 的性能特点

（1）存储器：可以是带有电源保护的 RAM、EPROM 或 EEPROM。

（2）数字量输入/输出端子：具有继电逻辑控制中的输入/输出继电器功能，端子点数的多少是决定 PC 的控制规模的主要参数。

（3）计数器和定时器：在 PC 的逻辑顺序控制中，可替代继电器逻辑控制中的时间继电器和计数继电器。

（4）标志（软继电器）：在 PC 的逻辑顺序控制中用作中间继电器，其中部分标志具有保持作用。

（5）平均扫描时间：指扫描用户程序的时间，决定了 PC 的控制响应速度。

（6）诊断：由通电检查和故障指示的软件完成。

（7）通信接口：一般采用 RS232 接口标准，可以连接打印机和上位机等设备。

（8）编程语言：一般采用继电器控制方式的梯形图语言和语句表，并在此基础上建立控制系统流程图和顺序功能图等语言。

除上述一般特性外，高性能的 PC 还具有下列特性：

(1) 数据传送和矩阵处理功能：可以满足工厂管理的需要。

(2) PID 调节功能：备有模拟量的输入/输出模块和 PID 调节控制软件包，以满足闭环控制的要求。

(3) 远程 I/O 功能：使输入/输出通道可分散安装在被控设备的附近，以减少现场电缆布线和系统成本。

(4) 图形显示功能：借助图形显示软件包(组态软件等)，可显示被控设备的运行状态，方便操作者监控系统的运行。

(5) 冗余控制：控制系统设计中备有一台同样的 PC 系统，并处于待机状态，当原系统出现故障时，系统会自动切换，使待机的 PC 投入运行，从而提高控制的可靠性。

(6) 网络功能：通过数据通道与其他数台 PC 连接或与管理计算机连接，以构成控制网络，实现大规模的生产管理系统。

3. PC 的结构特点

PC 的结构分成单元式和模块式两种。

(1) 单元式。特点是结构紧凑、体积小、成本低、安装方便。它将所有的电路都装在一个机箱内，构成一个整体。为了实现输入/输出点数的灵活配置和易于扩展，通常都有不同点数的基本单元和扩展单元，其中某些单元为全输入和全输出型。

(2) 模块。在机架上按需要插上 CPU、电源、I/O 模块及各种特殊功能模块，构成一个综合控制系统。这种结构的特点是 CPU 与各种接口模块都是独立的模块，因此配置很灵活，可以根据不同的系统规模选用不同档次的 CPU 及各种模块。由于不同档次模块的结构尺寸和连接方式相同，因此对 I/O 点数很多的系统的选型、安装、调试、扩展、维护都非常方便。目前大的 PC 控制系统均采用该种结构。这种结构形式的 PC 除了各种模块外，还需要用主基板、扩展基板及基板间连接电缆将各模块连成整体。

5.2.4 总线工控机

总线工控机是目前工业领域应用相当广泛的工业控制计算机，它具有丰富的过程输入/输出接口功能、迅速响应的实时功能和环境适应能力。总线工控机的可靠性较高，如 STD 总线工控机的使用寿命达到数十年，平均故障间隔时间(MTBF)超过上万小时，且故障修复时间(MTTR)较短。总线工控机的标准化、模板式设计大大简化了设计和维修难度，且系统配置的丰富的应用软件多以结构化和组态软件形式提供给用户，使用户能够在较短的时间内掌握并熟练应用。

下面介绍两类在工业现场得到广泛使用的工业控制机。

1. STD 总线工业控制机

STD 总线最早是由美国的 Pro-log 公司在 1978 年推出的，是目前国际上工业控制领域最流行的标准总线之一，也是我国优先重点发展的工业标准微机总线之一，它的正式标准为 IEEE - 961 标准。按 STD 总线标准设计制造的模块式计算机系统，称为 STD 总线工业控制机。

开发 STD 总线的最初目的是为了推广一个面向工业控制的 8 位机总线系统。STD 标准可以支持几乎所有的 8 位处理机，如 Intel 的 8080、Motorola 的 6800、Zilog 公司的 Z80、National 公司的 NSC800 等。在 16 位机大量生产之后，改进型的 STD 总线可支持 16 位处理机，如 8086，68000，80286 等。为了进一步提高 STD 总线系统的性能，新近已推出了 STD 32 位总线。

STD 总线工业控制机采用了开放式的系统结构，模块化是 STD 总线工业控制机设计思想中最突出的特点，其系统组成没有固定的模式和标准机型，而是提供了大量的功能模板，用户根据需要，通过对模板的品种和数量的选择与组合，即可配置成适用于不同工业对象、不同生产规模的生产过程的工业控制机。现在，STD 工业控制机已广泛应用于工业生产过程控制、工业机器人、数控机床、钢铁冶金、石油化工等各个领域，成为我国中小型企业和传统工业改造方面主要的机型之一。

典型的 STD 总线工控机系统的构成如图 5-13 所示，其突出特点是：模块化设计，系统组成、修改和扩展方便；各模块间相对独立，使检测、调试、故障查找简便迅速；有多种

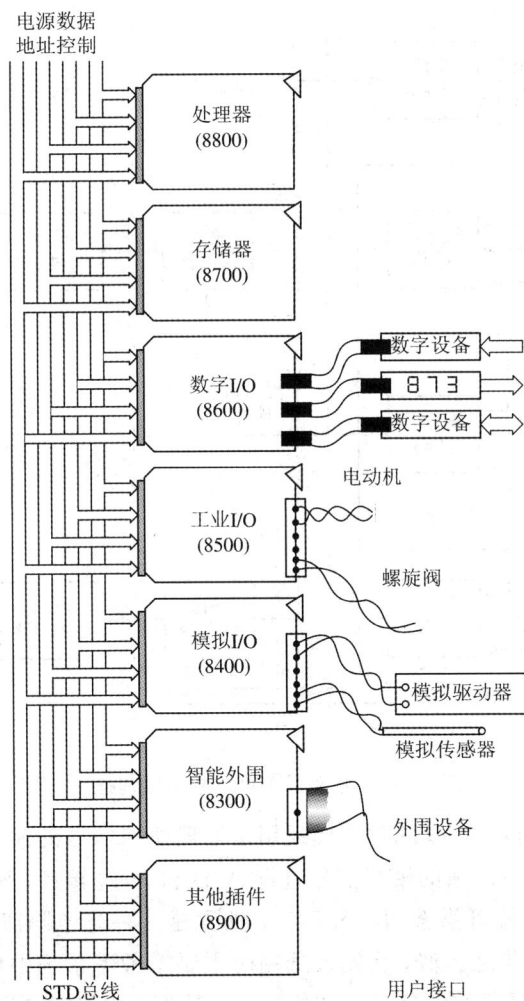

图 5-13 用 STD 总线工业控制机组成的计算机控制系统

功能模板可供选用，大大减少了硬件设计工作量；系统中可运行多种操作系统及系统开发的支持软件，使控制软件开发的难度大幅降低。因此，在用 STD 总线进行控制系统设计的主要硬件设计工作是选择合适的标准化功能模板，并将这些模板通过 STD 总线连接成所需的控制装置。

下面分别介绍各种模板的特点。

（1）数字量 I/O 模板。数字量 I/O 模板用于处理开关信号的输入和输出，其主要功能是滤波、电平转换、电气隔离和功率驱动等。工业上常用的开关信号有 BCD 码、计数和定时信号、各种开关的状态、指示灯的亮和灭、晶闸管的导通和截止、电动机的启动和停止等等。这些开关信号可通过数字量 I/O 模板经总线与 CPU 模板相连。针对不同的开关信号，有各种各样的数字量 I/O 模板可供选用。图 5-14 是一种典型的数字量 I/O 模板的电路原理框图。

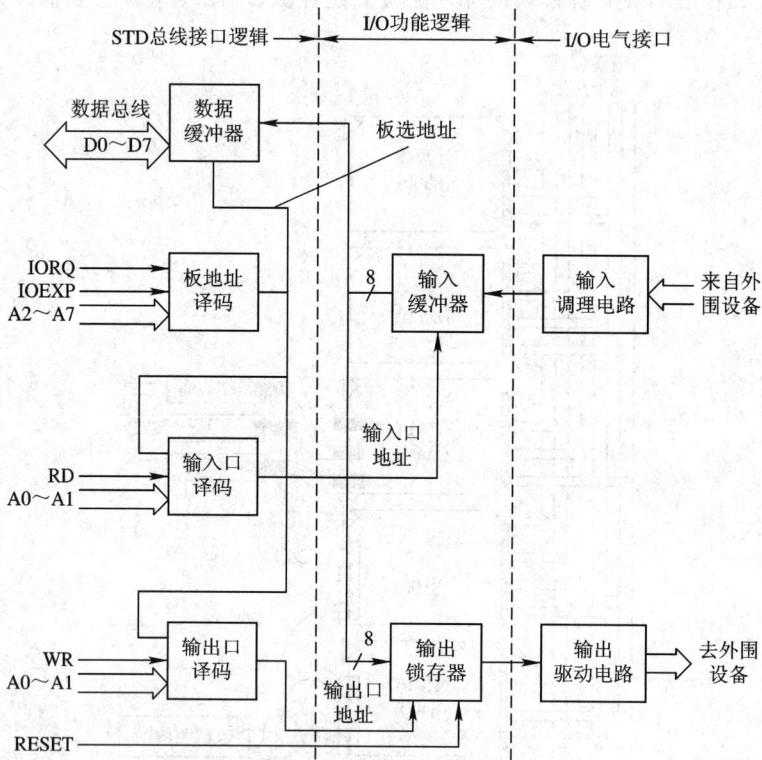

图 5-14　数字量 I/O 模板的原理框图

（2）模拟量 I/O 模板。模拟量 I/O 模板用于处理模拟信号的输入和输出，其主要功能是对微处理机和被控对象之间的模拟信号进行 A/D 和 D/A 转换。STD 总线工控机也有多种多样的模拟量 I/O 模板可供选用。图 5-15 所示是一种光电隔离型 A/D 模板的结构示意图，D/A 模板的结构与之类似。在模板选用时主要需考虑系统中信号的最高频率、电平范围、信号数量等参数及系统对信号的转换速度、精度及分辨率等要求，以既满足控制系统需要又不造成过大的浪费为原则。

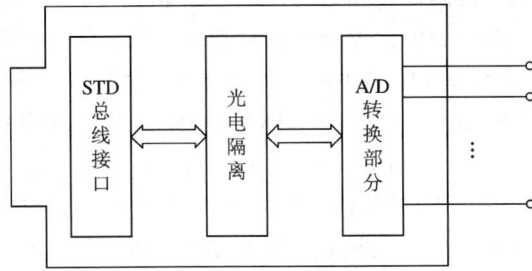

图 5-15　光电隔离型 A/D 模板的结构示意图

（3）信号调理模板。信号调理模板用于在传感器与 A/D 转换器之间、D/A 转换器与执行元件之间对信号进行调理，其主要功能有非电量转换、信号形式变换、信号放大、滤波、线性化、共模抑制及隔离等。典型的信号调理模板产品有热电偶、热电阻、I/U（电流/电压）转换、前置放大板、隔离放大板等。图 5-16 是信号调理模板的应用实例。信号调理模板应根据传感器与执行机构的要求来匹配，并应充分考虑信号的信噪比、放大增益的可调范围、零点的调整方法、滤波的通带增益和阻带衰减率等参数。

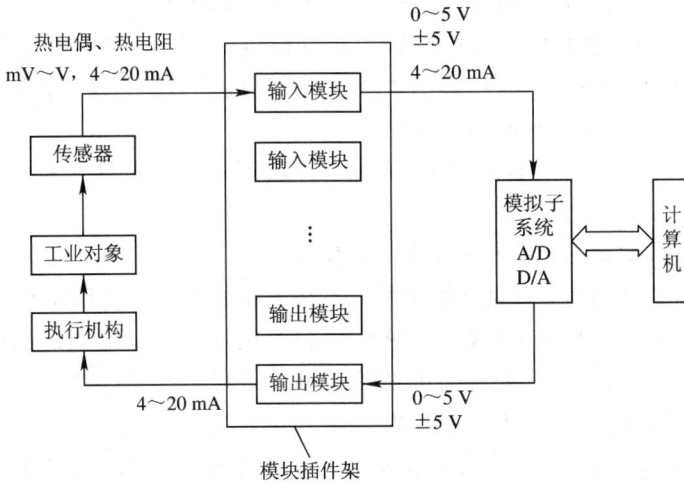

图 5-16　信号调理模板的应用实例

（4）CPU 模板。STD 总线所支持的微处理器有 Z80、8080、8086、80286、80386、80486 以及 MCS-51/96 系列单片机等。选用时应根据所设计的控制方法的复杂程度、计算工作量、采样周期等情况来选择合适字长和执行速度的 CPU 模板，或选带有专门算法或 DMA（直接存储器存取）通道的 CPU 模板。

（5）存储器模板。CPU 板上一般都有一定容量的工作存储器，但有些控制系统往往还需要选用专用的存储器扩展插件，如有电池支持的 RAM 插件、EPROM 插件、EEPROM 插件等。存储器的扩展应根据控制系统的程序量、需存储的数据量以及程序和数据的存储、运行方式来合理选择。

（6）其他特殊功能模板。STD 总线工控机还可提供多种具有特殊功能的模板，如步进电机和伺服电机控制模板、机内仪表和远程仪表接口模板等。当系统中有该类控制时，应优先选用特殊功能模板，以减少硬件设计工作量和获得较高的性价比。

STD 总线工控机系统的设计除简单的硬件设计外，主要是软件设计。STD 总线工控机上可以运行多种丰富的支持软件，如 STD - DOS(一种与 MS - DOS 兼容，专用于 STD 总线工控机的操作系统)、ROM - DOS(一种与 MS - DOS 兼容，并把 DOSAA 代码固化在 EPROM 中运行的操作系统)、VRTX 嵌入式实时多任务操作系统等，并提供丰富的标准算法程序库，因此其软件的开发也是相对比较容易的，通常只需开发适用于所设计的控制系统的应用软件即可。应用软件开发的主要工作是：借助于支持软件提供的各种开发工具，利用程序库中所提供的各种标准计算和控制算法程序，针对所设计系统的特点和要求，开发专用的接口软件，将选用的各种标准模块和算法程序连接和拼装成所需的控制系统应用软件。

2. PC 总线工业控制机

IBM 公司的 PC 总线微机最初是为个人或办公室使用而设计的，早期主要用于文字处理或一些简单的办公室事务处理。早期产品是基于一块大底板结构，加上几个 I/O 扩充槽。大底板上具有 8088 处理器和一些存储器及控制逻辑电路等。加入 I/O 扩充槽的目的是为了外接打印机、显示器、内存扩充和软盘驱动器接口卡等。

随着微处理器的更新换代，为了充分利用 16 位机(如 Intel 80286 等)的性能，通过在原 PC 总线的基础上增加一个 36 引脚的扩展插座，形成了 AT 总线。这种结构也称为 ISA (Industry Standard Architecture)工业标准结构。

PC/AT 总线的 IBM 兼容计算机由于价格低廉、使用灵活、软件资源非常丰富，因而用户众多，在国内更是主要流行机种之一。一些公司研制了与 PC/AT 总线兼容的诸如数据采集、数字量、模拟量 I/O 等模板，在实验室或一些过程闭环控制系统中使用。但是未经改进的 PC/AT 总线微机，其设计组装形式不适于在恶劣的工业环境下长期运行。比如，PC/AT 总线模板的尺寸不统一，没有严格规定的模板导轨和其他固定措施，抗振动能力差；大底板结构功耗大，没有强有力的散热措施，不利于长期连续运行；I/O 扩充槽少(5~8 个)，不能满足许多工业现场的需要。

为克服上述缺点，使 PC/AT 总线微机适用于工业现场控制，近几年来许多公司推出了 PC/AT 总线工业控制机，一般对原有微机作了以下几方面的改进：

(1) 机械结构加固，使微机的抗震性好。

(2) 采用标准模板结构。改进整机结构，用 CPU 模板取代原有的大底板，使硬件构成积木化，便于维修更换，也便于用户组织硬件系统。

(3) 加上带过滤器的强力通风系统，加强散热，增加系统抵抗粉尘的能力。

(4) 采用电子软盘取代普通的软磁盘，使之能适于在恶劣的工业环境下工作。

(5) 根据工业控制的特点，常采用实时多任务操作系统。

采用 PC 总线工业控制机有许多优点，尤其是它的支持软件特别丰富，各种软件包不计其数，这可大大减少软件开发的工作量，而且 PC 机联网方便，容易构成多微机控制与管理一体化的综合系统、分级计算机控制系统和集散控制系统。

表 5-1 给出了三种常用的工业控制计算机的性能比较关系。

表 5-1 三种常用工业控制计算机的性能比较

比较项目＼计算机机型	PC 计算机	单片微型计算机	可编程序逻辑控制器（PLC）	总线工控机
控制系统的设计	一般不用作工业控制(标准化设计)	自行设计(非标准化)	标准化接口配置相关接口模板	标准化接口配置相关接口模板
系统功能	数据、图像、文字处理	简单的逻辑控制和模拟量控制	逻辑控制为主,也可配置模拟量模板	逻辑控制和模拟量控制功能
硬件设计	无需设计(标准化整机,可扩展)	复杂	简单	简单
程序语言	多种语言	汇编语言	梯形图	多种语言
软件开发	复杂	复杂	简单	较复杂
运行速度	快	较慢	慢	很快
带负载能力	差	差	强	强
抗干扰能力	差	差	强	强
成本	较高	很低	较高	很高
适用场合	实验室环境的信号采集及控制	家用电器、智能仪器、单机简单控制	以逻辑控制为主的工业现场控制	较大规模的工业现场控制

5.3 计算机接口技术

除主机外,计算机控制系统的硬件通常还包括两类外围设备:一类是常规外围设备,如键盘、CRT 显示器、打印机、磁盘机等;另一类是被控设备和检测仪表、显示装置、操作台等。由于计算机存储器的功能单一(保存信息)、品种有限(ROM、RAM)、存取速度与 CPU 的工作速度基本匹配,因此,存储器可以直接连接到 CPU 总线上。而外围设备种类繁多,有机械式、机电式和电子式;有的可作为输入设备,有的可作为输出设备;工作速度不一,通常比 CPU 的速度低得多,且不同外围设备的工作速度往往又差别很大;信息类型和传送方式不同,有的使用数字量,有的使用模拟量,有的要求并行传送信息,有的要求串行传送信息。因此,仅靠 CPU 及其总线是无法承担上述工作的,必须增加 I/O 接口电路和 I/O 通道才能完成外围设备与 CPU 的总线相连。I/O 接口是计算机控制系统不可缺少的组成部分。

5.3.1 接口、通道及其功能

1. I/O 接口电路

I/O 接口电路简称接口电路,它是主机和外围设备之间交换信息的连接部件(电路)。它在主机和外围设备之间的信息交换中起着桥梁和纽带作用。接口电路的主要作用如下:

(1) 解决主机 CPU 和外围设备之间的时序配合和通信联络问题。

主机的 CPU 是高速处理器件,比如 8086-1 的主频为 10 MHz,1 个时钟周期仅为

100 ns，一个最基本的总线周期为 400 ns。而外围设备的工作速度比 CPU 的速度慢得多。如常规外围设备中的电传打字机传送信息的速度是毫秒级；工业控制设备中的炉温控制采样周期是秒级。为保证 CPU 的工作效率并适应各种外围设备的速度配合要求，应在 CPU 和外围设备间增设一个 I/O 接口电路，以满足两个不同速度系统的异步通信联络。

I/O 接口电路为完成时序配合和通信联络功能，通常都设有数据锁存器、缓冲器、状态寄存器以及中断控制电路等。通过接口电路，CPU 通常采用查询或中断控制方式为慢速外围设备提供服务，就可保证 CPU 和外围设备间异步而协调地工作，既满足了外围设备的要求，又提高了 CPU 的利用率。

(2) 解决 CPU 和外围设备之间的数据格式转换和匹配问题。

CPU 是按并行处理设计的高速处理器件，即 CPU 只能读入和输出并行数据。但是，实际上要求其发送和接收的数据格式却不仅仅是并行的，在许多情况下是串行的。例如，为了节省传输导线，降低成本，提高可靠性，机间距离较长的通信都采用串行通信。又如，由光电脉冲编码器输出的反馈信号是串行的脉冲列，步进电动机要求提供串行脉冲等等。这就要求将外部送往计算机的串行格式的信息转换成 CPU 所能接收的并行格式，也要将 CPU 送往外部的并行格式的信息转换成与外围设备相容的串行格式，并且要以双方相匹配的速率和电平实现信息的传送。这些功能在 CPU 控制下主要由相应的接口芯片来完成。

(3) 解决 CPU 的负载能力和外围设备端口的选择问题。

即使是 CPU 和某些外围设备之间仅仅进行并行格式的信息交换，一般也不能将各种外围设备的数据线、地址线直接挂到 CPU 的数据总线和地址总线上。这里主要存在两个问题，一是 CPU 总线的负载能力的问题，二是外围设备端口的选择问题。因为过多的信号线直接接到 CPU 总线上，必将超过 CPU 总线的负载能力。采用接口电路可以分担 CPU 总线的负载，使 CPU 总线不致于超负荷运行，造成工作不可靠。CPU 和所有外围设备交换信息时都是通过双向数据总线进行的，如果所有外围设备的数据线都直接接到 CPU 的数据总线上，数据总线上的信号将是混乱的，无法区分是送往哪一个外围设备的数据还是来自哪一个外围设备的数据。只有通过接口电路中具有三态门的输出锁存器或输入缓冲器，再将外围设备数据线接到 CPU 数据总线上，通过控制三态门的使能(选通)信号，才能使 CPU 的数据总线在某一时刻只接到被选通的那一个外围设备的数据线上，这就是外围设备端口的选址问题。使用可编程并行接口电路或锁存器、缓冲器，就能方便地解决上述问题。

此外，接口电路可实现端口的可编程功能以及错误检测功能。一个端口通过软件设置既可作为输入口又可作为输出口，或者作为位控口，使用非常灵活方便。同时，多数用于串行通信的可编程接口芯片都具有传输错误检测功能，如可进行奇/偶校验、冗余校验等。

2. I/O 通道

I/O 通道也称为过程通道。它是计算机和控制对象之间信息传送和变换的连接通道。计算机要实现对生产机械、生产过程的控制，就必须采集现场控制对象的各种参量，这些参量分两类：一类是模拟量，即时间上和数值上都连续变化的物理量，如温度、压力、流量、速度、位移等；另一类是数字量(或开关量)，即时间上和数值上都不连续的量，如表示开关闭合或断开两个状态的开关量和按一定编码的数字量和串行脉冲列等。同样，被控对象也要求得到模拟量(如电压、电流)或数字量两类控制量。但是如前所述，计算机只能接收和发送并行的数字量，因此，为使计算机和被控对象之间能够连通起来，除了需要 I/O 接口电路外，还需要 I/O 通道，由它将从被控对象采集的参量变换成计算机所要求的数字量（或开关量）的形式，送入计算机。计算机按某一数学公式计算后，又将其结果以数字量形式或转换成模拟量形式输出至被控制对象，这就是 I/O 通道所要完成的功能。

应当指出，I/O 接口和 I/O 通道都是为实现主机和外围设备（包括被控对象）之间信息交换而设的器件，其功能都是保证主机和外围设备之间能方便、可靠、高效率地交换信息。因此，接口和通道紧密相连，在电路上往往结合在一起了。例如，目前大多数大规模集成 A/D 转换器芯片，除了完成 A/D 转换，起模拟量输入通道的作用外，其转换后的数字量可保存在片内具有三态输出的输出锁存器中；同时，具有通信联络及 I/O 控制的有关信号端，可以直接挂到主机的数据总线及控制总线上去，这样，A/D 转换器也就同时起到了输入接口的作用。有的书中把 A/D 转换器统称为接口电路。大多数集成 D/A 转换器也一样，都可以直接挂到系统总线上，同时起到输出接口和 D/A 转换的作用。但是在概念上应当注意到两者之间的联系和区别。

5.3.2 I/O 信号的种类

在微机控制系统或微机系统中，主机和外围设备间所交换的信息通常分为数据信息、状态信息和控制信息三类。

1. 数据信息

数据信息是主机和外围设备交换的基本信息，通常是 8 位或 16 位的数据，它可以用并行格式传送，也可以用串行格式传送。数据信息又可以分为数字量、模拟量、开关量和脉冲量。

（1）数字量。数字量是指由键盘、磁盘机、拨码开关、编码器等输入的信息，或者是主机送给打印机、磁盘机、显示器、被控对象等的输出信息。它们是二进制码的数据或是以 ASCII 码表示的数据或字符（通常为 8 位的）。

（2）模拟量。来自现场的温度、压力、流量、速度、位移等物理量也是一类数据信息。一般通过传感器将这些物理量转换成电压或电流，电压和电流仍然是连续变化的模拟量，要经过 A/D 转换变成数字量，最后送入计算机。反之，从计算机送出的数字量要经过 D/A 转换，变成模拟量，最后控制执行机构。所以模拟量代表的数据信息都必须经过变换才能实现交换。

（3）开关量。开关量表示两个状态，如开关的闭合和断开、电动机的启动和停止、阀门的打开和关闭等。这样的量只要用一位二进制数就可以表示。

（4）脉冲量。它是一个一个传送的脉冲列。脉冲的频率和脉冲的个数可以表示某种物理量。如通过检测装在电机轴上的脉冲信号发生器发出的脉冲，可以获得电机的转速和角位移等数据信息。

2. 状态信息

状态信息是外围设备通过接口向 CPU 提供的反映外围设备所处的工作状态的信息，可作为两者交换信息的联络信号。输入时，CPU 读取准备好（READY）状态信息，检查待输入的数据是否准备就绪，若准备就绪，则读入数据，未准备就绪就等待。输出时，CPU

读取忙(BUSY)信号状态信息,检查输出设备是否已处于空闲状态,若为空闲状态,则可向外围设备发送新的数据,否则等待。

3. 控制信息

控制信息是 CPU 通过接口传送给外围设备的信息。控制信息随外围设备的不同而不同,有的控制外围设备的启动和停止,有的控制数据流向,是输入还是输出,有的作为端口寻址信号。

5.3.3 计算机和外部的通信方式

计算机和外部交换信息又称为通信(communication),按数据传送方式可分为并行通信和串行通信两种基本方式。

1. 并行通信

并行通信就是把传送数据的 n 位数用 n 条传输线同时传送。其优点是传送速度快、信息率高,并且通常只需提供两条控制和状态线,就能完成 CPU 和接口及设备之间的协调和应答,实现异步传输。它是计算机系统和计算机控制系统中经常采用的通信方式。但是并行通信所需的传输线(通常为电缆线)多,增加了成本,接线也较麻烦,因此在长距离、多数位数据的传送中较少采用。

为适应并行通信的需要,目前已设计出许多种并行接口电路芯片。如 Z80 系列的 PIO、M6800 系列的 PIA、Intel 系列的 8255A 等,都是可编程的并行 I/O 接口芯片,其中的各个端口既可以设定为输入口,又可以设定为输出口,且具有必要的联络、控制信号端。因此在微机控制系统中选用这些接口芯片构成并行通信通路十分方便。

2. 串行通信

串行通信是指数据按位进行传送。在传输过程中,每一位数据都占据一个固定的时间长度,一位一位地串行传送和接收。串行通信又分为全双工方式和半双工方式、同步方式和异步方式。

(1)全双工方式。CPU 通过串行接口和外围设备相接,串行接口和外围设备间除公共地线外,还有两根数据传输线,串行接口可以同时输入和输出数据,计算机可以同时发送和接收数据,这种串行传送方式就称为全双工方式,其信息传输效率较高。

(2)半双工方式。CPU 也通过串行接口和外围设备相接,但是串行接口和外围设备间除公共地线外,只有一根数据传输线,某一时刻数据只能在一个方向传送,这称为半双工方式。该方式信息传输效率低些,但是对于像打印机这样的单方向传输的外围设备,只用此半双工方式就能满足要求了,可省一根传输线。

(3)同步通信。采用同步通信时,将许多字符组成一个信息组,通常称为信息帧。在每帧信息的开始加上同步字符,接着字符一个接一个地传输(在没有信息要传输时,要填上空字符,同步传输不允许有间隙)。接收端在接收到规定的同步字符后,按约定的传输速率,接收对方发来的一串信息。相对于异步通信来说,同步通信的传输速度略高些。

(4)异步通信。标准的异步通信格式如图 5-17 所示。由图可见,每个字符在传输时,由一个"1"跳变到"0"的起始位开始,其后是 5~8 个信息位(也称字符位),信息位由低到高排列,即第一位为字符的最低位,最后一位为字符的最高位,其后是可选择的奇偶校验位,最后为"1"的停止位。停止位可以为1位、1位半或2位。如果传输完一个字符后立即传输下一个字符，那么后一个字符的起始位就紧挨着前一个字符的停止位了。字符传输前，输出线为"1"状态，称为标识态，传输一开始，输出线状态由"1"变为"0"状态，作为起始位。传输完一个字符之后的间隔时间输出线又进入标识态。

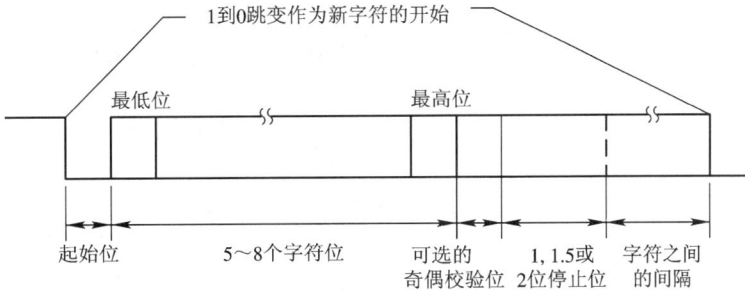

图 5-17 标准的异步通信数据格式

为适应串行通信的需要，已设计出许多种串行通信接口芯片，如 Z80 系列的 SIO、M6800 系列的 ACIA 和 Intel 系列的 8251A 等，都是可编程的，既可以接成全双工方式又可接成半双工方式，既可实现同步通信又可实现异步通信。

5.3.4 I/O控制方式

我们知道，外围设备种类繁多，它们的功能不同，工作速度不一，与主机配合的要求也不相同，CPU 采用分时控制，每个外围设备只在规定的时间片内得到服务。为了使各个外围设备在 CPU 控制下成为一个有机的整体，协调、高效率、可靠地工作，就要规定一个CPU 控制(或称调度)各个外围设备的控制策略，或者叫控制方式。

通常采用的有三种 I/O 控制方式：程序控制方式、中断控制方式和直接存储器存取方式。在进行微机控制系统设计时，可按不同要求来选择各外围设备的控制方式。

1. 程序控制方式

程序控制 I/O 方式是指 CPU 和外围设备之间的信息传送是在程序控制下进行的。它又可分为无条件 I/O 方式和查询式 I/O 方式。

（1）无条件 I/O 方式。所谓无条件 I/O 方式，是指不必查询外围设备的状态即可进行信息传送的 I/O 方式。在此种方式下，外围设备总是处于就绪状态，如开关、LED 显示器等。一般它仅适用于一些简单外围设备的操作。

无条件传送方式的工作原理如图 5-18 所示。CPU 和外围设备之间的接口电路通常采用输入缓冲器和输出锁存器，由地址总线和 M/$\overline{\text{IO}}$ 信号端经端口译码器译出所选中的 I/O 端口，用 $\overline{\text{WR}}$、$\overline{\text{RD}}$ 信号决定数据的流向。

外围设备提供的数据自输入缓冲器接入。当 CPU 执行输入指令时，读信号 $\overline{\text{RD}}$ 有效，选择信号 M/$\overline{\text{IO}}$ 处于低电平，因而按端口地址译码器所选中的三态输入缓冲器被选通，使已准备好的输入数据经过数据总线读入 CPU。CPU 向外设输出数据时，由于外设的速度通常比 CPU 的速度慢得多，因此输出端口需要加锁存器。CPU 可快速地将数据送入锁存器锁存，即去处理别的任务，在锁存器锁存的数据可供较慢速的外围设备使用，这样既提

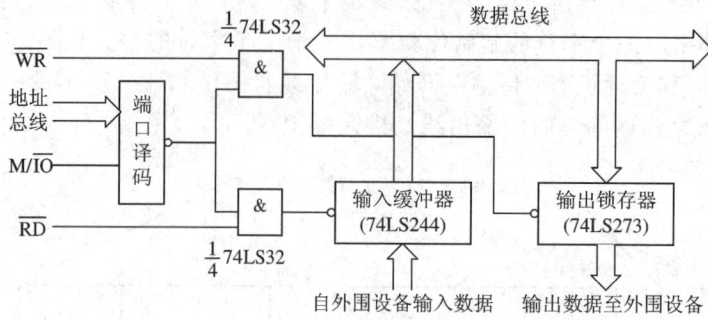

图 5-18　无条件传送方式 I/O 接口的电路原理图

高了 CPU 的工作效率，又能与较慢速外围设备动作相适应。CPU 执行输出指令时，M/$\overline{\text{IO}}$ 和 $\overline{\text{WR}}$ 信号有效，CPU 输出的数据送入按端口译码器所选中的输出锁存器中保存，直到该数据被外围设备取去，CPU 又可送入新的一组数据。显然第二次存入数据时，需确定该输出锁存器是空的。

（2）查询式 I/O 方式。查询式 I/O 方式也称为条件传送方式。按查询式 I/O 方式传送信息时，CPU 和外围设备的 I/O 接口除需设置数据端口外，还要有状态端口。查询式 I/O 接口电路的原理框图如图 5-19 所示。

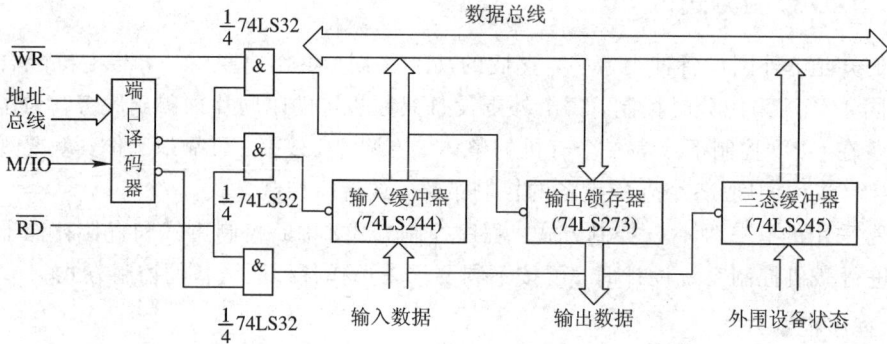

图 5-19　查询式 I/O 方式接口电路的原理框图

状态端口的指定位表明外围设备的状态，通常只是"0"或"1"两个状态开关量。交换信息时，CPU 通过执行程序不断读取并测试外围设备的状态，如果外围设备处于准备好的状态（输入时）或者空闲状态（输出时），则 CPU 执行输入指令或输出指令，与外围设备交换信息；否则，CPU 要等待。当一个微机系统中有多个外围设备采用查询式 I/O 方式交换信息时，CPU 应采用分时控制方式，逐一查询，逐一服务。其工作原理如下：每个外围设备提供一个或多个状态信息，CPU 逐次读入并测试各个外围设备的状态信息，若该外围设备请求服务（请求交换信息），则为之服务，然后清除该状态信息；否则，跳过，查询下一个外围设备的状态。各外围设备查询完一遍后，再返回从头查询起，直到发出停止命令为止。

查询式 I/O 方式是微机控制系统中经常采用的方式。假设某微机控制系统中采用查询式对 1#、2#、3# 三个外围设备进行 I/O 管理，其查询和 I/O 处理的简化程序流程图如图 5-20 所示。

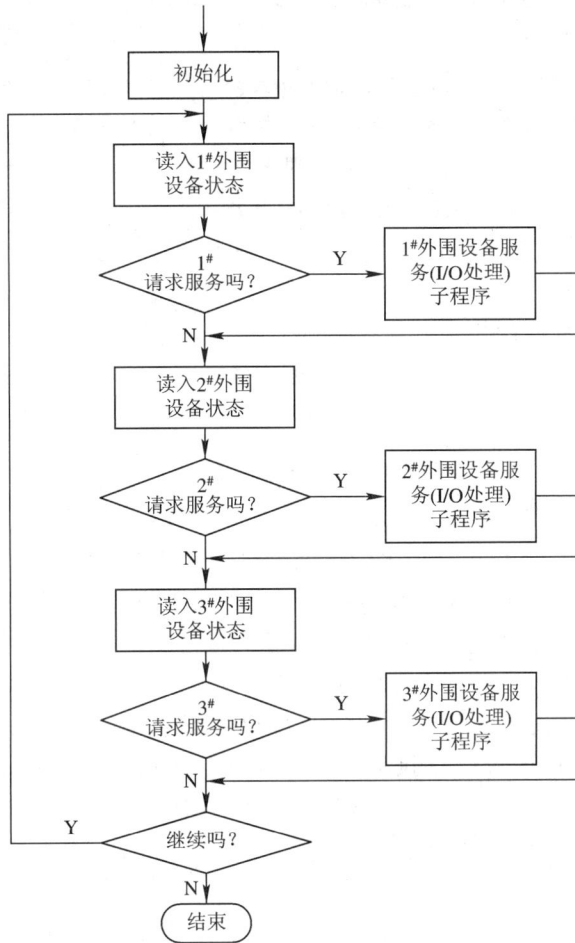

图 5-20 查询式 I/O 处理简化程序流程图

从原理上看，查询式比无条件传送方式可靠，接口电路简单，不占用中断输入线，而且查询程序也简单，易于设计调试。由于查询式 I/O 方式是通过 CPU 执行程序来完成的，因此各外设的工作与程序的执行保持同步关系，特别适用于对多个按一定规律顺序工作的生产机械或生产过程的控制，如组合机床、自动线、温度巡检，定时采集数据等。

但是在查询式 I/O 方式下，CPU 要不断地读取状态字和检测状态字，不管那个外围设备是否有服务请求，都必须一一查询，许多次的重复查询可能都是无用的，而又占去了 CPU 的时间，效率较低。

比如，用查询式管理键盘输入，若程序员在终端按每秒打入 10 个字符的速度计算，那么计算机平均用 100 ms 的时间完成一个字符的输入过程，而实际上真正用来从终端读入一个字符并送去显示的时间只需约 50 μs。如果 CPU 同时管理 30 台终端，那么用于测试状态和等待的时间为：100 000 μs-50×30 μs$=98$ 500 μs。可见，98.5% 的时间都在查询等待中浪费了。

I/O 方式的选择必须符合实时控制的要求。对于查询式 I/O 方式，满足实时控制要求的使用条件是："所有外围设备的服务时间的总和必须小于或等于任一外围设备的最短响应时间"。

这里所说的服务时间，是指某台外围设备服务子程序的执行时间。最短响应时间是指某台设备相邻两次请求服务的最短间隔时间。某台设备提出服务请求后，CPU 必须在其最短响应时间内响应它的请求，给予服务，否则就要丢失信息，甚至造成控制失误。最极端的情况是，在一个循环查询周期内，所有外围设备(指一个 CPU 管理的)都提出了服务请求，都得分别给予服务，因此，就提出了上述必须满足的使用条件。

这种方式一般适用于各外围设备服务时间不太长、最短响应时间差别不大的情况。若各外围设备的最短响应时间差别大且某些外围设备服务时间长，则采用这种方式就不能满足实时控制的要求了，这时需要采用中断控制方式。

2. 中断控制 I/O 方式

为了提高 CPU 的效率和使系统具有良好的实时性，可以采用中断控制 I/O 方式。采用中断方式，CPU 就不必花费大量时间去查询各外围设备的状态了，而是当外围设备需要请求服务时，它向 CPU 发出中断请求，CPU 响应外围设备中断，停止执行当前程序，转去执行一个外围设备服务的程序，此服务程序称为中断服务处理程序，或称中断服务子程序。中断处理完毕，CPU 又返回来执行原来的程序。

在中断传送时的接口电路如图 5-21 所示。当输入装置输入一数据，发出选通信号，把数据存入锁存器，又使 D 触发器置"1"后，发出中断请求。若中断是开放的，则 CPU 接受了中断请求信号并在现行指令执行完后，暂停正在执行的程序，发出中断响应信号 INTA，于是外设把一个中断矢量放到数据总线上，CPU 就转入中断服务程序，读入或输出数据，同时清除中断请求标志。当中断处理完后，CPU 返回被中断的程序继续执行。

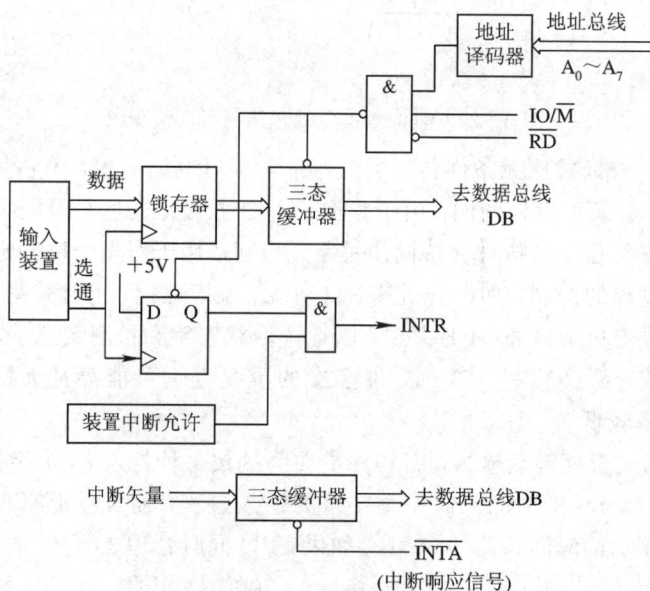

图 5-21 中断传送方式的接口电路

微机控制系统中，可能设计有多个中断源，且多个中断源可能同时提出中断请求。多重中断处理必须注意如下四个问题：

（1）保存现场和恢复现场。为了不致造成计算和控制的混乱和失误，进入中断服务程序前首先要保存通用寄存器的内容，中断返回前又要恢复通用寄存器的内容。

（2）正确判断中断源。CPU要能正确判断出是哪一个外围设备提出中断请求的，并转去为该外围设备服务，即能正确地找到申请中断的外围设备的中断服务程序入口地址，并跳转到该入口。

（3）实时响应。就是要保证每个外围设备的每次中断请求CPU都能接受，并在其最短响应时间之内给予服务。

（4）按优先权顺序处理。多个外围设备同时或相继提出中断请求时，应能按设定的优先级顺序，即按轻重缓急逐个处理。必要时应能实现优先级高的中断源可中断比它的优先级低的中断处理，从而实现中断嵌套处理。

3. 直接存储器存取(DMA)方式

利用中断方式进行数据传送，可以大大提高CPU的利用率。但在中断方式下，仍必须通过CPU执行程序来完成数据的传送。每进行一次数据传送，就要执行一次中断过程，其中保护和恢复断点、保护和恢复寄存器内容的操作与数据传送没有直接关系，但会花费掉CPU的不少时间。例如对磁盘来说，数据传输率由磁头的读写速度来决定，而磁头的读写速度通常超过 2×10^5 B/s，这样磁盘和内存之间传输一个字节的时间不能超过 5 μs，采用中断方式就很难达到这么高的处理速度。

因此，希望用硬件在外设与内存间直接进行数据交换(DMA)而不通过CPU，这样数据传送的速度上限就取决于存储器的工作速度。但是，通常系统的地址和数据总线以及一些控制信号线都是由CPU管理的。在DMA方式时，就希望CPU把这些总线让出来(即CPU连到这些总线上的线处于第三态——高阻状态)，而由DMA控制器接管，控制传送的字节数，判断DMA是否结束，以及发出DMA结束等信号。通常，DMA的工作流程如图5-22所示。

能实现上述操作的DMA控制器的硬件框图如图5-23所示。当外设把数据准备好以后，发出一个选通脉冲使DMA请求触发器置1，它一方面向控制/状态端口发出准备就绪信号，另一方面向DMA控制器发出DMA请求。于是DMA控制器向CPU发出HOLD信号，当CPU在现行的机器周期结束后发出HLDA响应信号时，DMA控制器就接管总线，向地址总线发出地址信号，在数据总线上给出数据，并给出存储器写的命令，就可把由外设输入的数据写入存储器。然后修改地址指针，修改计数器，检查传送是否结束，若未结束，则循环，直至整个数据传送完毕。随着大规模集成电路技术的发展，DMA传送已不局限于存储器与外设间的信息交换，而可以扩展为在存储器的两个区域之间，或两种高速的外设之间进行DMA传送。

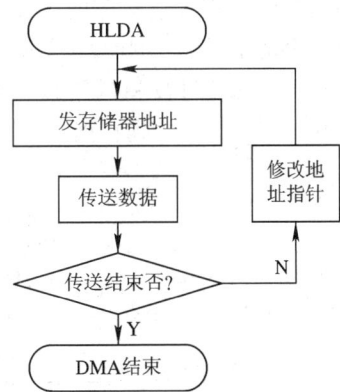

图5-22　DMA的工作流程图

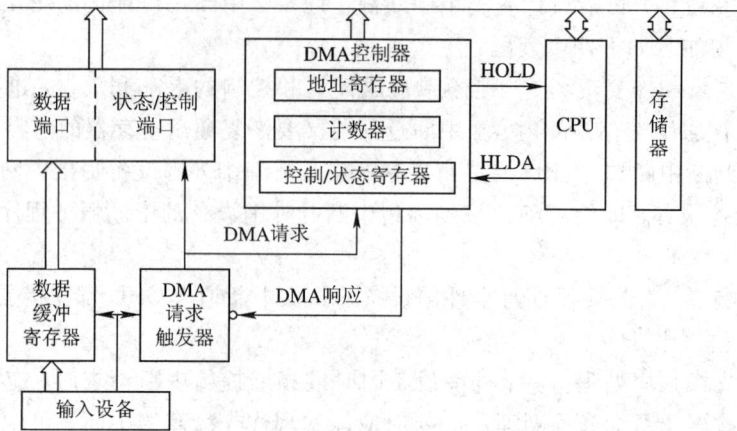

图 5 - 23　DMA 控制器框图

在 8086 系统中，通常采用的是 Intel 系列高性能可编程 DMA 控制器 8237A。它允许 DMA 传输速度高达 1.6 MB/s。8237A 内部包含 4 个独立的通道，每个通道包含 16 位的地址寄存器和 16 位的字节计数器，还包含一个 8 位的模式寄存器等。4 个通道公用控制寄存器和状态寄存器。图 5 - 24 是 8237A 的内部编程结构和外部连接。例如在 IBMPC/XT 系统中就使用了 8237A，其中，8237A 通道 0 用来对动态 RAM 进行刷新，通道 2 和通道 3 分别用来进行软盘、硬盘驱动器和内存之间的数据传输。通道 1 用来提供其他传输功能，如网络通信功能。系统中采用固定优先级，动态 RAM 进行刷新操作时的优先级最高，硬盘和内存的数据传输对应的优先级最低。4 个 DMA 请求信号中，$DREQ_0$ 和系统板相连，其他三个请求信号 $DREQ_1$、$DREQ_2$、$DREQ_3$ 都接到总线扩展槽的引脚上，由对应的软盘接口板、硬盘接口板和网络接口板提供。同样，DMA 应答信号 $DACK_0$ 送到系统板，而 $DACK_1 \sim DACK_3$ 送到扩展槽。

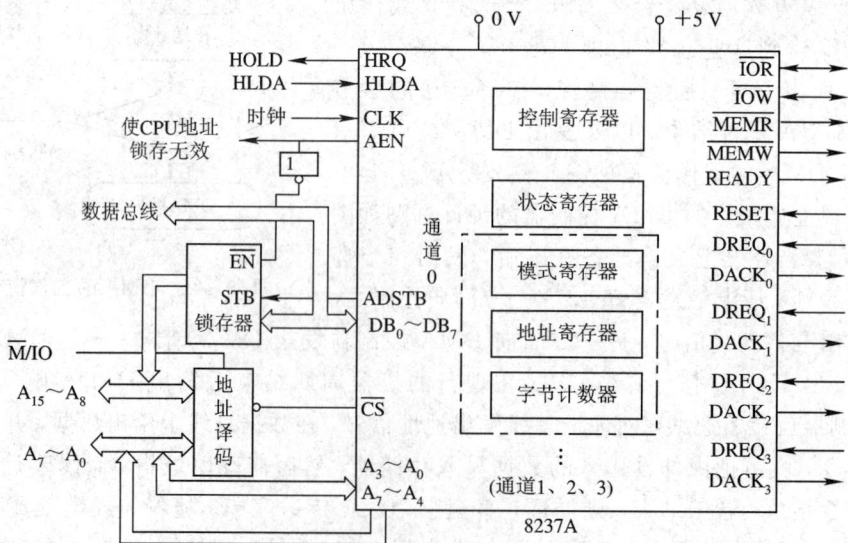

图 5 - 24　8237A 的内部编程结构和外部连接

5.3.5　I/O 接口的编址方式

在计算机控制系统中，存储器和 I/O 接口都接到 CPU 的同一数据总线上。当 CPU 与存储器和 I/O 接口进行数据交换时，就涉及到 CPU 与哪一个 I/O 接口芯片的哪一个端口联系或是与存储器的哪一个单元联系的地址选择问题，即寻址问题，这涉及 I/O 接口的编址方式。通常有两种编址方式，一种是 I/O 接口与存储器统一编址，另一种是 I/O 接口独立编址。

1. I/O 接口独立编址方式

这种编址方式是将存储器地址空间和 I/O 接口地址空间分开设置，互不影响，并设有专门的输入指令(IN)和输出指令(OUT)来完成 I/O 操作。例如，Z80 微处理器的 I/O 接口是独立编址方式的，它利用 MREQ 和 IORQ 信号来区分是访问存储器地址空间还是访问 I/O 接口地址空间，利用读、写操作信号 $\overline{RD}$、$\overline{WR}$ 区分是读操作还是写操作。存储器的地址译码使用 16 位地址($A_0 \sim A_{15}$)，可以寻址 64 KB 的内存空间。而 I/O 接口的地址译码仅使用地址总线的低 8 位($A_0 \sim A_7$)，可以寻址 256 个 I/O 端口地址空间。

8086 微处理器的 I/O 接口也是属于独立编址方式的。它允许有 256 个 8 位的 I/O 端口，两个编号相邻的 8 位端口可以组合成一个 16 位端口。指令系统中既有访问 8 位端口的输入/输出指令，也有访问 16 位端口的输入/输出指令。

8086 输入/输出指令可以分为两大类。一类是直接的输入/输出指令，如 INAL，55H；OUT70H，AX。另一类是间接的输入输出指令，如 INAX，DX；OUTDX，AL。在执行间接输入/输出指令前，必须在 DX 寄存器中先设置好访问端口号。

2. I/O 接口与存储器统一编址方式

统一编址方式不区分存储器地址空间和 I/O 接口地址空间，它把所有的 I/O 接口的端口都当作是存储器的一个单元对待，每个接口芯片都安排一个或几个与存储器统一编号的地址号；也不设专门的输入/输出指令，所有传送和访问存储器的指令都可用来对 I/O 接口操作。M6800 和 6502 微处理器以及 Intel 51 系列的 51、96 系列单片机都采用 I/O 接口与存储器统一编址方式。

两种编址方式有各自的优缺点。独立编址方式的主要优点是内存地址空间与 I/O 接口地址空间分开，互不影响，译码电路较简单，并设有专门的 I/O 指令，所编程序易于区分，且执行时间短。其缺点是只用 I/O 指令访问 I/O 端口，功能有限且要采用专用 I/O 周期和专用的 I/O 控制线，使微处理器复杂化。统一编址方式的主要优点是访问内存的指令都可用于 I/O 操作，数据处理功能强；同时，I/O 接口可与存储器部分公用译码和控制电路。其缺点是 I/O 接口要占用存储器地址空间的一部分；因不用专门的 I/O 指令，程序中较难区分 I/O 操作。

I/O 接口的编址方式是由所选定的微处理器决定的，接口设计时应按所选定的处理器规定的编址方式来设计 I/O 接口地址译码器。但是独立编址的微处理器的 I/O 接口也可以设计成统一编址方式使用，如在 8086 系统中，就可通过硬件将 I/O 接口的端口与存储器统一编址。这时应在 $\overline{RD}$ 信号或者 $\overline{WD}$ 信号有效的同时，使 M/$\overline{IO}$ 信号处于高电平，通过外部逻辑组合电路，产生对存储器的读、写信号，CPU 就可以用功能强、使用灵活方便的各条访问内存指令来实现对 I/O 端口的读、写操作了。

5.4 计算机接口设计

计算机接口设计的任务是根据生产机械控制或生产过程管理的要求及外围设备的特性，选定各被控设备的 I/O 控制方式，设计出合适的 I/O 接口硬件电路和相应的接口控制程序，使 CPU 与被控设备之间能实时、可靠地交换信息，从而满足系统的实时控制、数据采集和管理等技术要求。

5.4.1 I/O 接口与系统的连接

计算机接口是 CPU 和外围设备之间的连接界面。典型的 I/O 接口和外部的连接如图 5-25 所示。

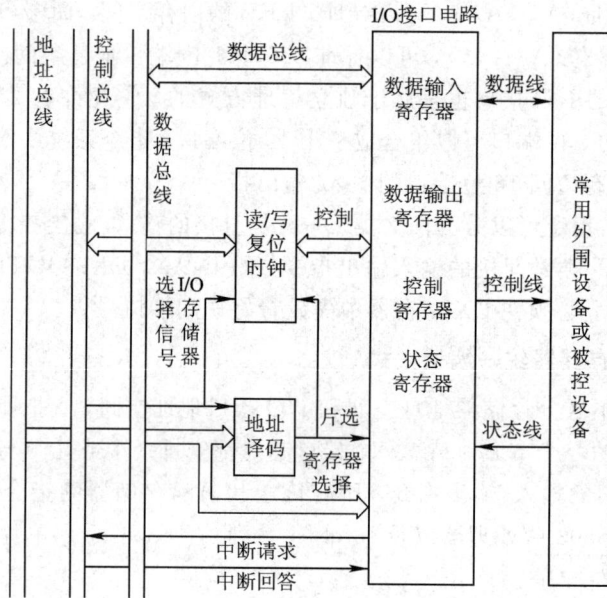

图 5-25 典型的 I/O 接口与外部的连接

图中的 I/O 接口电路通常是一块大规模集成电路芯片。虽然不同芯片的内部结构差别很大，但其外部接口连接主要分为两类，一类是与 I/O 设备相连，另一类是与系统总线相连。CPU 是通过系统总线与 I/O 接口相连接的。图 5-26、图 5-27 和图 5-28 中，分别画出了典型的 I/O 接口芯片 Z80 PIO、8255A 和 8251A 与 CPU 和外围设备的连接关系。由图 5-26、图 5-27 和图 5-28 可见，接口芯片与 CPU 之间必要的连接信号有下列 4 类：

（1）数据信号 $D_0 \sim D_7$。即接口芯片的 8 位数据线接到系统数据总线上。CPU 与外围设备之间的信息交换都通过数据总线传输，CPU 对接口芯片的编程命令和接口芯片送往 CPU 的状态信息也经由数据线传输。

（2）读/写控制信号 $\overline{RD}$、$\overline{WR}$（或 $\overline{IOR}$、$\overline{IOW}$）。接口芯片接收 CPU（及其配套电路）发出的读/写控制信号，当 $\overline{RD}$（或 $\overline{IOR}$）信号为低电平时，表示 CPU 从接口寄存器读取数据或状

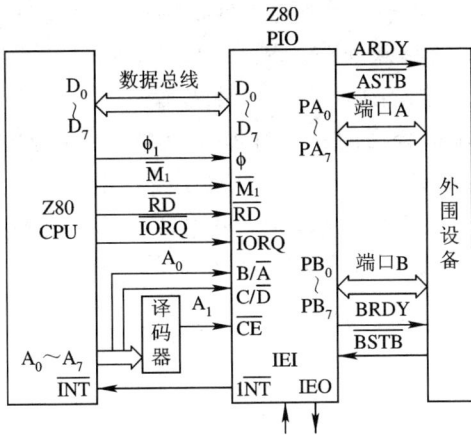

图 5-26 Z80 PIO 与 CPU 和外设的连接

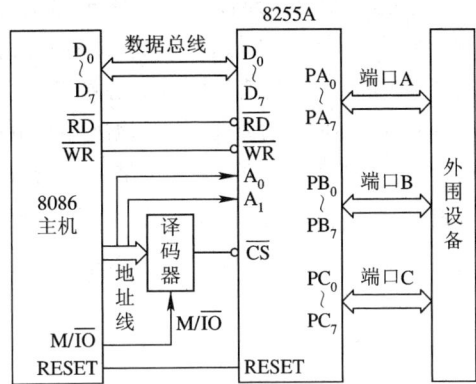

图 5-27 8255A 与 CPU 和外设的连接

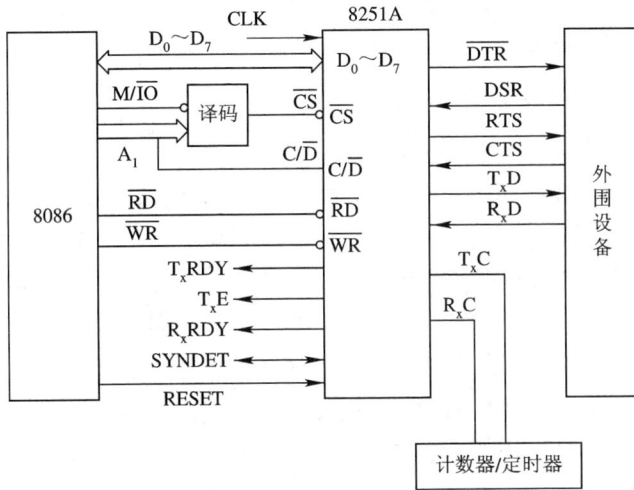

图 5-28 8251A 与 CPU 和外设的连接

态信息；当 $\overline{WR}$(或$\overline{IOW}$)信号为低电平时，表示 CPU 往接口寄存器写入数据或控制命令。但是，也有特殊之处，如 Z80 PIO 无$\overline{WR}$引脚，有$\overline{IORQ}$、$\overline{M1}$引脚，Z80 CPU 与 PIO 之间不连$\overline{WR}$线，而连接$\overline{IORQ}$、$\overline{M1}$信号线。又如 8251A 还要由 CPU 提供控制/数据信号 C/$\overline{D}$，以区分当前读/写的是数据还是控制信息或状态信息。

(3) 片选信号$\overline{CS}$和地址线 A_1、A_0。片选信号$\overline{CS}$是由 CPU 的地址信号通过译码得到的，此外还应加上存储器和 I/O 选择控制信号。在 8086 最小模式系统中，这就是 M/$\overline{IO}$(或$\overline{M}$/IO)；在最大模式系统中，可用$\overline{IOWC}$和$\overline{IORC}$来直接指出 I/O 地址空间。某些通用接口芯片(如 PIO、CTC、8255A 等)内部有 4 个 I/O 端口(寄存器)，为了寻址片内的四个寄存器，就要引入地址线 A_1、A_0。

(4) 时钟、复位、中断控制、联络信号等控制信号。所用接口芯片不同，这些控制信号有所不同。例如 8251A 除需时钟(CLK)、复位(RESET)信号外，还要求有 4 个收发联络信号(T_xRDY——发送器准备好、T_xE——发送器空、R_xRDY——接收器准备好和 SYN-DET——同步检测信号)。

因此，在系统设计时，在接口芯片与 CPU 连接部分就要把上述必需的连接信号考虑进去，并进行恰当的连接。对于特殊的信号线，需特殊处理。图 5-28 中，8251A 芯片的 $C/\overline{D}$ 信号接地址线 A_1，这是因为 8251A 只有两个连续的端口地址，数据输入端口和数据输出端口合用同一个偶地址，而状态端口和控制端口合用同一个奇地址。虽然 CPU 给出了两个偶地址，但用 A_1 可区分奇地址端口和偶地址端口。当 A_1 为低电平时，可选中偶地址端口，再与 $\overline{RD}$ 或 $\overline{WR}$ 配合，便实现了数据的读/写；反之，便实现了状态信息的读取或控制信息的写入。这样一来，地址线 A_1 的电平变化正好符合了 8251A 对 $C/\overline{D}$ 端的信号要求，因此，在 8086/8088 系统中，需将地址线 A_1 和 8251A 中的 $C/\overline{D}$ 端相连。

5.4.2　I/O 接口扩展

通常选用的微型计算机系统都已配备有相当数量的通用可编程序 I/O 接口电路，如并行接口 8155、8255A，串行接口 8251A，计数器/定时器 8253 以及 DMA 控制器和中断控制器等。但是选用通用的计算机系统用于控制生产对象时，往往接口和内存还不够用，必须扩展 I/O 接口及内存容量。因此，I/O 接口扩展是计算机控制系统硬件设计的主要任务之一。

1. 地址译码器的扩展

扩展 I/O 接口必然要解决 I/O 接口的端口（寄存器）的编址和选址问题。每个通用接口部件都包含一组寄存器，一般称这些寄存器为 I/O 端口。CPU 和外围设备进行数据传输时，各类信息在接口中进入不同的寄存器。一个双向工作的接口芯片通常有 4 个端口，如 Z80 PIO 有 A 数据端口、B 数据端口、A 控制端口和 B 控制端口。8255A 有 A、B、C 三个数据端口和一个控制端口。计算机主机和外部之间的信息交换都是通过接口部件的 I/O 端口进行的。因此，扩展的地址译码电路不仅要提供接口芯片的片选信号，而且还能对芯片内的 I/O 端口（寄存器）寻址。

前面已介绍了 I/O 接口有两种编址方式，即与存储器统一编址和独立编址。现以独立编址为例，说明如何扩展 I/O 接口的地址译码。

地址译码要用译码器，常用的译码器有 2—4(4 中选 1)、3—8(8 中选 1)和 4—16(16 中选 1)译码器等。微机系统中最常采用的是 74LS138(3—8)译码器和 74LS155(双 2—4)译码器。74LS138 的管脚图如图 5-29 所示。其译码功能是：A、B、C 三个地址输入端分别输入 000～111 时，Y_0～Y_7 依次是低电平。

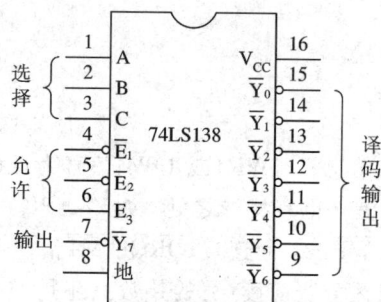

图 5-29　74LS138 管脚图

例 5-1　此例采用 8 位的 Z80 CPU 的微机控制系统，按控制要求扩展一个并行接口芯片 PIO、一个计数器/定时器(CTC)、一个 8 位的 A/D 转换器(ADC0808)和一个 8 位的 D/A 转换器(DAC0832)。若指定它们的地址分别为 40H～43H、44H～47H、58H 和 5CH，那么可以设计出如图 5-30 所示的地址译码电路。

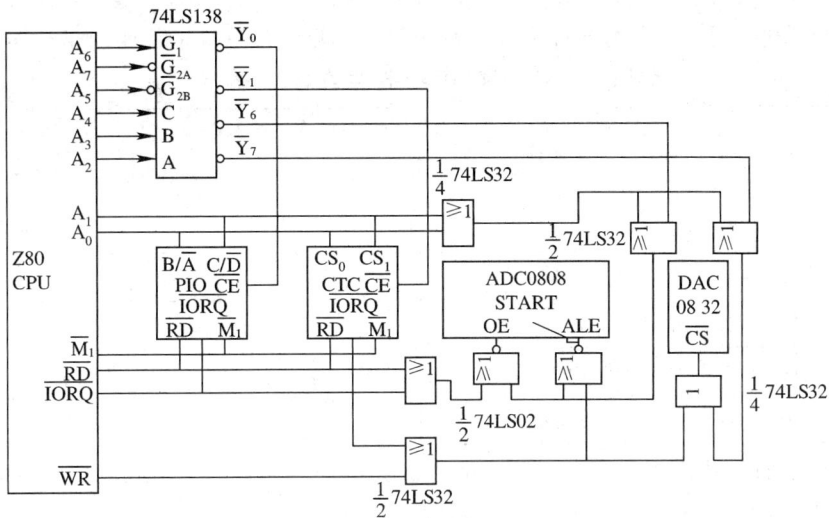

图 5-30 I/O 接口地址译码扩展

图 5-30 中，独立编址方式的片选信号只利用地址总线的低 8 位($A_0 \sim A_7$)译出，为了区别是访问存储器还是访问 I/O 接口，$\overline{IORQ}$信号是必须用的。同时，为了控制数据流向也要使用读($\overline{RD}$)、写($\overline{WR}$)信号。但是 Z80 PIO 和 Z80 CTC 芯片有些特殊，没有$\overline{WR}$信号引脚，它是利用$\overline{IORQ}$、$\overline{RD}$和$\overline{Mi}$三个信号通过内部逻辑电路的组合而得到读、写、复位、中断响应等控制信号的。ADC0808 只提供地址 58H 的启动转换信号（START 和 ALE 同时为"1"），并允许读出转换后的数据信号（OE＝1）。DAC0832 只提供地址 5CH 的一次锁存信号（$\overline{CS}$和$\overline{WR1}$同时为"0"）。ADC0808 和 DAC0832 的原理、接线等请参阅本章的 5.5 和 5.6 节。

为了准确得到 ADC0808 和 DAC0832 的译码信号，该电话使用了四或门 74LS32 和四或非门 74LS02 以构成简单的逻辑电路。

2. 负载能力的扩展

扩展的 I/O 接口和存储器的数据线都同时要挂到 CPU 的数据总线上，各芯片的地址也都要挂到 CPU 的地址线上，控制线也一样要挂到 CPU 的控制总线上。计算机系统设计时，都考虑了各总线的驱动能力问题，CPU 的数据、地址和控制总线都经过总线收发器（如 74LS245）或缓冲器（如 74L8244）才形成系统总线。因此，系统总线的负载能力较强，但是其负载能力还是有限的，不能无限制地增加，特别是当设计者自己设计微机控制系统时，更要考虑 CPU 各总线的负载能力。因为当负载过重时，各信号线的电压就会偏离正常值，"0"电平偏高或"1"电平偏低，造成系统工作不稳定、抗干扰能力差，严重时甚至会损坏器件。因此，总线负载能力的扩展也是 I/O 接口扩展设计中必须考虑的问题之一。

微机系统中，通常采用由两种不同工艺制造的器件，即 TTL 器件和 MOS 器件。TTL 器件又分为标准 TTL 器件 74XXX 和低功耗 TTL 器件 74LSXXX。TTL 和 MOS 器件之间级联使用，其逻辑电平是一致的（"1"电平≥1.8～3.8 V，"0"电平≤0.8～0.3 V），但功耗和驱动能力有差别。它们的输入/输出电流如表 2-4 所示。

由表 5-2 可见，MOS 器件的输入电流小，驱动能力也差。一个 MOS 器件只能带一个标准 74XXX 器件(约 1.6 mA)或 4 个 74LSXXX 器件(4×0.4 mA),但它可以驱动 10 个左右的 MOS 器件。通常,同类器件带 8~10 个没有问题,若超过了就要加驱动器。

表 5-2   TTL 和 MOS 器件的输入/输出电流

I \ 意义 \ 器件	74XXX	74LSXXX	MOS
I_{1H} 输入为高电平时的输入电流	40 μA	20 μA	10 μA
I_{1L} 输入为低电平时的输入电流	−1.6 mA	−0.4 mA	−0.1 mA
I_{0H} 输出为高电平时的拉电流	−0.4 mA	−0.2~−1.2 mA	−0.2 mA
I_{0L} 输出为低电平时的灌电流	16 mA	8~16 mA	1.6 mA

应用总线收发器可以提高总线驱动能力。Intel 系列芯片的典型收发器为 8286,它是 8 位的。所以,在数据总线为 8 位的 8088 系统中,只用一片 8286 就可以构成数据总线收发器,而在数据总线为 16 位的 8086 系统中,则要用两片 8286。

从图 5-31 中可以看到,8286 具有两组对称的数据引线,$A_7 \sim A_0$ 为输入数据线,$B_7 \sim B_0$ 为输出数据线。当然,由于在收发器中数据是双向传输的,因此实际上输入线和输出线也可以交换。用 T 表示的引脚信号就是用来控制数据传输方向的。当 T=1 时,就使 $A_7 \sim A_0$ 为输入线;当 T=0 时,则使 $B_7 \sim B_0$ 为输入线。在系统中,T 端和 CPU 的 DT/$\overline{R}$ 端相连,DT/$\overline{R}$ 为数据收发信号。当 CPU 进行数据输出时,DT/$\overline{R}$ 为高电平,于是数据流由 $A_7 \sim A_0$ 进入,从 $B_7 \sim B_0$ 送出;当 CPU 进行数据输入时,DT/$\overline{R}$ 为低电平,于是数据流由 $B_7 \sim B_0$ 进入,而从 $A_7 \sim A_0$ 送出。

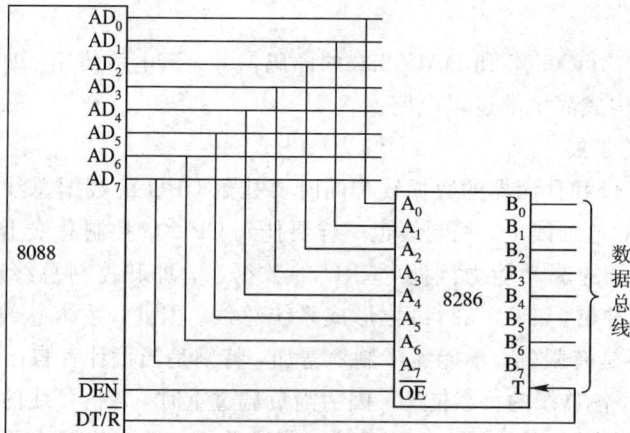

图 5-31   8286 收发器和 8088 的连接

$\overline{OE}$ 是输出允许信号,此信号决定了是否允许数据通过 8286。当 $\overline{OE}$=1 时,数据在两个方向上都不能传输。只有当 $\overline{OE}$=0 时,数据才允许传输。

单向三态门 74LS244 和三态输出锁存器 74LS373(74LS273)是微机系统中常用的接口芯片,它们也同时起到提高驱动能力的作用。

5.4.3　模拟量的采样与处理

模拟量输入通道可完成模拟量的采集并将它转换成数字量送入计算机的任务。依据被控量和控制要求的不同，模拟量输入通道的结构形式不完全相同。目前普遍采用的是公用运算放大器和 A/D 转换器的结构形式，其组成方框图如图 5-32 所示。

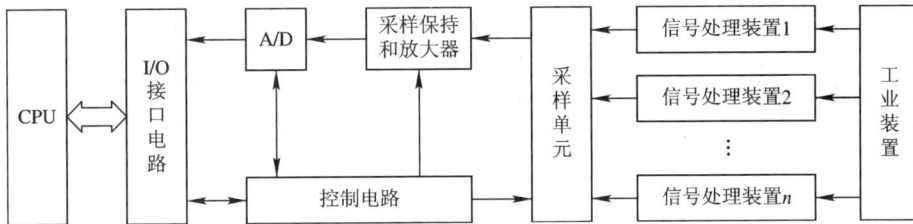

图 5-32　模拟量输入通道的组成方框图

模拟量输入通道主要由信号处理装置、采样单元、采样保持器、信号放大器、A/D 转换器和控制电路等部分组成。本书第 4 章已经介绍了一些传感器的工作原理、信号的采集与保持的相关电路，以及信号放大和非线性补偿等内容，下面介绍其他相关内容。

1. 信号处理装置

信号处理装置一般包括敏感元件、传感器、滤波电路、线性化处理及电参量间的转换电路等。转换电路把经由各种传感器所得到的不同种类和不同电平的被测模拟信号变换（电桥和信号放大）成统一的标准信号，为后端数据采集提供标准范围。

在生产现场，由于各种干扰源的存在，所采集的模拟信号中可能夹杂着干扰信号。如通常生产过程被测量（如温度、流量等）的信号频率低（1 Hz 以下），却夹杂了许多高于 1 Hz 的干扰信号成分（如 50 Hz 的电源干扰），为此必须进行信号滤波，即根据检测信号的频带范围，合理选择低通、高通或带通等无源滤波器或有源滤波器，以消除干扰信号。

另外，有些转换后的电信号与被测参量呈现非线性。如采用热敏元件测量温度，由于热敏元件存在非线性，所得到的温度—电压曲线就存在非线性特性，即所测电压值在某一段不能反映温度的线性变化。因此，应作适当处理，使之接近线性化。在硬件上可采用加负反馈放大器或采用线性化处理电路（如冷端补偿）的办法达到此目的。在软件上也可以通过用计算机进行分段线性化数字处理的办法来解决。

2. 采样单元

采样单元也称为多路转换器或多路切换开关，它的作用是把多个已变换成统一电压信号（0～40 mV）的测量信号按序或随机地接到采样保持器或直接接到数据放大器上。即在模拟输入通道中，多路模拟输入量只用一个 A/D 转换器，借助采样单元把各路模拟量分时接到 A/D 转换器进行转换，实现了 CPU 对各路模拟量分时采样的目的（见第 4 章）。

3. 计算机采样与量化

模拟信号的计算机数据采集过程需要解决用离散数据表示连续信号的精度问题。理论上，信号采集时间间隔越短，计算机获取的模拟信号信息越真实。下面进一步分析一下模拟信号转换为数字信号的过程。

（1）采样过程。所谓采样过程（简称采样），是指用采样开关（或采样单元）将模拟信号按一定时间间隔抽样成离散模拟信号的过程，如图 5-33 所示。

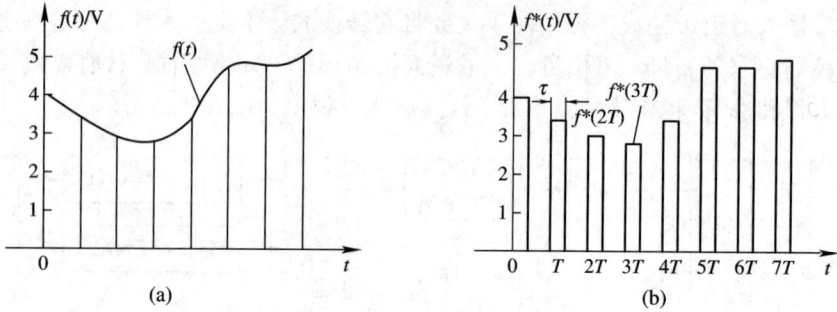

图 5-33　采样过程
(a) 模拟信号；(b) 离散模拟信号

图 5-33(a)是被采样的模拟信号 $f(t)$，$f(t)$ 是时间上连续且幅值上也连续的信号。$f(t)$ 被按一定时间间隔 T 周期开、闭的采样开关分割成如图 5-33(b)所示的时间上离散而幅值上连续的离散模拟信号 $f^*(t)$。离散模拟信号 $f^*(t)$ 是一连串的脉冲信号，又称为采样信号。采样开关两次采样(闭合)的间隔时间 T，称为采样周期；采样开关闭合的时间，称为采样时间；$0, T, 2T, \cdots$ 各时间点，称为采样时刻。

采样是计算机控制的特点之一。一个控制系统中的模拟输入量可能有多个，甚至上百个，计算机利用采样开关对各输入量逐个采样，依次处理，再逐个输出，以实现对各通道和控制回路的分时控制。

由分时采样控制的特点可知，在一个周期内，计算机对全部通道进行一次按序或随机采样，得到的是一组不同通道的输入信号，而对每一通道来说，只是在采样时间内向计算机输入信号。因此，A/D 转换器从每一通道所得到的是一串以采样周期为周期，以采样时间为脉宽，以采样时刻的信号幅值为幅值的脉冲信号。

(2) 量化过程。因采样后得到的离散模拟信号本质上还是模拟信号，未数量化，不能直接送入计算机，故还需经数量化，变成数字信号才能被计算机接受和处理。

量化过程(简称量化)就是用一组数码(如二进制码)来逼近离散模拟信号的幅值，将其转换成数字信号的过程，如图 5-34 所示。

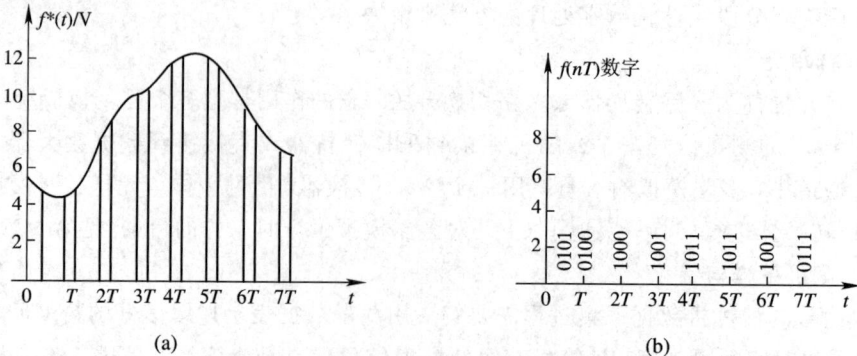

图 5-34　量化过程
(a) 离散模拟信号；(b) 数字信号

由于计算机的数值信号是有限的，因此用数码来逼近模拟信号是近似的处理方法。

量化单位 q 是指量化后二进制数的最低位所对应的模拟量的值。设 f_{max} 和 f_{min} 分别为转换信号的最大值和最小值，i 为转换后二进制数的位数，则量化单位为

$$q = \frac{f_{max} - f_{min}}{2^i} \tag{5-1}$$

对于同一转换信号范围，i 越大，即转换后的位数越多，q 就越小，量化误差越小。由于量化后的数值是以量化单位为单位逼近模拟量而得到的，是取相邻两个数字量中更接近的一个数值（四舍五入）作为采样值的量化量的，因此量化误差的最大值为 $\pm q/2$，而不是 q。

例如，模拟信号 $f_{max} = 16$ V、$f_{min} = 0$，取 $i = 4$，则 $q = 1$ V，量化误差最大值 $e_{max} = \pm 0.5$ V。

由以上分析可知，在采样过程中，如果采样频率足够高，并选择足够字长的量化数值，使得量化误差足够小，就能保证采样处理的精度。因此，我们可以用经采样量化后得到的一系列离散的二进制数字量来表示某一时间上连续的模拟信号，从而满足计算机计算、处理和控制的需要。

5.4.4　输入/输出通道

在微机控制系统中，为了实现对生产过程的控制，要将对象的各种测量参数，按要求的方式送入微机。微机经过运算、处理后，将结果以数字量的形式输出，此时也要把该输出变换为适合于对生产过程进行控制的量。所以在微机和生产过程之间，必须设置信息的传递和变换的连接通道。该连接通道被称为输入与输出通道，它包括模拟量输入通道、模拟量输出通道、数字量输入通道和数字量输出通道，其组成如图 5-35 所示。

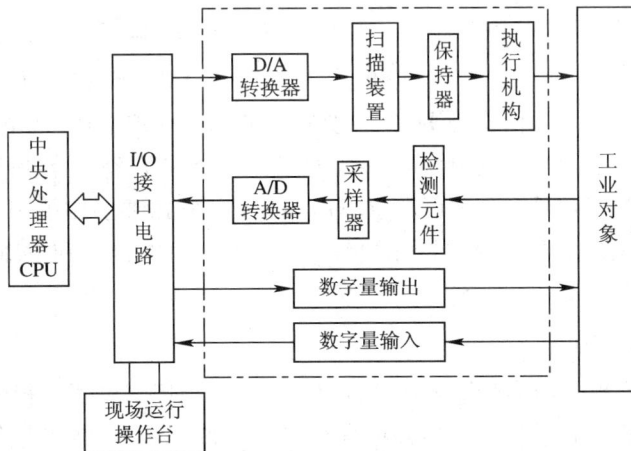

图 5-35　输入与输出通道的组成

1. 模拟量输入通道

模拟量输入通道一般由信号处理装置、多路转换器、采样保持和 A/D 转换器等组成。

它的任务是把从控制对象检测到的模拟信号转换成二进制数字信号，经 I/O 接口送入微机。

关于信号检测处理、多路转换、采样保持等内容在前面已经介绍过了，这里不再赘述。

2. 模拟量输出通道

模拟量输出通道主要由 D/A 转换器和输出保持器组成。它的任务是把微机输出的数字量转换成模拟量。多路模拟量输出通道的结构形式，主要取决于输出保持器的结构形式。保持器一般有数字保持方案和模拟保持方案两种。这就决定了模拟量输出通道有以下两种基本结构形式。

（1）一个通道设置一个 D/A 转换器的形式。这种形式是指在微机和通路之间通过独立的接口缓冲器传送信息，这是一种数字保持的方案，如图 5-36 所示。这种结构通常用于混合计算、测试自动化和模拟量显示的应用中，其特点是速度快、精度高、工作可靠，即使某一路 D/A 转换器有故障，也不会影响其他通路的工作。但是，如果输出通道的数量很多，将使用较多的 D/A 转换器，因此这种结构价格很高。当然，随着大规模集成电路技术的发展，D/A 转换器的价格会进一步下降，这种方案将得到更广泛的应用。

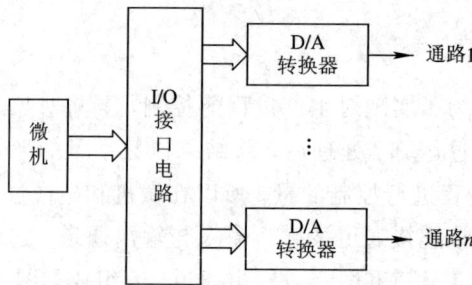

图 5-36　一个通路一个 D/A 转换器

（2）多个通道共用一个 D/A 转换器的形式。这种结构的转换器共用一个 D/A，它是在微机控制下分时工作的，即依次把 D/A 转换器转换成的模拟电压（或电流）通过多路模拟开关传送给输出采样保持器。这种结构形式的优点是节省了 D/A 转换器。但因为分时工作，所以只适用于通路数量多且速度要求不高的场合。它需要多路模拟开关，且要求输出采样保持器的保持时间与采样时间之比比较大，通常应用在监控和 DDC 的系统中。这种方案工作的可靠性较差。

3. 数字量输入通道

在微机控制系统中，数字量输入的情况是很多的，如用编码器进行位置检测和速度检测，用按钮或转换开关控制系统的启停或选择工作状态，在生产现场用行程开关反映生产设备的运行状态等。这些输入信号分为编码数字（二进制数）、开关量和脉冲列等三类，它们都属于数字信号，因此，微机控制系统中应设立数字量输入通道。随输入数字信号的类型不同，数字量输入通道的结构也不同。

（1）编码信号。编码信号一般是 TTL 电平（或转换成 TTL 电平），可将 TTL 电平的编码数字直接接到并行接口电路的输入端口上。对于可靠性要求很高的场合，有时也加上光电隔离电路，即将输入数字信号经光电隔离后再接到接口端口上。

（2）脉冲列。假定脉冲频率不高，则可采用软件计数的方法，将脉冲信号加到并行接口的一个输入端，用查询方式或中断方式对输入脉冲计数。假定脉冲频率高，软件计数来不及处理，则接口电路中需外加硬件计数器，如使用可编程定时/计数器8253就很方便，其计数值可随时准确地读入CPU，读取计数值时不影响计数器连续准确地计数。

（3）开关信号。来自操作台或控制箱的按钮、转换开关，拨码开关、继电器或来自现场的行程开关等等的触点接通或断开的信号输入，首先必须经过电平转换电路转换成高电平或低电平，同时要考虑滤波、防触头抖动以及采用光电隔离或继电器隔离等特殊措施，最后将一个个开关信号接到并行接口的输入端口上去。图5－37画出了几种微机系统中常用的电平转换、滤波、去抖动及光电隔离和继电器隔离电路。

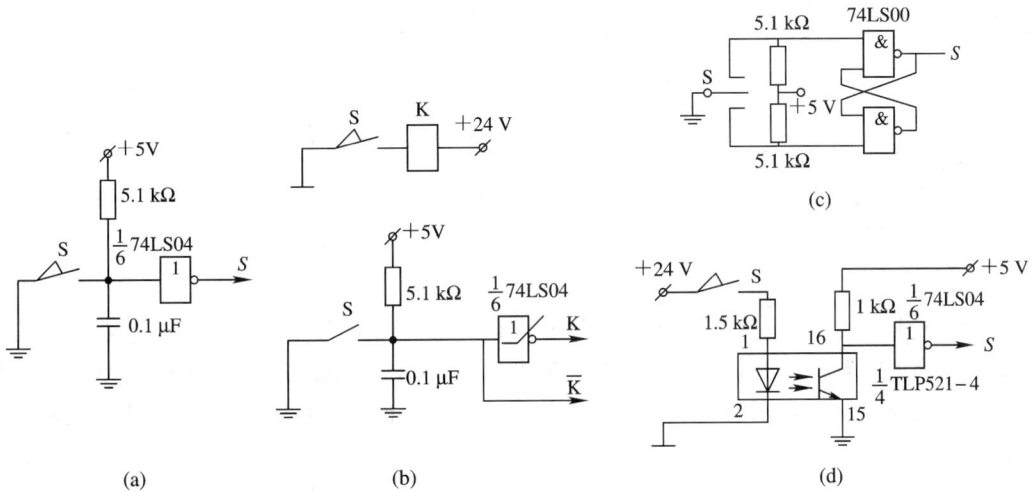

图 5－37　开关量输入电路

（a）电平转换及滤波器；（b）继电器隔离及电平转换电路；

（c）消除开关二次反跳触发器电路；（d）光电隔离及电平转换电路

4. 数字量输出通道

数字量输出通道输出的数字信号有三类：二进制编码数字、"1"或"0"的开关信号和脉冲信号。计算机计算的设定值、控制量以及从现场采样的物理参量（经 A/D 转换后的数字量）等都是编码数字，常常要送至操作面板上的数字显示器上显示；电动机启停、阀门开关等控制要求 CPU 送出"1"或"0"的开关控制信号；步进电动机控制要求送出脉冲列。

编码数字可直接从 I/O 接口电路的输出端口送出，但一般输出数据需要锁存。当编码数字送出的距离较长时，为节省传输线路和提高可靠性，可采用串行发送的方式。数据接收端再采用串—并转换电路（如 74LS164）将其转换成并行输出形式，供外部（如 LED 显示器）使用。

对于步进电动机这类要求输出脉冲列的对象，输出通道应加脉冲产生及其控制电路。如使用 8253 就很方便，让它工作于方波发生器的模式，输出脉冲的频率及个数都可通过程序设置来控制，具体电路可参阅图 5－38。

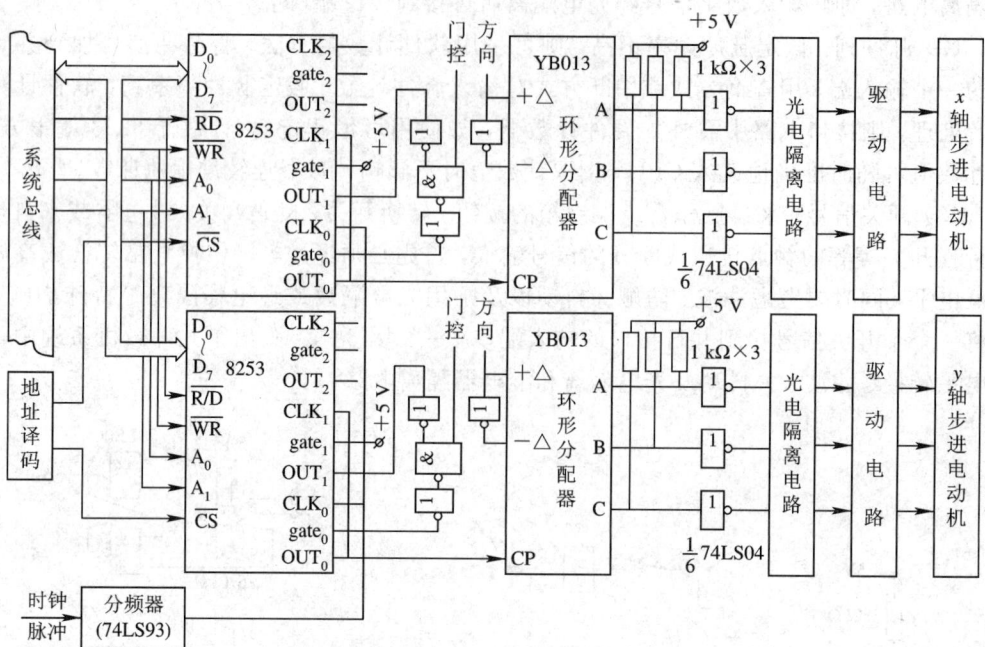

图 5-38 一种使用步进电动机串行 D/A 转换电路

开关量输出通常有 TTL 电平逻辑信号输出、电子无触点开关输出和继电器输出几种形式。为保证计算机安全、可靠地工作，输出部分要加光电隔离电路，同时为驱动继电器或其他执行部件，输出通道一般都要加功率放大电路。图 5-39 画出了几种开关量输出的具体电路。

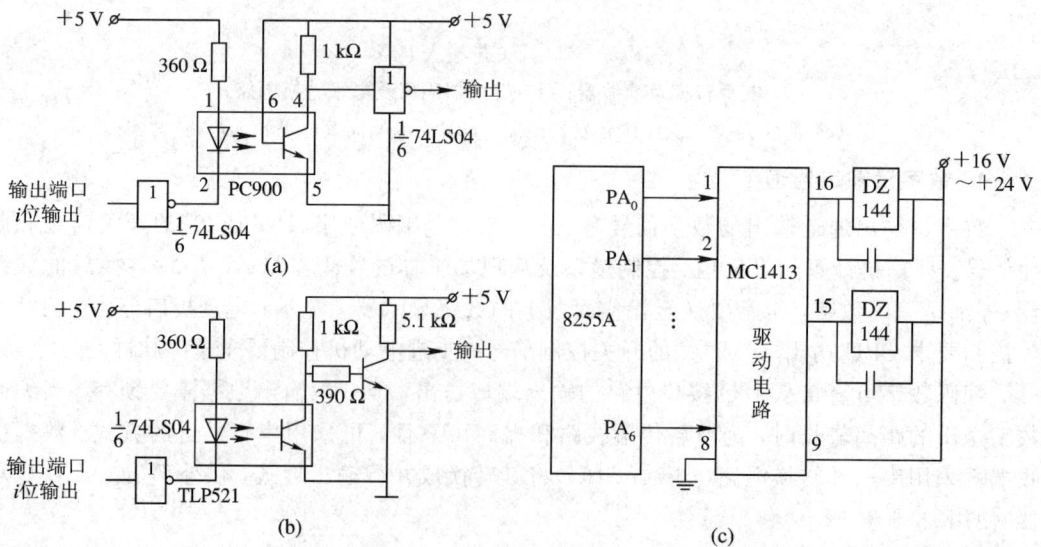

图 5-39 开关量输出电路

(a) TTL 电平输出（PC900 为高速光电隔离电路）；(b) 晶体管开关输出；(c) 继电器输出

5.5 D/A 转 换 器

D/A 转换器是将数字量转换成模拟量的装置。目前常用的 D/A 转换器是将数字量转换成电压或电流的形式。被转换的方式可分为并行转换和串行转换,前者因为各位代码都同时送到转换器相应位的输入端,转换时间只取决于转换器中的电压或电流的建立时间及求和时间(一般为微秒级),所以转换速度快,应用较多。

5.5.1 并行 D/A 转换器的工作原理

D/A 转换器是把输入的数字量转换为与输入量成比例的模拟信号的器件。为了了解它的工作原理,先分析一下图 5-40 所示的 R-$2R$ 梯形电阻解码网络的原理电路。

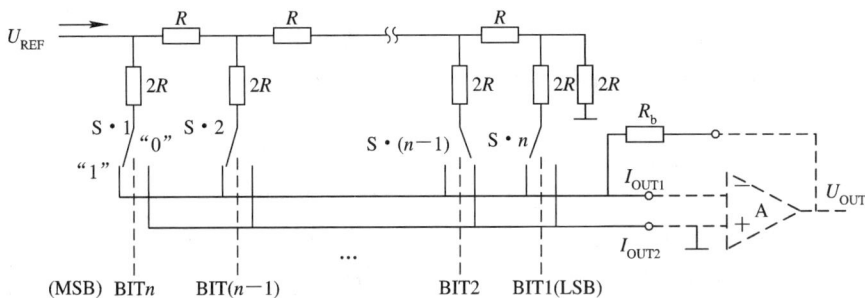

图 5-40 R-$2R$ 梯形电阻解码网络原理图

在图中,整个电路由若干个相同的支电路组成,每个支电路有两个电阻和一个开关,开关 S-i 是按二进"位"进行控制的。当该位为"1"时,开关将加权电阻与 I_{OUT1} 输出端接通;当该位为"0"时,开关与 I_{OUT2} 接通。

由于 I_{OUT2} 接地,I_{OUT1} 为虚地,所以有

$$I = \frac{U_{REF}}{\sum R} \tag{5-2}$$

流过每个加权电阻的电流依次为

$$I_1 = \frac{1}{2^n} \times \frac{U_{REF}}{\sum R}$$

$$I_2 = \frac{1}{2^{n-1}} \times \frac{U_{REF}}{\sum R}$$

$$\cdots$$

$$I_n = \frac{1}{2^1} \times \frac{U_{REF}}{\sum R} \tag{5-3}$$

由于 I_{out1} 端输出的总电流是置"1"的各位加权电流的总和,I_{OUT2} 端输出的总电流是置"0"的各位加权电流的总和,因此当 D/A 转换器输入为全"1"时,I_{OUT1} 和 I_{OUT2} 分别为

$$\begin{cases} I_{\text{OUT1}} = \dfrac{U_{\text{REF}}}{\sum R} \times \left(\dfrac{1}{2} + \dfrac{1}{2^2} + \cdots + \dfrac{1}{2^n} \right) \\ I_{\text{OUT2}} = 0 \end{cases} \tag{5-4}$$

当运算放大器的反馈电阻 R_{fb} 等于反相端输入电阻 $\sum R$ 时，其输出模拟电压为

$$U_{\text{OUT1}} = - I_{\text{OUT1}} \times R_{\text{fb}} = - U_{\text{REF}} \left(\frac{1}{2^1} + \frac{1}{2^2} + \cdots + \frac{1}{2^n} \right) \tag{5-5}$$

对于任意二进制码，其输出模拟电压为

$$U_{\text{OUT}} = - U_{\text{REF}} \left(\frac{a_1}{2^1} + \frac{a_2}{2^2} + \cdots + \frac{a_n}{2^n} \right) \tag{5-6}$$

式中，$a_i = 1$ 或 $a_i = 0$。由上式便可得到相应的模拟量输出。

5.5.2 D/A 转换器的主要参数

(1) 分辨率。D/A 转换器的分辨率表示当输入数字量变化了 1 时，输出模拟量变化的大小。它反映了计算机的数字量输出对执行部件控制的灵敏程度。对于一个 N 位的 D/A 转换器，其分辨率为

$$分辨率 = \frac{满刻度值}{2^N} \tag{5-7}$$

分辨率通常用数字量的位数来表示，如 8 位、10 位、12 位、16 位等。分辨率为 8 位，表示它可以对满量程的 $1/2^8 = 1/256$ 的增量作出反应。所以，N 位二进制数最低位具有的权值就是它的分辨率。

(2) 稳定时间。稳定时间是指 D/A 转换器中代码有满刻度值的变化时，其输出达到稳定(一般指稳定到与 $\pm 1/2$ 最低位的值相当的模拟量范围内)所需的时间，一般为几十纳秒到几微秒。

(3) 输出电平。不同型号的 D/A 转换器件的输出电平相差较大，一般为 5~10 V。也有一些高压输出型，输出电平为 24~30 V。还有一些电流输出型，低的为 20 mA，高的可达 3 A。

(4) 输入编码。一般二进制编码比较通用，也有 BCD 等其他专用编码形式芯片。其他类型编码可在 D/A 转换前用 CPU 进行代码转换变成二进制编码。

(5) 温度范围。较好的 D/A 转换器的工作温度范围为 -40~85℃，较差的为 0~70℃。可按计算机控制系统使用环境查器件手册选择合适的器件类型。

5.5.3 8 位 D/A 转换器 DAC0832

DAC0832 是双列直插式 8 位 D/A 转换器，能完成从数字量输入到模拟量(以电流形式)输出的转换。图 5-41 和图 5-42 分别为 DAC0832 的内部结构图和引脚图。其主要参数如下：分辨率为 8 位(满度量程的 1/256)，转换时间为 1 μs，基准电压为 +10~-10 V，供电电源为 +5~+15 V，功耗为 20 mW，与 TTL 电平兼容。

从图 5-41 中可见，在 DAC0832 中有两级锁存器；第一级锁存器称为输入寄存器，它的锁存信号为 ILE；第二级锁存器称为 DAC 寄存器，它的锁存信号也称为通道控制信号 $\overline{\text{XFER}}$。因为有两级锁存器，所以 DAC0832 可以工作在双缓冲器方式下，即在输出模拟信

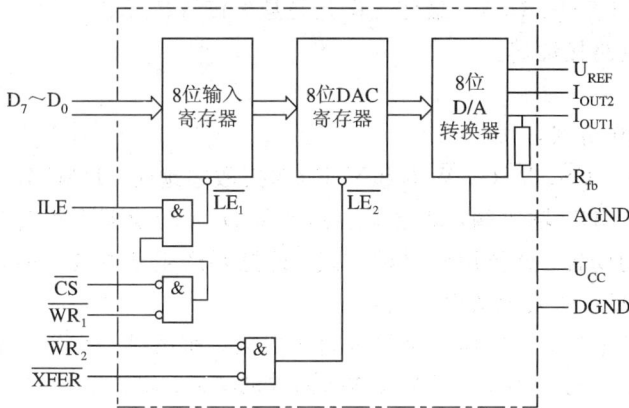

图 5-41　DAC0832 内部结构图

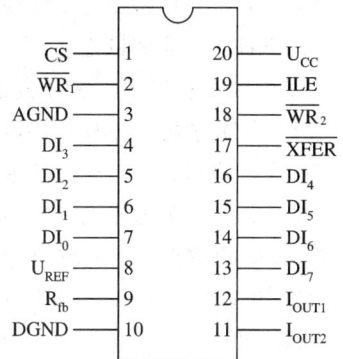

图 5-42　DAC0832 引脚图

号的同时，可以采集下一个数据。这样可以有效地提高转换速度。另外，有了两级锁存器以后，可以在多个 D/A 转换器同时工作时，利用第二级锁存器的锁存信号来实现多个转换器的同时输出。

图 5-41 中，当 ILE 为高电平、$\overline{CS}$ 和 $\overline{WR_1}$ 为低电平时，$\overline{LE_1}$ 为 1，这种情况下，输入寄存器的输出随输入而变化。此后，当 $\overline{WR_1}$ 由低电平变高时，$\overline{LE_1}$ 成为低电平，此时，数据被锁存到输入寄存器中，这样，输入寄存器的输出端不再随外部数据的变化而变化。

对第二级锁存器来说，$\overline{XFER}$ 和 $\overline{WR_2}$ 同时为低电平时，$\overline{LE_2}$ 为高电平，这时，8 位的 DAC 寄存器的输出随输入而变化。此后，当 $\overline{WR_2}$ 由低电平变高时，$\overline{LE_2}$ 变为低电平，于是，将输入寄存器的信息锁存到 DAC 寄存器中。

图 5-42 中各引脚的功能定义如下：

$\overline{CS}$——片选信号，它和允许输入锁存信号 ILE 合起来决定 $\overline{WR_1}$ 是否起作用。

ILE——允许锁存信号。

$\overline{WR_1}$——写信号 1，它作为第一级锁存信号将输入数据锁存到输入寄存器中，$\overline{WR_1}$ 必须和 $\overline{CS}$、ILE 同时有效。

$\overline{WR_2}$——写信号 2，它将锁存在输入寄存器中的数据送到 8 位 DAC 寄存器中进行锁存，此时，传送控制信号 $\overline{XFER}$ 必须有效。

$\overline{XFER}$——传送控制信号，用来控制 $\overline{WR_2}$。

$DI_7 \sim DI_0$——8 位数据输入端，DI_7 为最高位。

I_{OUT1}——模拟电流输出端，当 DAC 寄存器中全为 1 时，输出电流最大；当 DAC 寄存器中全为 0 时，输出电流为 0。

I_{OUT2}——模拟电流输出端，I_{OUT2} 为一个常数与 I_{OUT1} 的差，即 $I_{OUT1} + I_{OUT2} =$ 常数。

R_{fb}——反馈电阻引出端，DAC0832 内部已经有反馈电阻，所以，R_{fb} 端可以直接接到外部运算放大器的输出端，这样，相当于将一个反馈电阻接在运算放大器的输入端和输出端之间。

U_{REF}——参考电压输入端，此端可接一个正电压，也可接负电压，范围为 $+10 \sim -10$ V。外部标准电压通过 U_{REF} 与 T 形电阻网络相连。

U_{CC}——芯片供电电压，范围为$+5\sim+15$ V，最佳工作状态是$+15$ V。

AGND——模拟量地，即模拟电路接地端。

DGND——数字量地。

DAC0832 有以下三种不同的工作方式：

(1) 直通方式。当 ILE 接高电平，$\overline{CS}$、$\overline{WR_1}$、$\overline{WR_2}$ 和 XFER 都接数字地时，DAC 处于直通方式，8 位数字量一旦到达 $DI_7\sim DI_0$ 输入端，就立即加到 8 位 D/A 转换器上被转换成模拟量。例如在构成波形发生器的场合，就要用到这种方式，即把要产生基本波形的存在 ROM 中的数据，连续取出送到 DAC 去转换成电压信号。

(2) 单缓冲方式。只要把两个寄存器中的任何一个接成直通方式，而用另一个锁存数据，DAC 就可处于单缓冲工作方式。一般的做法是将 $\overline{WR_2}$ 和 XFER 都接地，使 DAC 寄存器处于直通方式，另外把 ILE 接高电平，$\overline{CS}$ 接端口地址译码信号，$\overline{WR_1}$ 接 CPU 系统总线的 $\overline{IO/W}$，这样便可以通过一条 OUT 指令选中该端口，使 $\overline{CS}$ 和 $\overline{WR_1}$ 有效，启动 D/A 转换。

(3) 双缓冲方式。主要在以下两种情况下需要用双缓冲方式的 D/A 转换：

其一，需在程序的控制下，先把转换的数据传入输入寄存器，然后在某个时刻再启动 D/A 转换。这样可以做到数据转换与数据输入同时进行，因此转换速度较高。为此，可将 ILE 接高电平，$\overline{WR_1}$ 和 $\overline{WR_2}$ 均接 CPU 的 $\overline{IO/W}$，$\overline{CS}$ 和 XFER 分别接两个不同的 I/O 地址译码信号。执行 OUT 指令时，$\overline{WR_1}$ 和 $\overline{WR_2}$ 均变为低电平。这样，可先执行一条 OUT 指令，选中 $\overline{CS}$ 端口，把数据写入输入寄存器；再执行第二条 OUT 指令，选中 XFER 端口，把输入寄存器内容写入 DAC 寄存器，实现 D/A 转换。

图 5-43 是 DAC0832 工作于双缓冲方式下，与有 8 位数据总线的微机相连的逻辑图。其中，$\overline{CS}$ 的口地址为 320H，XFER 的口地址为 321H。当 CPU 执行第一条 OUT 指令时，选中 $\overline{CS}$ 端口，选通输入寄存器，将累加器中的数据传入输入寄存器。再执行第二条 OUT 指令，选中 XFER 端口，把输入寄存器的内容写入 DAC 寄存器，并启动转换。执行第二条 OUT 指令时，累加器中的数据为多少是无关紧要的，主要目的是使 XFER 有效。

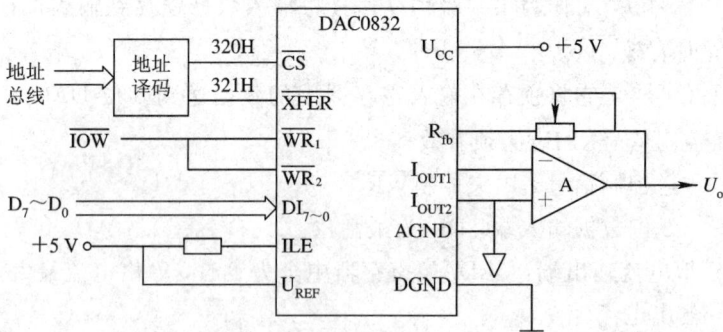

图 5-43　DAC0832 与有 8 位数据总线的微机的连接图

其二，在需要同步进行 D/A 转换的多路 DAC 系统中，采用双缓冲方式，可以在不同的时刻把要转换的数据分别打入各 DAC 的输入寄存器，然后由一个转换命令同时启动多个 DAC 的转换。图 5-44 是一个用 3 片 DAC0832 构成的 3 路 DAC 系统。图中，$\overline{WR_1}$ 和 $\overline{WR_2}$ 接 CPU 的写信号 WR，3 个 DAC 的 $\overline{CS}$ 引脚各由一个片选信号控制，3 个 XFER 信号连在一起，接到第 4 个片选信号上。ILE 可以根据需要来控制，一般接高电平，保持选通状态。它也可以由 CPU 形成的一个禁止信号来控制，该信号为低电平时，禁止将数据写入 DAC 寄存器。这样，可在禁止信号为高电平时，先用 3 条输出指令选择 3 个端口，分别将数据写入各 DAC 的输入寄存器，当数据准备就绪后，再执行一次写操作，使 $\overline{\text{XFER}}$ 变低，同时选通 3 个 D/A 的 DAC 寄存器，实现同步转换。

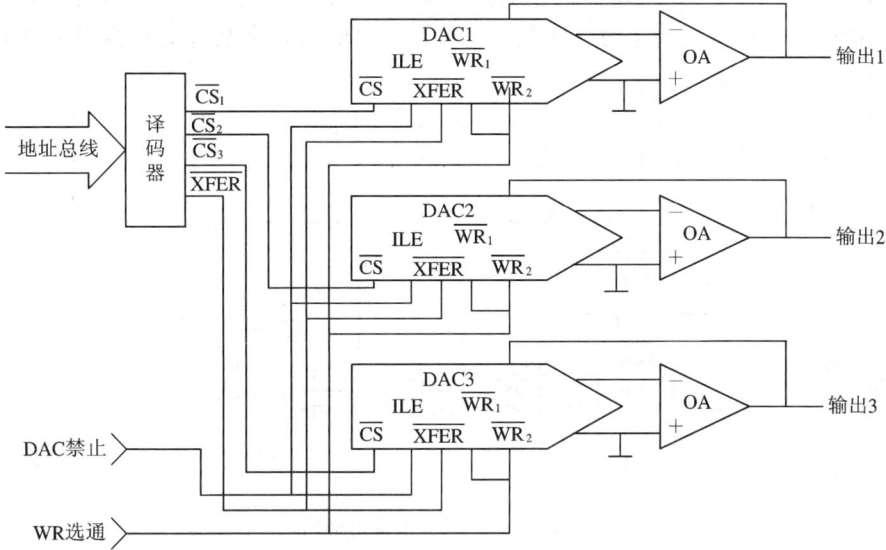

图 5-44　用 DAC0832 构成的 3 路 DAC 系统

DAC0832 可具有单极性或双极性输出。

(1) 单极性输出电路。单极性输出电路如图 5-45 所示。D/A 芯片输出电流 i 经输出电路转换成单极性的电压输出。图 5-45(a) 为反相输出电路，其输出电压为

$$U_{\text{OUT}} = -iR \qquad (5-8)$$

图 5-45(b) 是同相输出电路，其输出电压为

$$U_{\text{OUT}} = iR\left[1 + \frac{R_2}{R_1}\right] \qquad (5-9)$$

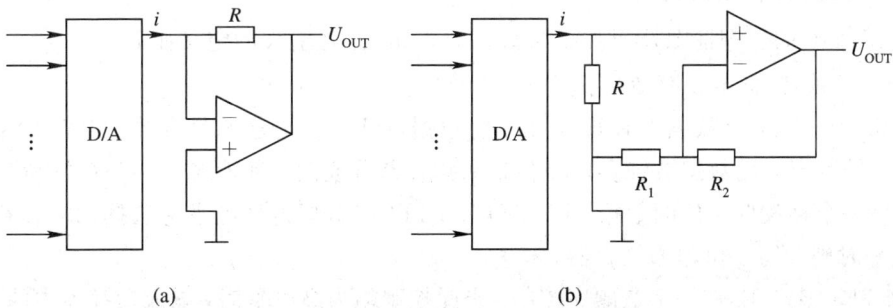

图 5-45　单极性输出电路
(a) 反相输出；(b) 同相输出

（2）双极性输出。在某些微机控制系统中，要求 D/A 的输出电压是双极性的，例如要求输出 $-5 \sim +5$ V 电压。在这种情况下，D/A 的输出电路要作相应的变化。图 5-46 就是 DAC0832 双极性输出电路实例。图中，D/A 的输出经运算放大器 A_1 和 A_2 放大和偏移以后，在运算放大器 A_2 的输出端就可得到双极性的 $-5 \sim +5$ V 的输出电压。这里，U_{REF} 为 A_2 提供了一个偏移电流，且 U_{REF} 的极性选择应使偏移电流方向与 A_1 输出的电流方向相反。再选择 $R_4 = R_3 = 2R_2$，以使偏移电流恰好为 A_1 输出电流的 $1/2$，从而使 A_2 的输出特性在 A_1 的输出特性基础上上移 $1/2$ 的动态范围。由电路各参数计算可得最后的输出电压表达式为

$$U_{OUT} = -2U_1 - U_{REF}$$

设 U_1 为 $0 \sim -5$ V，选取 U_{REF} 为 $+5$ V，则 $U_{OUT} = (0 \sim 10)$ V-5 V$=-5 \sim +5$ V。

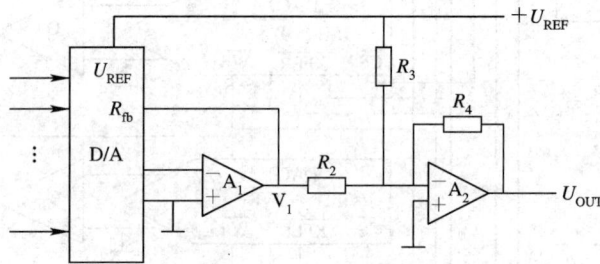

图 5-46　双极性输出电路

5.5.4　12 位 D/A 转换器 DAC1210

1. DAC1210 的主要性能及特点

DAC1210（与 DAC1208、DAC1209 是一个系列）是双列直插式 24 引脚集成电路芯片。输入数据为 12 位二进制数字；分辨率为 12 位；电流建立时间为 1 μs；供电电源为 $+5 \sim +15$ V（单电源供电）；基准电压 U_{REF} 范围为 $-10 \sim +10$ V。

DAC1210 的特点是：线性规范只有零位和满量程调节；可与所有的通用微处理机直接接口；单缓冲、双缓冲或直通数字数据输入；与 TTL 逻辑电平兼容；全四象限相乘输出。

2. DAC1210 的引脚说明

DAC1210 的原理框图及引脚图如图 5-47 所示。各引脚的定义如下：

$\overline{CS}$——片选（低电平有效）。

$\overline{WR_1}$——写入 1（低电平有效），用于将数据位（D1）送到输入锁存器。当 $\overline{WR_1}$ 为高电平时，输入锁存器中的数据被锁存。12 位输入锁存器分成两个锁存器，一个存放高 8 位的数据，而另一个存放低 4 位的数据。BYTE1/$\overline{BYTE2}$ 控制脚为高电平时选择两个锁存器，处于低电平时则改写 4 位输入锁存器。

BYTE1/$\overline{BYTE2}$——字节顺序控制。当此控制端为高电平时，输入锁存器中的 12 个单元都被使能；当为低电平时，只使能输入锁存器中的最低 4 位。

$\overline{WR_2}$——写入 2（低电平有效）。

$\overline{XFER}$——传送控制信号（低电平有效）。该信号与 $\overline{WR_2}$ 结合时，能将输入锁存器中的

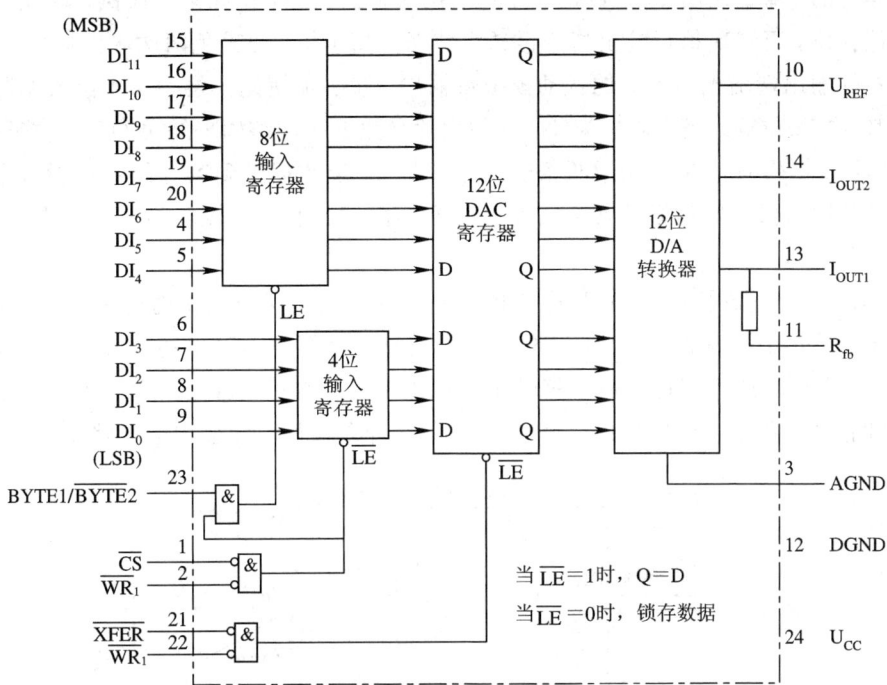

图 5-47 DAC1210 的原理框图及引脚图

12 位数据转移到 DAC 寄存器中。

$DI_0 \sim DI_{11}$——数据写入。DI_0 是最低有效位(LSB),DI_{11} 是最高有效位(MSB)。

I_{OUT1}——数模转换器电流输出 1。DAC 寄存器中的所有数字码为全"1"时,I_{OUT1} 最大;为全"0"时,I_{OUT1} 为零。

I_{OUT2}——数模转换器电流输出 2。I_{OUT2} 为常量减去 I_{OUT1},即 $I_{OUT1} + I_{OUT2} =$ 常量(固定基准电压),该电流等于 $U_{REF} \times \dfrac{1 - 1/4096}{\text{基准输入阻抗}}$。

R_{fb}——反馈电阻。集成电路芯片中的反馈电阻用作为 DAC 提供输出电压的外部运算放大器的分流反馈电阻。芯片内部的电阻应当一直使用(不是外部电阻),因为它与芯片上的 R-$2R$ T 形网络中的电阻相匹配,已在全温度范围内统调了这些电阻。

U_{REF}——基准输入电压。该输入端把外部精密电压源与内部的 R-$2R$ T 形网络连接起来。U_{REF} 的选择范围是 $-10 \sim +10$ V。在四象限乘法 DAC 应用中,也可以是模拟电压输入。

U_{CC}——数字电源电压。它是器件的电源引脚。U_{CC} 的范围是直流电压 $5 \sim 15$ V,工作电压的最佳值为 15 V。

AGND——模拟地。它是模拟电路部分的地。

DGND——数字地。它是数字逻辑的地。

3. DAC1210 的输入与输出

DAC1210 有 12 位数据输入线,当与 8 位的数据总线相接时,因为 CPU 输出数据时是按字节操作的，那么送出 12 位数据需要执行两次输出指令，比如第一次执行输出指令送出数据的低 8 位，第二次执行输出指令再送出数据的高 4 位。为避免两次输出指令之间在 D/A 转换器的输出端出现不需要的扰动模拟量输出，就必须使低 8 位和高 4 位数据同时送入 DAC1210 的 12 位输入寄存器。为此，往往用两级数据缓冲结构来解决 D/A 转换器和总线的连接问题。工作时，CPU 先用两条输出指令把 12 位数据送到第一级数据缓冲器，然后通过第三条输出指令把数据送到第二级数据缓冲器，从而使 D/A 转换器同时得到 12 位待转换的数据。

DAC1210 是电流相加型 D/A 转换器，有 I_{OUT2} 和 I_{OUT2} 两个电流输出端，通常要求转换后的模拟量输出为电压信号，因此，外部应加运算放大器将其输出的电流信号转换为电压输出。加一个运算放大器可构成单极性电压输出电路，加两个运算放大器则可构成双极性电压输出电路。图 5-48 中绘出了 DAC1210 单缓冲单极性电压输出的电路图。

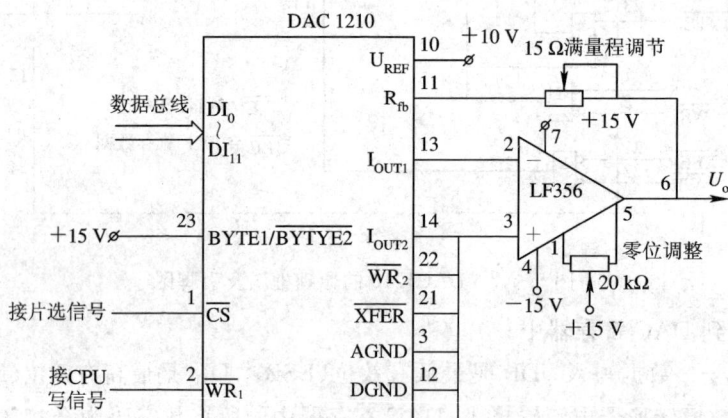

图 5-48 DAC1210 单缓冲单极性电压输出电路

由上面的分析可知，DAC1210 与 DAC0832 有许多相似之处，其主要差别在于分辨率不同，DAC1210 具有 12 位的分辨率，而 DAC0832 只有 8 位的分辨率。例如，若取 $U_{REF}=10$ V，按单极性输出方式，当 DAC0832 输入数字 0000-0001 时其输出电压约为 39.06 mV，而 DAC1210 输入数字 0000-0000-0001 时，其输出电压约为 2.44 mV。可见，DAC1210 的分辨率比 DAC0832 的分辨率高 16 倍，因此转换精度更高。

5.6 A/D 转换器

A/D 转换是指通过一定的电路将模拟量转变为数字量的过程。实现 A/D 转换的方法比较多，常见的有计数法、双积分法和逐次逼近法。由于逐次逼近式 A/D 转换具有速度快、分辨率高等优点，而且采用该法的 ADC 芯片成本较低，因此获得了广泛的应用。下面仅以逐次逼近式 A/D 转换器为例，说明 A/D 转换器的工作原理。

6.5.1 A/D 转换器的工作原理

逐次逼近式 A/D 转换器的原理如图 5-49 所示。它由逐次逼近寄存器、D/A 转换器、比较器和缓冲寄存器等组成。当启动信号由高电平变为低电平时,逐次逼近寄存器清 0,这时,D/A 转换器输出电压 U_o 也为 0。当启动信号变为高电平时,转换开始,同时,逐次逼近寄存器进行计数。

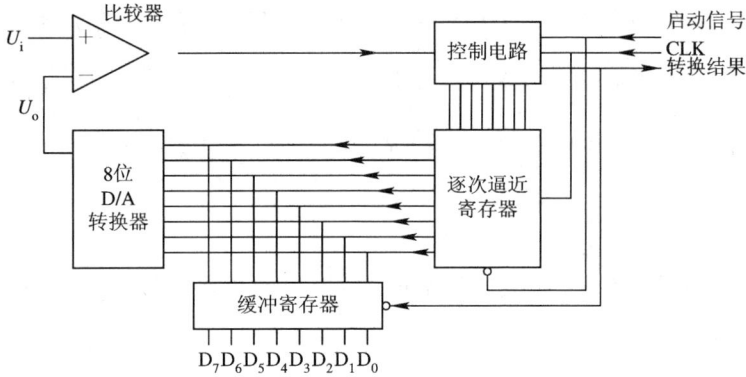

图 5-49　逐次逼近式 A/D 转换器的原理图

逐次逼近式寄存器工作时与普通计数器不同,它不是从低位往高位逐一进行计数和进位,而是从最高位开始,通过设置试探值来进行计数的。具体讲,在第一个时钟脉冲到来时,控制电路把最高位送到逐次逼近寄存器,使它的输出为 10000000,这个输出数字一出现,D/A 转换器的输出电压 U_o 就成为满量程值的 128/255。这时,若 $U_o > U_i$,则作为比较器的运算放大器的输出就成为低电平,控制电路据此清除逐次逼近寄存器中的最高位;若 $U_o \leqslant U_i$,则比较器输出高电平,控制电路使最高位的 1 保留下来。

若最高位被保留下来,则逐次逼近寄存器的内容为 10000000,下一个时钟脉冲使次低位 D_6 为 1。于是,逐次逼近寄存器的值为 11000000,D/A 转换器的输出电压 U_o 到达满量程值的 192/255。此后,若 $U_o > U_i$,则比较器输出为低电平,从而使次高位复位;若 $U_o < U_i$,则比较器输出为高电平,从而保留次高位为 1……。重复上述过程,经过 N 次比较以后,逐次逼近式寄存器中得到的值就是转换后的数值。

转换结束以后,控制电路送出一个低电平作为结束信号,这个信号的下降沿将逐次逼近寄存器中的数字量。将该数字量送入缓冲寄存器,即可得到数字量输出。

目前,绝大多数 A/D 转换器都采用逐次逼近的方法。

5.6.2　A/D 转换器的主要技术参数

A/D 转换器的种类很多,按转换二进制的位数来分类,包括:8 位的 ADC0801、0804、0808、0809;10 位的 AD7570、AD573、AD575、AD579;12 位的 AD574、AD578、AD7582;16 位的 AD7701、AD7705 等。A/D 转换器的主要技术参数如下:

1. 分辨率

分辨率通常用转换后数字量的位数表示,如 8 位、10 位、12 位、16 位等。分辨率为 8 位表示它可以对满量程的 $1/2^8 = 1/256$ 的增量作出反应。分辨率是指能使转换后数字量变化为 1 的最小模拟输入量。

2. 量程

量程是指所能转换的电压范围，如 5 V、10 V 等。

3. 转换精度

转换精度是指转换后所得结果相对于实际值的准确度，有绝对精度和相对精度两种表示法。绝对精度常用数字量的位数表示，如绝对精度为 $\pm\frac{1}{2}$ LSB。相对精度用相对于满量程的百分比表示，如满量程为 10 V 的 8 位 A/D 转换器，其绝对精度为 $\frac{1}{2}\times\frac{10}{2^8}=\pm19.5$ mV，而 8 位 A/D 的相对精度为 $\frac{1}{2^8}\times100\%\approx0.39\%$。

精度和分辨率不能混淆。即使分辨率很高，但温度漂移、线性不良等原因仍可能造成精度并不是很高的结果。

4. 转换时间

转换时间是指从启动 A/D 到转换结束所需的时间。不同型号、不同分辨率的器件，转换时间相差很大，一般为几微秒到几百毫秒。逐次逼近式 A/D 转换器的转换时间为 $1\sim200$ μs。在设计模拟量输入通道时，应按实际应用的需要和成本来确定这一参数。

5. 工作温度范围

较好的 A/D 转换器的工作温度为 $-40\sim85℃$，较差的为 $0\sim70℃$。应根据具体应用要求查器件手册，选择适用的型号。超过工作温度范围，将不能保证达到额定精度指标。

5.6.3　8 位 A/D 转换器 ADC0809

ADC0809 是单片双列直插式集成电路芯片，是 8 通道 8 位 A/D 转换器，其主要特点是：分辨率为 8 位；总的不可调误差为 ±1 LSB；当模拟输入电压范围为 $0\sim5$ V 时，可使用单一的 $+5$ V 电源；转换时间为 100 μs；温度范围为 $-40\sim+85℃$；不需另加接口逻辑可直接与 CPU 连接；可以输入 8 路模拟信号；输出带锁存器；逻辑电平与 TTL 兼容。

1. 电路组成及转换原理

ADC0809 是一种带有 8 位转换器、8 位多路转换开关以及与微处理机兼容的控制逻辑的 CMOS 组件。8 位 A/D 转换器的转换方法为逐次逼近法。在 A/D 转换器的内部含有一个高阻抗斩波稳定比较器，一个带有模拟开关树组的 256R 分压器，以及一个逐次逼近的寄存器。八路的模拟开关由地址锁存器和译码器控制，可以在 8 个通道中任意访问一个单边的模拟信号，其原理框图如图 5-50 所示。

ADC0809 无需调零和进行满量程调整，又由于多路开关的地址输入能够进行锁存和译码，而且它的三态 TTL 输出也可以锁存，因此易于与微处理机进行接口。

从图中可以看出，ADC0809 由两大部分组成。第一部分为八通道多路模拟开关，它的基本原理与 CD4051 类似。它用来控制 C、B、A 端子和地址锁存允许端子，可使其中一个通道被选中。第二部分为一个逐次逼近型 A/D 转换器，它由比较器、控制逻辑、输出缓冲锁存器、逐次逼近寄存器以及开关树组和 256R 电阻分压器组成。后两种电路(即开关树组和 256R 电阻分压器)组成 D/A 转换器。控制逻辑用来控制逐次逼近寄存器从高位到低位逐次取"1"，然后将此数字量送到开关树组（8位开关），用来控制开关 $S_7 \sim S_0$ 与参考电平相连接。参考电平经 256R 电阻分压器后，输出一个模拟电压 U_o，U_o、U_i 在比较器中进行比较。当 $U_o > U_i$ 时，本位 D=0；当 $U_o \leq U_i$ 时，本位 D=1。因此，从 $D_7 \sim D_0$ 比较 8 次即可逐次逼近寄存器中的数字量，即与模拟量 U_i 所对应的数字量相等。此数字量送入输出锁存器，并同时发转换结束脉冲。

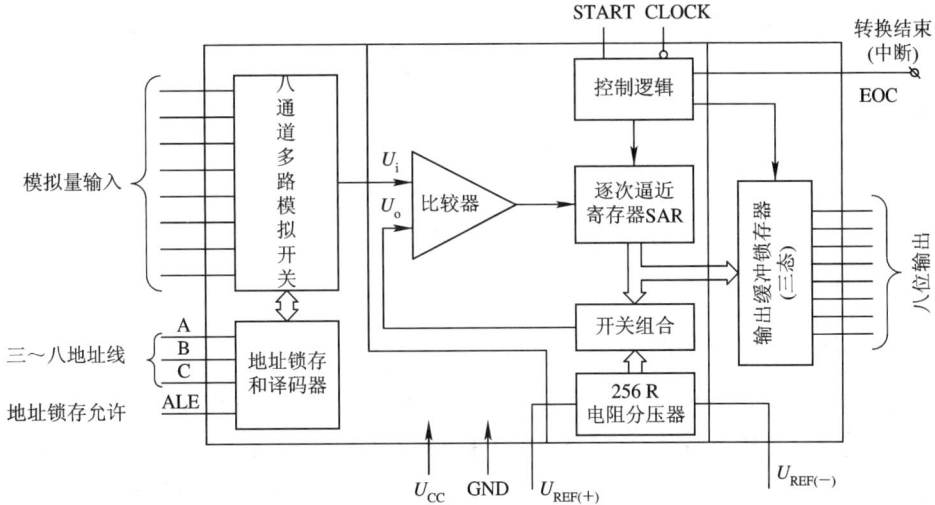

图 5-50　ADC0808/0809 的原理框图

2. ADC0808/0809 的外引脚功能

ADC0808/0809 的管脚排列如图 5-51 所示，其主要管脚的功能如下：

IN0～IN7——8 个模拟量输入端。

START——启动 A/D 转换器，当 START 为高电平时，开始 A/D 转换。

EOC——转换结束信号。当 A/D 转换完毕之后，发出一个正脉冲，表示 A/D 转换结

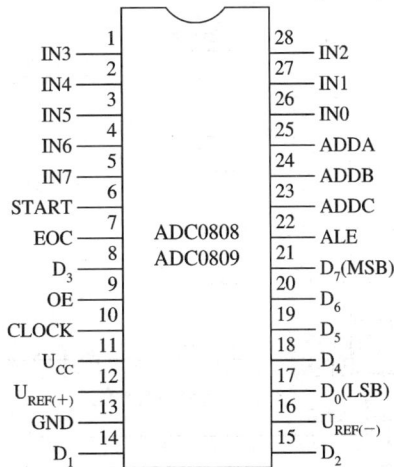

图 5-51　ADC0808/0809 管脚排列图

束。此信号可作为 A/D 转换是否结束的检测信号或中断申请信号。

OE——输出允许信号。如果此信号被选中，则允许从 A/D 转换器的锁存器中读取数字量。

CLOCK——时钟信号。

ALE——地址锁存允许，高电平有效。当 ALE 为高电平时，允许 C、B、A 所示的通道被选中，并将该通道的模拟量接入 A/D 转换器。

ADDA、ADDB、ADDC——通道号地址选择端，C 为最高位，A 为最低位。当 C、B、A 为全零(000)时，选中 IN0 通道接入；为 001 时，选中 IN1 通道接入；为 111 时，选中 IN7 通道接入。

$D_7 \sim D_0$——数字量输出端。

$U_{REF(+)}$、$U_{REF(-)}$——参考电压输入端，分别接＋、－极性的参考电压，用来提供 D/A 转换器权电阻的标准电平。在模拟量为单极性输入时，$U_{REF(+)} = 5\ V$，$U_{REF(-)} = 0\ V$；当模拟量为双极性输入时，$U_{REF(+)} = +5\ V$，$U_{REF(-)} = -5\ V$。

5.6.4　12 位 A/D 转换器 AD574

AD574 是一个完整的 12 位逐次逼近式带三态缓冲器的 A/D 转换器，它可以直接与 8 位或 16 位微型机总线进行接口。AD574 的分辨率为 12 位，转换时间为 $15 \sim 35\ \mu s$。AD574 有 6 个等级，其中 AD574AJ、AD574AK 和 AD574AL 适合在 $0 \sim +70℃$ 温度范围内工作，AD574AS、AD574AT 和 AD574AV 适合在 $-55 \sim +125℃$ 温度范围内工作。

1. AD574 的电路组成

AD574 的原理框图如图 5-52 所示。AD574 由模拟芯片和数字芯片两部分组成。其中，模拟芯片由高性能的 AD565(12 位 D/A 转换器)和参考电压模块组成，它包括高速电

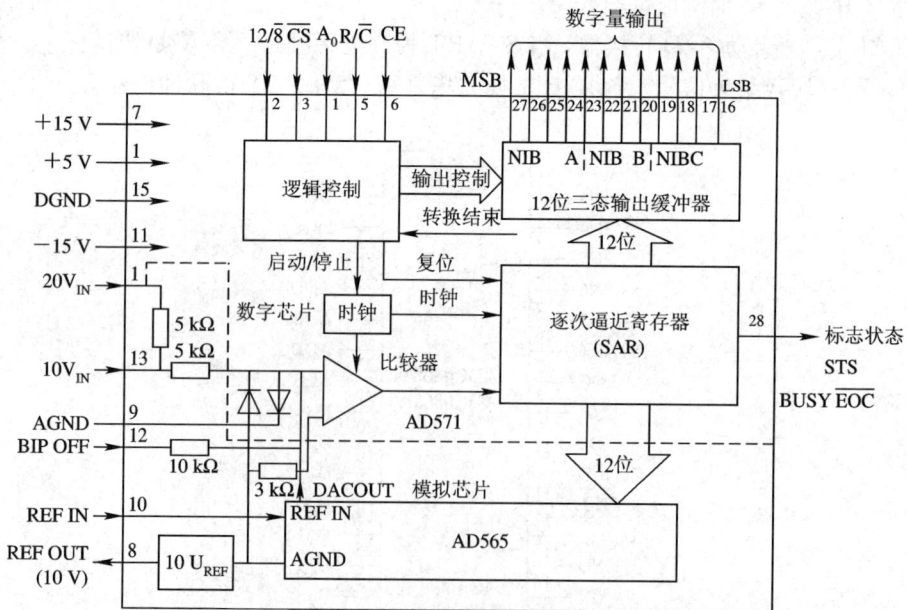

图 5-52　AD574 原理框图

流输出开关电路、激光切割的膜片式电阻网络，故其精度高，可达$\pm\frac{1}{4}$ LSB。数字芯片由逐次逼近式寄存器(SAR)、转换控制逻辑、时钟、总线接口和高性能的锁存器、比较器组成。逐次逼近的转换原理前已述及，此处不再重复。

2. AD574 的引脚功能说明

AD574 各个型号都采用 28 引脚双列直插式封装，引脚图如图 5-53 所示。

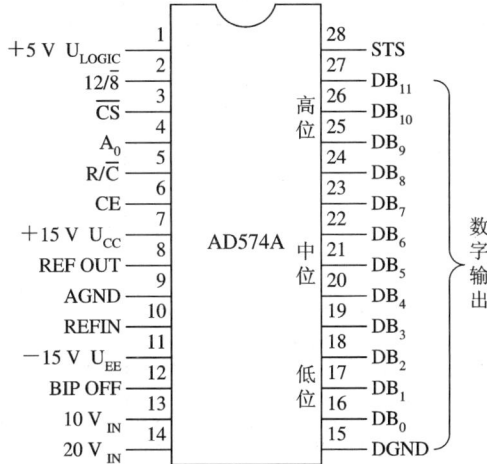

图 5-53 AD574 引脚图

AD574 各主要管脚的功能如下：

$DB_0 \sim DB_{11}$——12 位数据输出，分三组，均带三态输出缓冲器。

U_{LOGIC}——逻辑电源+5 V(+4.5～+5.5 V)。

U_{CC}——正电源+15 V(+13.5～+16.5 V)。

U_{EE}——负电源−15 V(−13.5～−16.5 V)。

AGND、DGND——模拟和数字地。

$\overline{CE}$——片允许信号，高电平有效。在简单应用中固定接高电平。

$\overline{CS}$——片选择信号，低电平有效。

$R/\overline{C}$——读/转换信号。$\overline{CE}=1$，$\overline{CS}=0$，$R/\overline{C}=0$ 时，转换开始，启动负脉冲为 400 ns。$\overline{CE}=1$，$\overline{CS}=0$，$R/\overline{C}=1$ 时，允许读数据。

A_0——转换和读字节选择信号：

$\begin{cases}\overline{CE}=1、\overline{CS}=0、R/\overline{C}=0、A_0=0 \text{ 时，启动 12 位转换}\\\overline{CE}=1、\overline{CS}=0、R/\overline{C}=0、A_0=1 \text{ 时，启动 8 位转换}\end{cases}$

$\begin{cases}\overline{CE}=1、\overline{CS}=0、R/\overline{C}=1、A_0=0 \text{ 时，读取转换后的高 8 位数据}\\\overline{CE}=1、\overline{CS}=0、R/\overline{C}=1、A_0=1 \text{ 时，读取转换后的低 4 位数据(低 4 位+0000)}\end{cases}$

$12/\overline{8}$——输出数据形式选择信号。$12/\overline{8}$ 端接 PIN1(VLoGic)时，数据按 12 位形式输出。$12/\overline{8}$ 端接 PIN15(DGND)时，数据按双 8 位形式输出。

STS——转换状态信号。转换开始 STS=1，转换结束 STS=0。

$10V_{IN}$——模拟信号输入。单极性 0～10 V，双极性±5 V。

$20V_{IN}$——模拟信号输入。单极性 $0\sim20$ V，双极性 ±10 V。

REF IN——参考电压输入。

REF OUT——参考电压输出。

BIP OFF——双极性偏置。

AD574 的真值表如表 5-3 所示。单极性输入电路和双极性输入电路分别如图 5-54、图 5-55 所示。

表 5-3 AD574 真值表

$\overline{CE}$	$\overline{CS}$	$R/\overline{C}$	$12/\overline{8}$	A_0	操　作
0	×	×	×	×	禁止
×	1	×	×	×	禁止
1	0	0	×	0	启动 12 位转换
1	0	0	×	1	启动 8 位转换
1	0	1	U_{LOGIC}	×	一次读取 12 位输出数据
1	0	1	DGND	0	读取高 8 位输出数据
1	0	1	DGND	1	读取低 4 位输出数据尾随 4 个 0

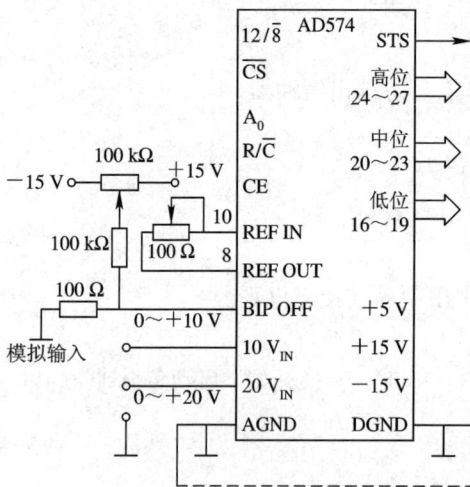

图 5-54 AD574 单极性输入电路

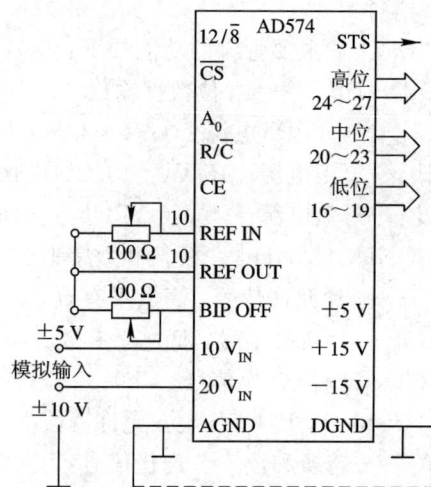

图 5-55 AD574 双极性输入电路

5.6.5 A/D 转换器与系统的连接及举例

A/D 转换器对外的信号连接涉及模拟输入信号、数据输出信号、启动转换信号、转换结束信号和数据的读取等内容。A/D 转换器和系统连接时，要处理好下列问题。

1. 输入模拟电压的连接

A/D 转换器的输入模拟电压可以是单端输入也可以是双端输入。如单通道 8 位 A/D

转换器 ADC0804 的两个输入端为 VIN(－)、VIN(＋),如果用单端输入的正向信号,则把 VIN(－)接地,信号加到 VIN(＋)端;如果用单端输入的负向信号,则把 VIN(＋)接地,信号加到 VIN(－)端;如果用双端输入,则模拟信号加在 VIN(－)端和 VIN(＋)端之间。

ADC0808/0809 可以从 IN0～IN7 接 8 路模拟电压输入,通常接成单端、单极性输入,这时 $U_{REF}(＋)＝5\ V$、$U_{REF}(－)＝0\ V$,也可以接成双极性输入,这时 $U_{REF}(＋)$ 和 $U_{REF}(－)$ 应分别接 ＋、－ 极性的参考电压。

AD574 是单端输入模拟电压,在 $10V_{IN}$ 和 $20V_{IN}$ 中任一端和 AGND 之间,可输入单极性电压或双极性电压,输入模拟电压的极性不同,其输入电路也不同(可参阅图 5 - 54、图 5 - 55)。

2. 数据输出和系统总线的连接

A/D 转换器的数据输出有两种方式。一种是 A/D 芯片内部带有三态输出门,其数据输出线可以直接挂到系统数据总线上去。另一种是 A/D 芯片内部不带三态输出门,或虽有三态输出门,但它不受外部信号控制,而是当转换结束时自动开门,如 AD570 就是这种芯片。这类 A/D 转换器芯片的数据输出线不能和系统数据总线直接相连,而应外加输入缓冲器(如 74LS244)或通过并行 I/O 接口的输入端口才能和 CPU 之间交换数据。

ADC0804、ADC0808/0809 等的数据输出线都具有三态输出门,其 8 位数据输出线可以直接接到系统数据总线上去。

AD574 的数据输出线也有三态输出门,可直接接数据总线。但是,它是 12 位输出,就有一个 A/D 输出数位和总线数位的对应关系问题。如果 AD574 直接接到 16 位的系统数据总线上,那么可以将 AD574 的数据输出 DB_0～DB_{11} 按位接到数据总线 D_0～D_{11} 上。如果要接 8 位数据总线,则按字节分时读出,此时将 DB_4～DB_{11} 接数据总线 D_0～D_7,而其低 4 位管脚(DB_0～DB_3)接到高 4 位上去(DB_8～DB_{11})。通过控制信号 A_0 来区别:当 $A_0＝0$ 时,允许高 8 位数据呈现在管脚20～27 上;而当 $A_0＝1$ 时,高 8 位被禁止,低 4 位呈现在管脚24～27 上,而管脚 20～23 为 0。这样,CPU 执行两条字节输入指令就可将转换后的 12 位数据读入。

3. A/D 转换启动信号

A/D 转换器是由 CPU 发出启动转换信号的。启动信号有电平启动和脉冲启动两种方式。如 AD570、AD571、AD572 等要求用电平启动信号,在整个 A/D 转换期间,启动电平信号不能撤消。CPU 一般要通过并行接口输出端或用 D 触发器发出和保持有效的电平启动信号。ADC0804、ADC0808/0809 和 AD574 都要求用脉冲启动信号,这就要通过读/写信号或程序控制得到足够宽度的脉冲信号。

4. 转换结束信号及转换数据的读取

A/D 转换结束时,A/D 转换芯片输出转换结束信号。转换结束信号也有两种:电平信号和脉冲信号。CPU 检测到转换结束信号后,即可读取转换后的数据。CPU 一般可以采用以下 3 种方式和 A/D 转换器进行联络来实现对转换数据的读取:

(1)程序查询方式。该方式就是在启动 A/D 转换器工作以后,程序不断读取 A/D 转换结束信号,若检测到结束信号有效,则认为完成一次转换,即可用输入指令读取转换后的数据。

(2)中断方式。即把 A/D 转换器送出的转换结束信号作为中断申请信号(有时可能要外加一个反相器），送到 CPU 或中断控制器的中断请求输入端。

（3）固定的延迟程序方式。用这种方式时，要预先精确地知道完成一次 A/D 转换需要的时间。CPU 发出启动 A/D 命令之后，执行一个固定的延迟程序，然后发出读取数据的指令。延迟时间应略大于完成一次 A/D 转换所需的时间。

上述三种方式中，A/D 转换时间较长和响应要求快的复杂系统，一般选用中断方式。当 A/D 转换时间较短时，可用查询方式或延迟方式。实际应用中要根据具体情况选定。

例 5 - 2 8 位 A/D 转换器 ADC0808/0809 和 CPU 的连接。

若指定 8 路模拟电压输入端口地址为 78H～7FH。转换结束信号以中断方式与 CPU 联络。采用 74LS138 做输入通道地址译码器，那么，可画出 ADC0808/0809 和 8086 CPU 的连接原理图如图 5 - 56 所示。

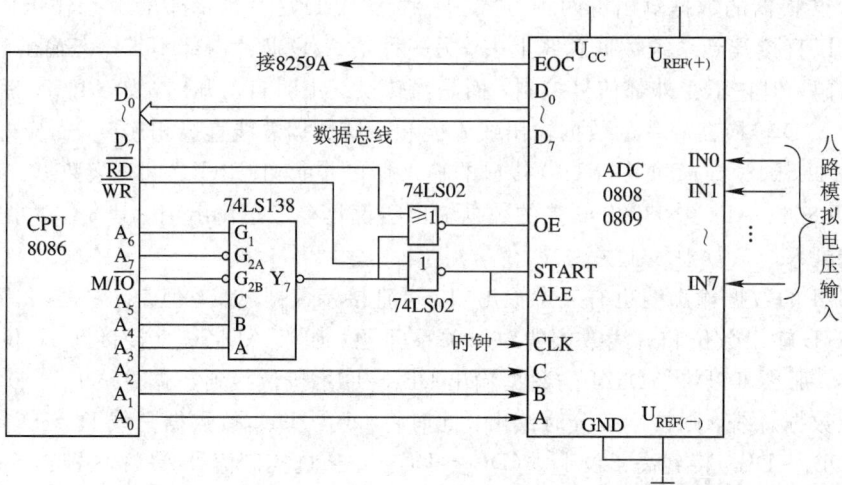

图 5 - 56　ADC0808/0809 与 8086CPU 的连接原理图

由于 ADC0808/0809 的数据输出带三态输出门，故可直接接到 CPU 数据总线上。按图 5 - 56 所示接线，74LS138 译码出的地址范围正好是 78H～7FH。低 3 位地址线 A_2～A_0 分别直接接到 ADC0808/0809 的采样地址输入端 C、B、A 上，用于选通 8 路输入通路中的其中一路。那么用一条输出指令即可启动某一通路开始转换（使 ADC0808/0809 的 START 端和 ALE 端得到一个启动正脉冲信号）：

CONTV1: MOV AL, 00H;　　　可以是不为 00H 的其他数字

OUT 78H, AL;　　　选通 IN0 通路并开始转换

...

CONTV7: MOV AL, 00H;

OUT 7FH, AL;　　　选通 IN7 通路并开始转换

...

转换结束，ADC0808/0809 从 EOC 端发出一个正脉冲信号，通过中断控制器 8259A 向 CPU 发出中断请求，CPU 响应中断后，转去执行中断服务程序。在中断服务程序中，执行一条输入指令，即可读取转换后的数据。如执行 INAL 78H，即可将已启动转换的 IN0 通路的转换数据读入 AL 中。因为执行这条指令时，使片选信号 Y_7 和读信号 $\overline{RD}$ 同时出现

有效低电平，所以 ADC0808/0809 的输出允许信号 $\overline{OE}$ 端出现一正脉冲，使输出三态门开启，CPU 即可读取转换后的数据。

例 5-3 AD574 与 8031 的连接。

图 5-57 为 AD574 与 8031 单片机的接口电路。由于 AD574 片内有时钟，故无需外加时钟信号。该电路采用单极性输入方式，可对 0～10 V 或 0～20 V 的模拟信号进行转换。转换结果的高 8 位从 D11～D4 输出，低 4 位从 D3～D0 输出，并且直接和单片机的数据总线相连。遵循左对齐原则，D3～D0 应接单片机数据总线的高半字节。为了实现启动 A/D 转换和转换结果的读出，AD574 的片选信号 $\overline{CS}$ 由地址总线的次低位 A1(P0.1) 提供，在读写时，A1 应设置为低电平。AD574 的 CE 信号由单片机的 $\overline{WR}$ 和 A7(P0.7) 经一级或非门产生，$R/\overline{C}$ 则由 $\overline{RD}$ 和 A7 经一级或非门提供。可见在读写时，A7 亦应为低电平。输出状态信号 STS 接 P3.2 端供单片机查询，以判断 A/D 转换是否结束。$12/\overline{8}$ 端接地，AD574 的 A01 由地址总线的最低位 A0(P0.0) 控制，以实现全 12 位转换，并将 12 位数据分两次送入数据总线。

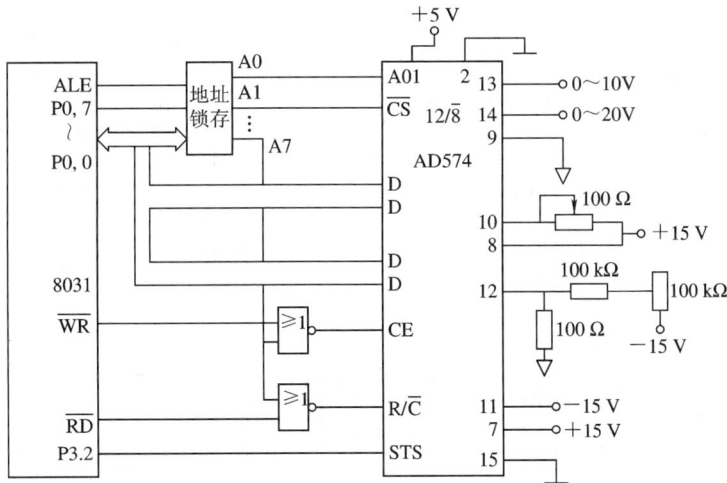

图 5-57 AD574 与 8031 的接口电路

利用该接口电路完成一次 A/D 转换，并把转换结果的高 8 位放入 R2 中，低 8 位放入 R3 中的工作程序如下：

```
MAIN: MOV R0, #7CH      ;选择 AD574，并令 A0＝0
      MOVX @R0, A        ;启动 A/D 转换，全 12 位
LOOP: NOP
      JB P3.2, LOOP      ;查询转换是否结束
      MOVX A, @R0        ;读取高 8 位
      MOV R2, A          ;存入 R2 中
      MOV R0, #7DH       ;令 A0＝1
      MOVX A, @R0        ;读取低 4 位，尾随 4 个 0
      MOV R3, A          ;存入 R3 中
      ⋮
```

例 5-4 12 位 A/D 转换器 AD574 与外部的连接。

图 5-58 是 AD574 与外部的连接电路。输入模拟电压信号是双极性(−、+),所以按双极性输入接线。通过运算放大器放大后的输入直流电压的线性变化范围为 −5~+5 V,从 $10V_{IN}$ 端输入。AD574 的 $\overline{CE}$ 端固定接 +5 V,恒为"1"。那么当按 74LS138 译码器给 AD574 译得的一个偶地址执行一条输出指令时,有 $\overline{CS}=0$、$A_0=0$、$R/\overline{C}=0$,就可启动 AD574 按 12 位转换。转换结束信号 STS 接至系统并行接口 8255A 的某一输入线上,CPU 可以检测该输入线的状态。当检测到该输入线的状态由"1"变为"0"时,表示转换已结束,因 $12/\overline{8}$ 端接 DGND 端,则 CPU 连续执行两条输入指令即可读取转换后的数据。第一条输入指令应按启动转换时的偶地址($A_0=0$)操作,读入的是转换后的高 8 位数据。第二条输入指令应按启动转换时的偶地址加 1 后的奇地址($A_0=1$)操作,读入的是转换后的低 4 位数据(后跟 4 个 0)。

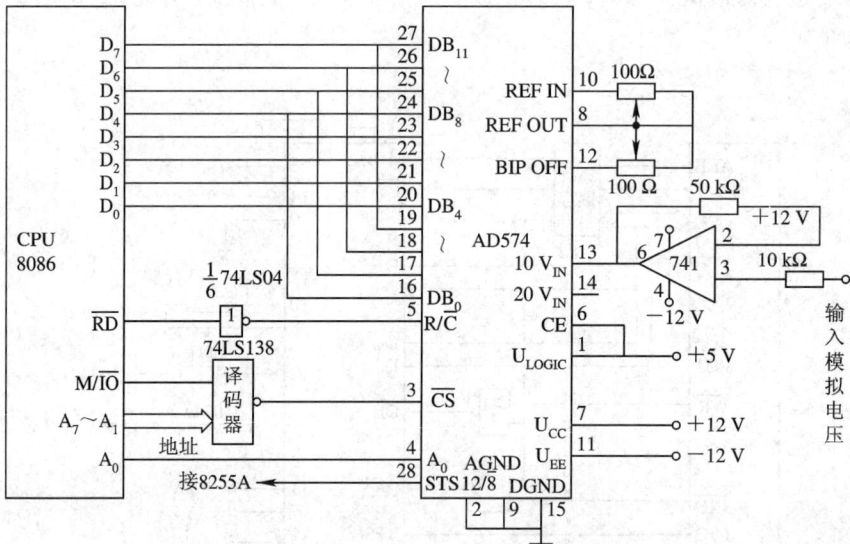

图 5-58 AD574 与外部的连接电路

设转换结束信号 STS 接 8255A 的 PA,8255A 初始化设定为 A 口输入。用查询法启动和读取 AD574 的转换数据的接口程序如下:

```
        OUT ADPORT, AL      ;启动 A/D 按 12 位转换,ADPORT 是 AD574 的一个偶地址
WAIT1:  IN AL, PA           ;读取转换结束信号,PA 是 8255A 的 A 端口地址
        MOV CL, 03          ;
        RCR AL, CL          ;右移三次
        JC WAIT1            ;如为高电平,则等待
        IN AL, ADPORT       ;读取转换后的高 8 位数据
        MOV AH, AL          ;高 8 位数据传送到 AH
        IN AL, ADPORT+1     ;读取转换后的低 4 位数据(后跟 4 个 0)
        ⋮
```

5-1 何谓 I/O 接口?计算机控制过程中为什么需要 I/O 接口?

5-2 试分析家用变频空调的计算机控制原理(重点分析输入/输出通道)。

5-3 试举例说明几种工业控制计算机的应用领域。

5-4 计算机的 I/O 过程中的编址方式有哪些?各有什么特点?

5-5 若 12 位 A/D 转换器的参考电压是 ±2.5 V,试求出其采样量化单位 q。若输入信号为 1 V,问转换后的输出数据值是多少。

5-6 用 ADC0809 测量某环境温度,其温度范围为 30～50℃,线性温度变送器输出 0～5 V,试求测量该温度环境的分辨率和精度。

5-7 中断和查询是计算机控制中的主要 I/O 方式,试论述其优、缺点。

5-8 计算机的输入/输出通道中通常设置有缓冲器,请问该通道中的缓冲器通常起到哪些作用?

第6章 伺服控制系统

6.1 概 述

伺服控制系统是一种能够跟踪输入的指令信号进行动作,从而获得精确的位置、速度及动力输出的自动控制系统。如防空雷达控制就是一个典型的伺服控制过程,它以空中的目标为输入指令要求,雷达天线要一直跟踪目标,为地面炮台提供目标方位;加工中心的机械制造过程也是伺服控制过程,位移传感器不断地将刀具进给的位移传送给计算机,通过与加工位置目标比较,计算机输出继续加工或停止加工的控制信号。机电一体化系统都具有伺服功能,机电一体化系统中的伺服控制是为执行机构按设计要求实现运动而提供控制和动力的重要环节。

6.1.1 伺服系统的结构组成

机电一体化的伺服控制系统的结构、类型繁多,但从自动控制理论的角度来分析,伺服控制系统一般包括控制器、被控对象、执行环节、检测环节、比较环节等五部分。图 6-1 给出了伺服系统组成原理框图。

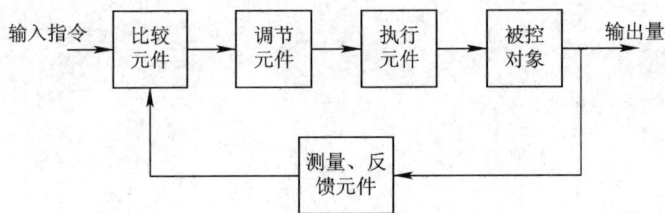

图 6-1 伺服系统组成原理框图

1. 比较环节

比较环节是将输入的指令信号与系统的反馈信号进行比较,以获得输出与输入间的偏差信号的环节,通常由专门的电路或计算机来实现。

2. 控制器

控制器通常是计算机或 PID 控制电路,其主要任务是对比较元件输出的偏差信号进行变换处理,以控制执行元件按要求动作。

3. 执行环节

执行环节的作用是按控制信号的要求,将输入的各种形式的能量转化成机械能,驱动被控对象工作。机电一体化系统中的执行元件一般指各种电机或液压、气动伺服机构等。

4. 被控对象

被控对象是指被控制的机构或装置，是直接完成系统目的的主体。被控对象一般包括传动系统、执行装置和负载。

5. 检测环节

检测环节是指能够对输出进行测量并转换成比较环节所需要的量纲的装置，一般包括传感器和转换电路。

在实际的伺服控制系统中，上述每个环节在硬件特征上并不独立，可能几个环节在一个硬件中，如测速直流电机既是执行元件又是检测元件。

6.1.2 伺服系统的分类

伺服系统的分类方法很多，常见的分类方法有以下三种。

（1）按被控量参数特性分类。按被控量的不同，机电一体化系统可分为位移、速度、力矩等各种伺服系统，其它还有温度、湿度、磁场、光等各种参数的伺服系统。

（2）按驱动元件的类型分类。按驱动元件的不同，伺服系统可分为电气伺服系统、液压伺服系统、气动伺服系统。电气伺服系统根据电机类型的不同又可分为直流伺服系统、交流伺服系统和步进电动机控制伺服系统。

（3）按控制原理分类。按自动控制原理的不同，伺服系统又可分为开环控制伺服系统、闭环控制伺服系统和半闭环控制伺服系统。

开环控制伺服系统结构简单，成本低廉，易于维护；但由于没有检测环节，系统精度低，抗干扰能力差。闭环控制伺服系统能及时对输出进行检测，并根据输出与输入的偏差实时调整执行过程，因此系统精度高，但成本也大幅提高。半闭环控制伺服系统的检测反馈环节位于执行机构的中间输出上，因此在一定程度上提高了系统的性能。如位移控制伺服系统中为了提高系统的动态性能而增设的电机速度检测和控制就属于半闭环控制环节。

6.1.3 伺服系统的技术要求

对机电一体化伺服系统的要求包括精度高，响应速度快，稳定性好，负载能力强和工作频率范围大等基本要求；同时还要求体积小，重量轻，可靠性高和成本低等。

1. 系统精度

伺服系统精度指的是输出量复现输入信号要求的精确程度，以误差的形式表现，可概括为动态误差、稳态误差和静态误差三个方面组成。稳定的伺服系统对输入变化是以一种振荡衰减的形式反映出来的，振荡的幅度和过程产生了系统的动态误差；当系统振荡衰减到一定程度以后，称其为稳态，此时的系统误差就是稳态误差；由设备自身零件精度和装配精度所决定的误差通常指静态误差。

2. 稳定性

伺服系统的稳定性是指当作用在系统上的干扰消失以后，系统能够恢复到原来稳定状态的能力；或者当给系统一个新的输入指令后，系统达到新的稳定运行状态的能力。如果系统能够进入稳定状态且过程时间短，则系统稳定性好；若系统振荡越来越强烈或系统进入等幅振荡状态,则属于不稳定系统。机电一体化伺服系统通常要求较高的稳定性。

3. 响应特性

响应特性指的是输出量跟随输入指令变化的反应速度,决定了系统的工作效率。响应速度与许多因素有关,如计算机的运行速度、运动系统的阻尼和质量等。

4. 工作频率

工作频率通常是指系统允许输入信号的频率范围。当工作频率信号输入时,系统能够按技术要求正常工作;而其它频率信号输入时,系统不能正常工作。在机电一体化系统中,工作频率一般指的是执行机构的运行速度。

上述四项特性是相互关联的,是系统动态特性的表现特征。利用自动控制理论来研究、分析所设计系统的频率特性,就可以确定系统的各项动态指标。系统设计时,在满足系统工作要求(包括工作频率)的前提下,首先要保证系统的稳定性和精度,并尽量提高系统的响应速度。

6.2 执 行 元 件

6.2.1 执行元件的分类及其特点

执行元件是能量变换元件,其目的是控制机械执行机构运动。机电一体化伺服系统要求执行元件具有转动惯量小,输出动力大,便于控制,可靠性高和安装维护简便等特点。根据使用能量的不同,可以将执行元件分为电磁式、液压式和气压式等几种类型,如图6-2所示。

图6-2 执行元件的种类

（1）电磁式执行元件能将电能转化成电磁力，并用电磁力驱动执行机构运动，如交流电机、直流电机、力矩电机、步进电机等。对控制用电机的性能除要求稳速运转之外，还要求具有加速、减速性能和伺服性能以及频繁使用时的适应性和便于维护性。

电气执行元件的特点是操作简便，便于控制，能实现定位伺服，响应快，体积小，动力较大和无污染等；其缺点是过载能力差，易于烧毁线圈，容易受噪声干扰。

（2）液压式执行元件先将电能变化成液体压力，并用电磁阀控制压力油的流向，从而使液压执行元件驱动执行机构运动。液压式执行元件有直线式油缸、回转式油缸、液压马达等。

液压执行元件的特点是输出功率大，速度快，动作平稳，可实现定位伺服，响应特性好和过载能力强；缺点是体积庞大，介质要求高，易泄露和易造成环境污染。

（3）气压式执行元件与液压式执行元件的原理相同，只是介质由液体改为气体。气压式执行元件的特点是介质来源方便，成本低，速度快，无环境污染；缺点是功率较小，动作不平稳，有噪声，难于伺服。

在闭环或半闭环控制的伺服系统中，主要采用直流伺服电动机、交流伺服电动机或伺服阀控制的液压伺服马达作为执行元件。液压伺服马达主要用在负载较大的大型伺服系统中，在中、小型伺服系统中则多采用直流或交流伺服电动机。由于直流伺服电动机具有优良的静、动态特性，并且易于控制，因而在 20 世纪 90 年代以前，一直是闭环系统中执行元件的主流。近年来，由于交流伺服技术的发展，使交流伺服电动机可以获得与直流伺服电动机相近的优良性能，而且交流伺服电动机无电刷磨损问题，维修方便，随着价格的逐年降低，正在得到越来越广泛的应用，因而目前已形成了与直流伺服电动机共同竞争市场的局面。在闭环伺服系统设计时，应根据设计者对技术的掌握程度及市场供应、价格等情况，适当选取合适的执行元件。

6.2.2 直流伺服电动机

直流伺服电动机具有良好的调速特性、较大的启动转矩和相对功率，易于控制及响应快等优点。尽管其结构复杂，成本较高，但在机电一体化控制系统中仍然具有较广泛的应用。

1. 直流伺服电动机的分类

直流伺服电动机按励磁方式可分为电磁式和永磁式两种。电磁式的磁场由励磁绕组产生；永磁式的磁场由永磁体产生。电磁式直流伺服电动机是一种普遍使用的伺服电动机，特别是大功率电机（100 W 以上）。永磁式伺服电动机具有体积小，转矩大，力矩和电流成正比，伺服性能好，响应快，功率体积比大，功率重量比大，稳定性好等优点。由于功率的限制，永磁式伺服电动机目前主要应用在办公自动化、家用电器、仪器仪表等领域。

直流伺服电动机按电枢的结构与形状又可分为平滑电枢型、空心电枢型和有槽电枢型等。平滑电枢型的电枢无槽，其绕组用环氧树脂粘固在电枢铁心上，因而转子形状细长，转动惯量小。空心电枢型的电枢无铁心，且常做成杯形，其转子转动惯量最小。有槽电枢型的电枢与普通直流电动机的电枢相同，转子转动惯量较大。

直流伺服电动机还可按转子转动惯量的大小分成大惯量、中惯量和小惯量直流伺服电动机。大惯量直流伺服电动机（又称直流力矩伺服电动机）负载能力强，易于与机械系统匹配；而小惯量直流伺服电动机的加、减速能力强，响应速度快，动态特性好。

2. 直流伺服电动机的基本结构及工作原理

直流伺服电动机主要由磁极、电枢、电刷及换向片组成，如图6-3所示。其中磁极在工作中固定不动，故又称定子。定子磁极用于产生磁场。在永磁式直流伺服电动机中，磁极采用永磁材料制成，充磁后即可产生恒定磁场。在他励式直流伺服电动机中，磁极由冲压硅钢片叠成，外绕线圈，靠外加励磁电流才能产生磁场。电枢是直流伺服电动机中的转动部分，故又称转子，它由硅钢片叠成，表面嵌有线圈，通过电刷和换向片与外加电枢电源相连。

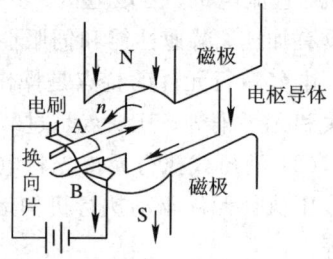

图6-3 直流伺服电动机基本结构

直流伺服电动机在定子磁场的作用下，使通有直流电的电枢(转子)受到电磁转矩的驱使，带动负载旋转。通过控制电枢绕组中电流的方向和大小，就可以控制直流伺服电动机的旋转方向和速度。当电枢绕组中的电流为零时，伺服电动机静止不动。

直流伺服电动机的控制方式主要有两种：一种是电枢电压控制，即在定子磁场不变的情况下，通过控制施加在电枢绕组两端的电压信号来控制电动机的转速和输出转矩；另一种是励磁磁场控制，即通过改变励磁电流的大小来改变定子磁场强度，从而控制电动机的转速和输出转矩。

采用电枢电压控制方式时，由于定子磁场保持不变，其电枢电流可以达到额定值，相应的输出转矩也可以达到额定值，因而这种方式又被称为恒转矩调速方式。而采用励磁磁场控制方式时，由于电动机在额定运行条件下磁场已接近饱和，因而只能通过减弱磁场的方法来改变电动机的转速。由于电枢电流不允许超过额定值，因而随着磁场的减弱，电动机转速增加，但输出转矩下降，输出功率保持不变，这种方式又被称为恒功率调速方式。

3. 直流伺服电动机的特性分析

直流伺服电动机采用电枢电压控制时的电枢等效电路如图6-4所示。

当电动机处于稳态运行时，回路中的电流 I_a 保持不变，则电枢回路中的电压平衡方程式为

$$E_a = U_a - I_a R_a \qquad (6-1)$$

式中，E_a 是电枢反电动势；U_a 是电枢电压；I_a 是电枢电流；R_a 是电枢电阻。

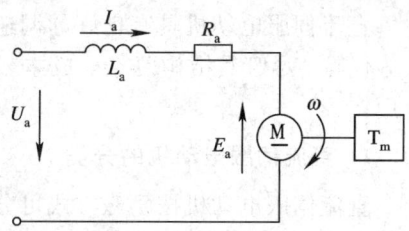

图6-4 电枢等效电路

转子在磁场中以角速度 ω 切割磁力线时，电枢反电动势 E_a 与角速度 ω 之间存在如下关系：

$$E_a = C_e \Phi \omega \qquad (6-2)$$

式中，C_e 是电动势常数，仅与电动机结构有关；Φ 是定子磁场中每极的气隙磁通量。

由式(6-1)、式(6-2)得

$$U_a - I_a R_a = C_e \Phi \omega \qquad (6-3)$$

此外，电枢电流切割磁场磁力线所产生的电磁转矩 T_m 可由下式表达：

$$T_{\mathrm{m}} = C_{\mathrm{m}} \Phi I_{\mathrm{a}}$$

则
$$I_{\mathrm{a}} = \frac{T_{\mathrm{m}}}{C_{\mathrm{m}} \Phi} \qquad (6-4)$$

式中，C_{m} 是转矩常数，仅与电动机结构有关。

将式(6-4)代入式(6-3)并整理，可得到直流伺服电动机运行特性的一般表达式

$$\omega = \frac{U_{\mathrm{a}}}{C_{\mathrm{e}} \Phi} - \frac{R_{\mathrm{a}}}{C_{\mathrm{e}} C_{\mathrm{m}} \Phi^2} T_{\mathrm{m}} \qquad (6-5)$$

由此可以得出空载($T_{\mathrm{m}}=0$，转子惯量忽略不计)和电机启动($\omega=0$)时的电机特性：

(1) 当 $T_{\mathrm{m}}=0$ 时，有

$$\omega = \frac{U_{\mathrm{a}}}{C_{\mathrm{e}} \Phi} \qquad (6-6)$$

式中，ω 称为理想空载角速度。可见，角速度与电枢电压成正比。

(2) 当 $\omega=0$ 时，有

$$T_{\mathrm{m}} = T_{\mathrm{d}} = \frac{C_{\mathrm{m}} \Phi}{R_{\mathrm{a}}} U_{\mathrm{a}} \qquad (6-7)$$

式中，T_{d} 称为启动瞬时转矩，其值也与电枢电压成正比。

如果把角速度 ω 看作是电磁转矩 T_{m} 的函数，即 $\omega=f(T_{\mathrm{m}})$，则可得到直流伺服电动机的机械特性表达式为

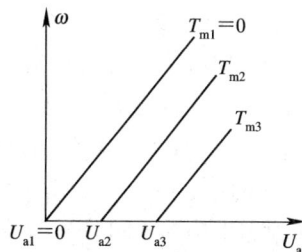

$$\omega = \omega_0 - \frac{R_{\mathrm{a}}}{C_{\mathrm{e}} C_{\mathrm{m}} \Phi^2} T_{\mathrm{m}} \qquad (6-8)$$

式中，ω_0 是常数，$\omega_0 = \dfrac{U_{\mathrm{a}}}{C_{\mathrm{e}} \Phi}$。

如果把角速度 ω 看作是电枢电压 U_{a} 的函数，即 $\omega=f(U_{\mathrm{a}})$，则可得到直流伺服电动机的调节特性表达式

$$\omega = \frac{U_{\mathrm{a}}}{C_{\mathrm{e}} \Phi} - k T_{\mathrm{m}} \qquad (6-9)$$

式中，k 是常数，$k = \dfrac{R_{\mathrm{a}}}{C_{\mathrm{e}} C_{\mathrm{m}} \Phi^2}$。

根据式(6-8)和式(6-9)，给定不同的 U_{a} 值和 T_{m} 值，可分别绘出直流伺服电动机的机械特性曲线和调节特性曲线如图 6-5、图 6-6 所示。

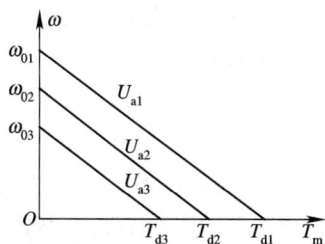

图 6-5　直流伺服电动机的机械特性　　　图 6-6　直流伺服电动机的调节特性

由图 6-5 可见，直流伺服电动机的机械特性是一组斜率相同的直线簇。每条机械特性和一种电枢电压相对应，与 ω 轴的交点是该电枢电压下的理想空载角速度，与 T_{m} 轴的交

点则是该电枢电压下的启动转矩。

由图6-6可见，直流伺服电动机的调节特性也是一组斜率相同的直线簇。每条调节特性和一种电磁转矩相对应，与U_a轴的交点是启动时的电枢电压。

从图中还可看出，调节特性的斜率为正，说明在一定的负载下，电动机转速随电枢电压的增加而增加；而机械特性的斜率为负，说明在电枢电压不变时，电动机转速随负载转矩增加而降低。

4. 影响直流伺服电动机特性的因素

上述对直流伺服电动机特性的分析是在理想条件下进行的，实际上电动机的驱动电路、电动机内部的摩擦及负载的变动等因素都对直流伺服电动机的特性有着不容忽略的影响。

1) 驱动电路对机械特性的影响

直流伺服电动机是由驱动电路供电的，假设驱动电路的内阻是R_i，加在电枢绕组两端的控制电压是U_c，则可画出如图6-7所示的电枢等效回路。在这个电枢等效回路中，电压平衡方程式为

$$E_a = U_c - I_a(R_a + R_i) \qquad (6-10)$$

于是在考虑了驱动电路的影响后，直流伺服电动机的机械特性表达式变成

$$\omega = \omega_0 - \frac{R_a + R_i}{C_e C_m \Phi^2} T_m \qquad (6-11)$$

将式(6-11)与式(6-8)比较可以发现，由于驱动电路内阻R_i的存在而使机械特性曲线变陡了，图6-8给出了驱动电路内阻影响下的机械特性。

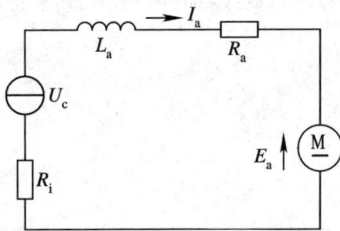

图6-7 含驱动电路的电枢等效回路　　　图6-8 驱动电路内阻对机械特性的影响

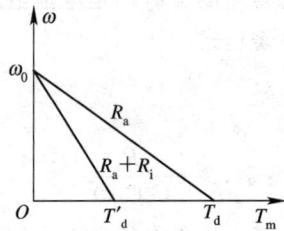

如果直流伺服电动机的机械特性较平缓，则当负载转矩变化时，相应的转速变化较小，这时称直流伺服电动机的机械特性较硬。反之，如果机械特性较陡，当负载转矩变化时，相应的转速变化就较大，则称其机械特性较软。显然，机械特性越硬，电动机的负载能力越强；机械特性越软，负载能力越低。毫无疑问，对直流伺服电动机应用来说，其机械特性越硬越好。由图6-8可知，由于功放电路内阻的存在而使电动机的机械特性变软了，这种影响是不利的，因而在设计直流伺服电动机功放电路时，应设法减小其内阻。

2) 直流伺服电动机内部的摩擦对调节特性的影响

由图6-6可知，直流伺服电动机在理想空载时(即$T_{m1}=0$)，其调节特性曲线从原点开始。但实际上直流伺服电动机内部存在摩擦(如转子与轴承间的摩擦等)，直流伺服电动机在启动时需要克服一定的摩擦转矩，因此启动时电枢电压不可能为零。这个不为零的电

压称为启动电压,用 U_b 表示,如图 6-9 所示。电动机摩擦转矩越大,所需的启动电压就越高。通常把从零到启动电压这一电压范围称死区。电压值处于该区内时,不能使直流伺服电动机转动。

3) 负载变化对调节特性的影响

由式(6-5)知,在负载转矩 T_L 不变的条件下,直流伺服电动机角速度与电枢电压成线性关系。但在实际伺服系统中,经常会遇到负载随转速变动的情况,如粘性摩擦阻力是随转速增加而增加的,数控机床切削加工过程中的切削力也是随进给速度变化而变化的。这时由于负载的变动将导致调节特性的非线性,如图 6-9 所示。可见,由于负载变动的影响,当电枢电压 U_a 增加时,直流伺服电动机角速度 ω 的变化率越来越小,这一点在变负载控制时应格外注意。

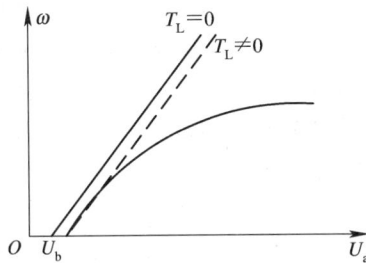

图 6-9 摩擦及负载变动对调节特性的影响

5. 直流伺服系统

由于伺服控制系统的速度和位移都有较高的精度要求,因而直流伺服电动机通常以闭环或半闭环控制方式应用于伺服系统中。

直流伺服系统的闭环控制是针对伺服系统的最后输出结果进行检测和修正的伺服控制方法,而半闭环控制是针对伺服系统的中间环节(如电动机的输出速度或角位移等)进行监控和调节的控制方法。它们都对系统输出进行实时检测和反馈,并根据偏差对系统实施控制。两者的区别仅在于传感器检测信号的位置不同,由此导致设计、制造的难易程度不同,工作性能不同,但两者的设计与分析方法基本上是一致的。闭环和半闭环控制的位置伺服系统的结构原理分别如图 6-10、图 6-11 所示。

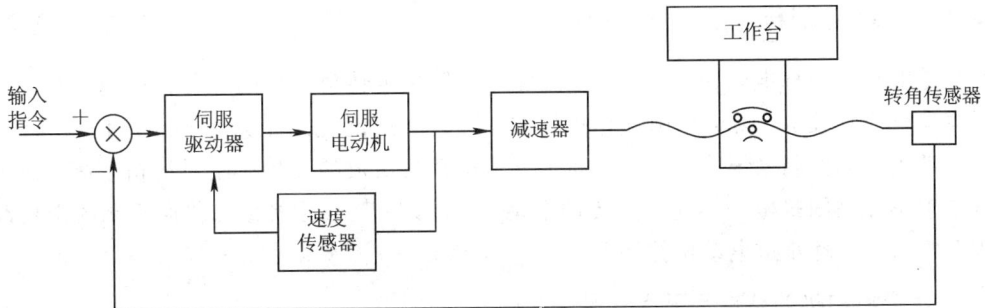

图 6-10 半闭环伺服系统结构原理图

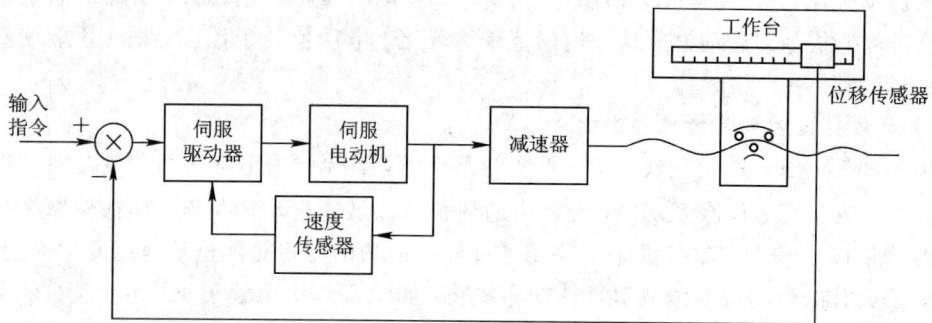

图 6-11 闭环伺服系统结构原理图

设计闭环伺服系统必须首先保证系统的稳定性，然后在此基础上采取各种措施满足精度及快速响应性等方面的要求。当系统精度要求很高时，应采用闭环控制方案。它将全部机械传动及执行机构都封闭在反馈控制环内，其误差都可以通过控制系统得到补偿，因此可达到很高的精度。但是闭环伺服系统结构复杂，设计难度大，成本高，尤其是机械系统的动态性能难于提高，系统稳定性难于保证。因此，除非精度要求很高，一般应采用半闭环控制方案。

影响伺服精度的主要因素是检测环节，常用的检测传感器有旋转变压器、感应同步器、码盘、光电脉冲编码器、光栅尺、磁尺及测速发电机等。如被测量为直线位移，则应选尺状的直线位移传感器，如光栅尺、磁尺、直线感应同步器等。如被测量为角位移，则应选圆形的角位移传感器，如光电脉冲编码器、圆感应同步器、旋转变压器、码盘等。一般来讲，半闭环控制的伺服系统主要采用角位移传感器，闭环控制的伺服系统主要采用直线位移传感器。在位置伺服系统中，为了获得良好的性能，往往还要对执行元件的速度进行反馈控制，因此还要选用速度传感器。速度控制也常采用光电脉冲编码器，既测量电动机的角位移，又通过计时而获得速度。

在闭环控制的伺服系统中，机械传动与执行机构在结构形式上与开环控制的伺服系统基本一样，即由执行元件通过减速器和滚动丝杠螺母机构驱动工作台运动。

直流伺服电动机的控制及驱动方法通常采用晶体管脉宽调制（PWM）控制和晶闸管（可控硅）放大器驱动控制。具体的控制方法在 6.3 节介绍。

6.2.3 步进电动机

步进电动机又称电脉冲马达，是通过脉冲数量决定转角位移的一种伺服电动机。由于步进电动机成本较低，易于采用计算机控制，因而被广泛应用于开环控制的伺服系统中。步进电动机开环控制系统比直流电动机或交流电动机组成的开环控制系统精度高，适用于精度要求不太高的机电一体化伺服传动系统。目前，一般数控机械和普通机床的微机改造中大多均采用开环步进电动机控制系统。

1. 步进电动机的结构与工作原理

步进电动机按其工作原理主要可分为磁电式和反应式两大类，这里只介绍常用的反应式步进电动机的工作原理。三相反应式步进电动机的工作原理如图 6-12 所示，其中步进电动机的定子上有 6 个齿，其上分别缠有 U、V、W 三相绕组，构成三对磁极；转子上则均匀分布着 4 个齿。步进电动机采用直流电源供电。当 U、V、W 三相绕组轮流通电时，通过电磁力的吸引，步进电动机转子一步一步地旋转。

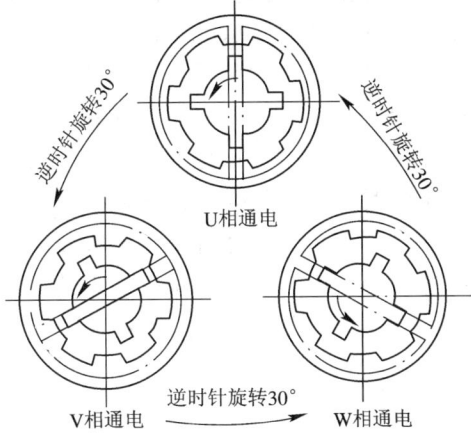

图 6 - 12　步进电动机运动原理图

　　假设 U 相绕组首先通电，则转子上、下两齿被磁场吸住，转子就停留在 U 相通电的位置上。然后 U 相断电，V 相通电，则磁极 U 的磁场消失，磁极 V 产生了磁场，磁极 V 的磁场把离它最近的另外两齿吸引过去，停止在 V 相通电的位置上，这时转子逆时针转了 30°。随后 V 相断电，W 相通电，根据同样的道理，转子又逆时针转了 30°，停止在 W 相通电的位置上。若再 U 相通电，W 相断电，那么转子再逆转 30°。定子各相轮流通电一次，转子转一个齿。

　　步进电动机绕组按 U→V→W→U→V→W→U… 依次轮流通电，步进电动机转子就一步步地按逆时针方向旋转。反之，如果步进电动机按倒序依次使绕组通电，即 U→W→V→U→W→V→U… 则步进电动机将按顺时针方向旋转。

　　步进电动机绕组每次通断电使转子转过的角度称之为步距角。上述分析中的步进电动机步距角为 30°。

　　对于一个真实的步进电动机，为了减少每通电一次的转角，在转子和定子上开有很多定分的小齿。其中定子的三相绕组铁心间有一定角度的齿差，当 U 相定子小齿与转子小齿对正时，V 相和 W 相定子上的齿则处于错开状态，如图 6 - 13 所示。真实步进电动机的工作原理与上同，只是步距角是小齿距夹角的 1/3。

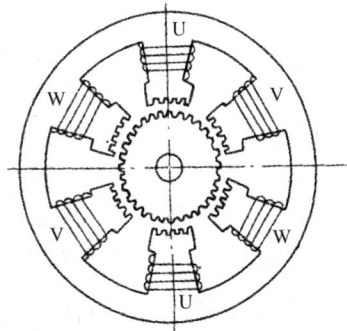

图 6 - 13　三相反应式步进电动机

2. 步进电动机的通电方式

　　如果步进电动机绕组的每一次通断电操作称为一拍，每拍中只有一相绕组通电，其余绕组断电，则这种通电方式称为单相通电方式。三相步进电动机的单相通电方式称为三相单三拍通电方式。

如果步进电动机通电循环的每拍中都有两相绕组通电,则这种通电方式称为双相通电方式。三相步进电动机采用双相通电方式时,称为三相双三拍通电方式。

如果步进电动机通电循环的各拍中交替出现单、双相通电状态,则这种通电方式称为单双相轮流通电方式。三相步进电动机采用单双相轮流通电方式时,每个通电循环中共有六拍,因而又称为三相六拍通电方式。

一般情况下,m 相步进电动机可采用单相通电、双相通电或单双相轮流通电方式工作,对应的通电方式分别称为 m 相单 m 拍、m 相双 m 拍或 m 相 $2m$ 拍通电方式。

由于采用单相通电方式工作时,步进电动机的矩频特性(输出转矩与输入脉冲频率的关系)较差,在通电换相过程中,转子状态不稳定,容易失步,因而实际应用中较少采用。图 6-14 是某三相反应式步进电动机在不同通电方式下工作时的矩频特性曲线。显然,采用单双相轮流通电方式可使步进电动机在各种工作频率下都具有较大的负载能力。

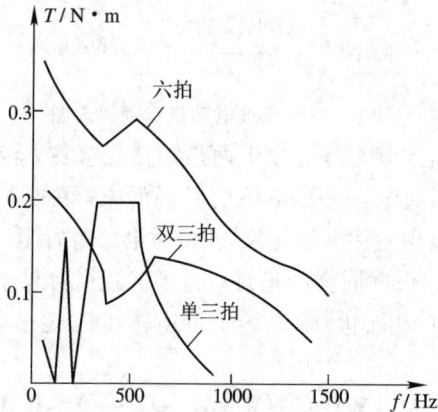

图 6-14 不同通电方式时的矩频特性

通电方式不仅影响步进电动机的矩频特性,对步距角也有影响。一个 m 相步进电动机,如其转子上有 z 个小齿,则其步距角可通过下式计算:

$$\alpha = \frac{360°}{kmz} \qquad (6-12)$$

式中,k 是通电方式系数。当采用单相或双相通电方式时,$k=1$;当采用单双相轮流通电方式时,$k=2$。可见,采用单双相轮流通电方式还可使步距角减小一半。步进电机的步距角决定了系统的最小位移,步距角越小,位移的控制精度越高。

3. 步进电动机的使用特性

(1) 步距误差。步距误差直接影响执行部件的定位精度。步进电动机单相通电时,步距误差取决于定子和转子的分齿精度和各相定子的错位角度的精度;多相通电时,步距角不仅与加工装配精度有关,还和各相电流的大小、磁路性能等因素有关。国产步进电动机的步距误差一般为 $\pm10'\sim\pm15'$,功率步进电动机的步距误差一般为 $\pm20'\sim\pm25'$,精度较高的步进电动机的步距误差可达 $\pm2'\sim\pm5'$。

(2) 最大静转矩。最大静转矩是指步进电动机在某相始终通电而处于静止不动状态时所能承受的最大外加转矩，亦即所能输出的最大电磁转矩，它反映了步进电动机的制动能力和低速步进运行时的负载能力。

（3）启动矩频特性。空载时，步进电动机由静止突然启动并不失步地进入稳速运行所允许的最高频率称为最高启动频率。启动频率与负载转矩有关，图 6-15 给出了 90BF002型步进电动机的启动矩频特性曲线。由图可见，负载转矩越大，所允许的最大启动频率越小。选用步进电动机时，应使实际应用的启动频率与负载转矩所对应的启动工作点位于该曲线之下，才能保证步进电动机不失步地正常启动。当伺服系统要求步进电动机的运行频率高于最大允许启动频率时，可先按较低的频率启动，然后按一定规律逐渐加速到运行频率。

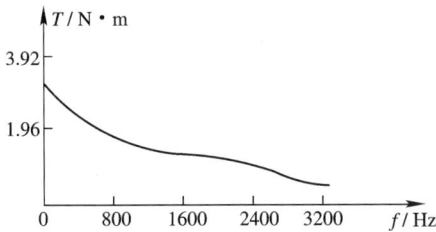

图 6-15　启动矩频特性　　　　　图 6-16　运行矩频特性

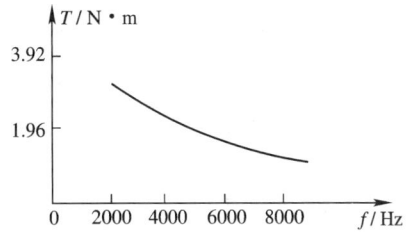

（4）运行矩频特性。步进电动机连续运行时所能接受的最高频率称为最高工作频率，它与步距角一起决定执行部件的最大运行速度。最高工作频率决定于负载惯量 J，还与定子相数、通电方式、控制电路的功率驱动器等因素有关。图 6-16 是 90BF002型步进电动机的运行矩频特性曲线。由图可见，步进电动机的输出转矩随运行频率的增加而减小，即高速时其负载能力变差，这一特性是步进电动机应用范围受到限制的主要原因之一。选用步进电动机时，应使实际应用的运行频率与负载转矩所对应的运行工作点位于运行矩频特性之下，才能保证步进电动机不失步地正常运行。

（5）最大相电压和最大相电流。最大相电压和最大相电流分别是指步进电动机每相绕组所允许施加的最大电源电压和流过的最大电流。实际应用的相电压或相电流如果大于允许值，可能会导致步进电动机绕组被击穿或因过热而烧毁；如果比允许值小得太多，步进电动机的性能又不能充分发挥出来。因此，设计或选择步进电动机的驱动电源时，应充分考虑这两个电气参数。

4. 步进电动机的控制与驱动

步进电动机的电枢通断电次数和各相通电顺序决定了输出角位移和运动方向，控制脉冲分配频率可实现步进电动机的速度控制。因此，步进电机控制系统一般采用开环控制方式。图 6-17 为开环步进电动机控制系统框图，系统主要由环形分配器、功率驱动器、步进电动机等组成。

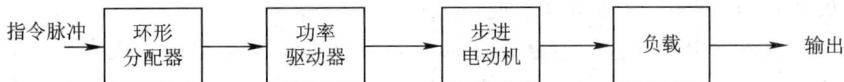

图 6-17　开环步进电动机控制系统框图

1）环形分配

步进电动机在一个脉冲的作用下，转过一个相应的步距角，因此只要控制一定的脉冲数，即可精确控制步进电动机转过的相应的角度。但步进电动机的各绕组必须按一定的顺序通电才能正确工作，这种使电动机绕组的通断电顺序按输入脉冲的控制而循环变化的过程称为环形脉冲分配。

实现环形分配的方法有两种。一种是计算机软件分配，采用查表或计算的方法使计算机的三个输出引脚依次输出满足速度和方向要求的环形分配脉冲信号。这种方法能充分利用计算机软件资源，减少硬件成本，尤其是多相电动机的脉冲分配更能显示出这种分配方法的优点。但由于软件运行会占用计算机的运行时间，因而会使插补运算的总时间增加，从而影响步进电动机的运行速度。

另一种是硬件环形分配，采用数字电路搭建或专用的环形分配器件将连续的脉冲信号经电路处理后输出环形脉冲。采用数字电路搭建的环形分配器通常由分立元件（如触发器、逻辑门等）构成，特点是体积大，成本高，可靠性差。专用的环形分配器目前市面上有很多种，如 CMOS 电路 CH250 即为三相步进电动机的专用环形分配器，它的引脚功能及三相六拍线路图如图 6-18 所示。这种分配方法的优点是使用方便，接口简单。

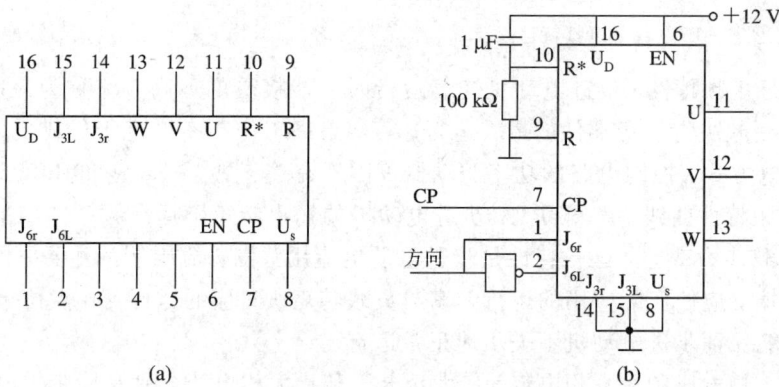

图 6-18 环形分配器 CH250 引脚图

（a）引脚功能；（b）三相六拍线路图

2）功率驱动

要使步进电动机能输出足够的转矩以驱动负载工作，必须为步进电机提供足够功率的控制信号，实现这一功能的电路称为步进电动机驱动电路。驱动电路实际上是一个功率开关电路，其功能是将环形分配器的输出信号进行功率放大，得到步进电动机控制绕组所需要的脉冲电流及所需要的脉冲波形。步进电动机的工作特性在很大程度上取决于功率驱动器的性能，对每一相绕组来说，理想的功率驱动器应使通过绕组的电流脉冲尽量接近矩形波。但由于步进电动机绕组有很大的电感，要做到这一点是有困难的。

常见的步进电动机驱动电路有三种：

（1）单电源驱动电路。这种电路采用单一电源供电，结构简单，成本低，但电流波形差，效率低，输出力矩小，主要用于对速度要求不高的小型步进电动机的驱动。图 6-19 所示为步进电动机的一相绕组驱动电路（每相绕组的电路相同）。

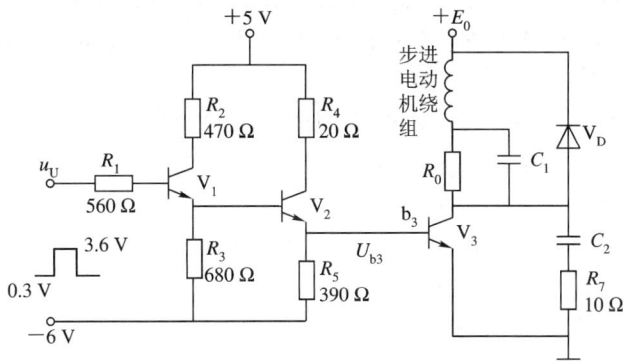

图 6-19　单民源驱动电路

当环形分配器的脉冲输入信号 u_U 为低电平(逻辑 0，约 1 V)时，虽然 V_1、V_2 管都导通，但只要适当选择 R_1、R_3、R_5 的阻值，使 $U_{b3} < 0$(约为 -1 V)，那么 V_3 管就处于截止状态，该相绕组断电。当输入信号 u_U 为高电平 3.6 V(逻辑 1)时，$U_{b3} > 0$(约为 0.7 V)，V_3 管饱和导通，该相绕组通电。

(2) 双电源驱动电路。双电源驱动电路又称高、低压驱动电路，采用高压和低压两个电源供电，如图 6-20 所示。在步进电动机绕组刚接通时，通过高压电源供电，以加快电流上升速度；延迟一段时间后，切换到低压电源供电。这种电路使电流波形、输出转矩及运行频率等都有较大的改善。

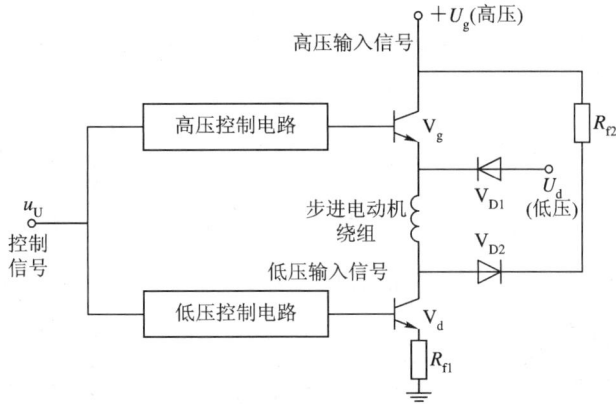

图 6-20　高、低压驱动电路

当环形分配器的脉冲输入信号 u_U 为高电平时(要求该相绕组通电)，二极管 V_g、V_d 的基极都有信号电压输入，使 V_g、V_d 均导通。于是在高压电源作用下(这时二极管 V_{D1} 两端承受的是反向电压，处于截止状态，可使低压电源不对绕组作用)，绕组电流迅速上升，电流前沿很陡。当电流达到或稍微超过额定稳态电流时，利用定时电路或电流检测器等措施切断 V_g 基极上的信号电压，于是 V_g 截止，但此时 V_d 仍然是导通的，因此绕组电流即转而由低压电源经过二极管 V_{D1} 供给。当环形分配器输出端的电压 u_U 为低电平时(要求绕组断电)，V_d 基极上的信号电压消失，于是 V_d 截止，绕组中的电流经二极管 V_{D2} 及电阻 R_{f2} 向高压电源放电，电流便迅速下降。采用这种高、低压切换型电源，电动机绕组上不需要串联电阻或者只需要串联一个很小的电阻 R_{f1}（为平衡各相的电流），因此电源的功耗比较小。由于这种供压方式使电流波形得到很大改善，因而步进电动机的矩频特性好，启动和运行频率得到很大的提高。

（3）斩波限流驱动电路。这种电路采用单一高压电源供电，以加快电流上升速度，并通过对绕组电流的检测，控制功放管的开和关，使电流在控制脉冲持续期间始终保持在规定值上下，其波形如图 6-21 所示。这种电路功率大，功耗小，效率高，目前应用最广。

图 6-22 所示为一种斩波限流驱动电路原理图，其工作原理如下：当环形分配器的脉冲输入高电平（要求该相绕组通电）加载到光电耦合器 OT 的输入端时，晶体管 V_1 导通，并使 V_2 和 V_3 也导通。在 V_2 导通瞬间，脉冲变压器 T 在其二次线圈中感应出一个正脉冲，使大功率晶体管 V_4 导通。同时由于 V_3 的导通，大功率晶体管 V_5

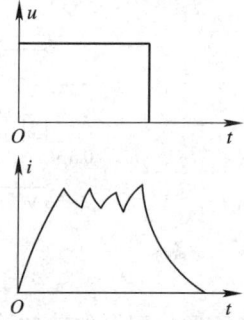

图 6-21　斩波限流驱动电路波形图

也导通。于是绕组 W 中有电流流过，步进电动机旋转。由于 W 是感性负载，其中的电流在导通后逐渐增加，当增加到一定值时，在检测电阻 R_{10} 上产生的压降将超过由分压电阻 R_7 和电阻 R_8 所设定的电压值 U_{ref}，使比较器 OP 翻转，输出低电平使 V_2 截止。在 V_2 截止瞬时，又通过 T 将一个负脉冲交连到二次线圈，使 V_4 截止。于是电源通路被切断，W 中储存的能量通过 V_5、R_{10} 及二极管 V_{D7} 释放，电流逐渐减小。当电流减小到一定值后，在 R_{10} 上的压降又低于 U_{ref}，使 OP 输出高电平，V_2、V_4 及 W 重新导通。在控制脉冲持续期间，上述过程不断重复。当输入低电平时，$V_1 \sim V_5$ 等相继截止，W 中的能量则通过 V_{D6}、电源、地和 V_{D7} 释放。

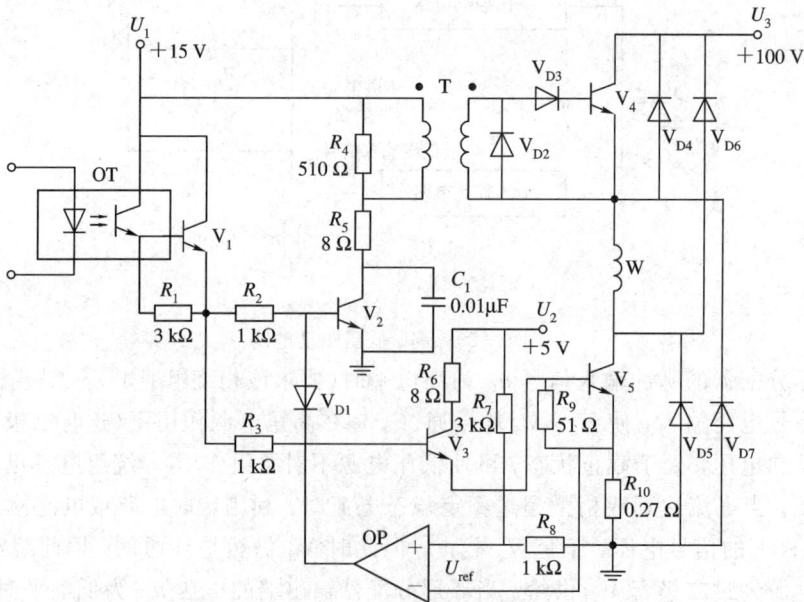

图 6-22　斩波限流驱动电路

该电路限流值可达 6 A 左右，改变电阻 R_{10} 或 R_8 的值，可改变限流值的大小。

6.2.4 交流伺服电动机

20 世纪后期，随着电力电子技术的发展，交流电动机应用于伺服控制越来越普遍。与直流伺服电动机比较，交流伺服电动机不需要电刷和换向器，因而维护方便且对环境无要求；此外，交流电动机还具有转动惯量、体积和重量较小，结构简单，价格便宜等优点；尤其是交流电动机调速技术的快速发展，使它得到了更广泛的应用。交流电动机的缺点是转矩特性和调节特性的线性度不及直流伺服电动机好，其效率也比直流伺服电动机低。在设计伺服系统时，除在某些操作特别频繁或交流伺服电动机的发热和启、制动特性不能满足要求的情况下选择直流伺服电动机外，一般尽量考虑选择交流伺服电动机。

用于伺服控制的交流电动机主要有同步型交流电动机和异步型交流电动机。采用同步型交流电动机的伺服系统多用于机床进给传动控制、工业机带入关节传动和其它需要运动和位置控制的场合；异步型交流电动机的伺服系统多用于机床主轴转速和其它调速系统。

1. 异步型交流电动机

三相异步电动机定子中的三个绕组在空间方位上也互差 120°，三相交流电源的相与相之间的电压在相位上也相差 120°。当在定子绕组中通入三相电源时，定子绕组就会产生一个旋转磁场，旋转磁场的转速为

$$n_1 = 60\frac{f_1}{p} \tag{6-13}$$

式中，f_1 为定子供电频率；p 为定子线圈的磁极对数；n_1 为定子转速磁场的同步转速。

定子绕组产生旋转磁场后，转子导条（鼠笼条）将切割旋转磁场的磁力线而产生感应电流，转子导条中的电流又与旋转磁场相互作用产生电磁力，电磁力产生的电磁转矩驱动转子沿旋转磁场方向旋转。一般情况下，电动机的实际转速 n 低于旋转磁场的转速 n_1。假设 $n = n_1$，则转子导条与旋转磁场就没有相对运动，就不会切割磁力线，也就不会产生电磁转矩，因此转子的转速 n_1 必然小于 n，为此我们称三相电动机为异步电动机。

旋转磁场的旋转方向与绕组中电流的相序有关。假设三相绕组 A、B、C 中的电流相序按顺时针方向流动，则磁场按顺时针方向旋转；若把三根电源线中的任意两根对调，则磁场按逆时针方向旋转。利用这一特性可以很方便地改变三相电动机的旋转方向。

综上所述，异步电动机的转速方程为

$$n = \frac{60f_1}{p}(1-s) = n_1(1-s) \tag{6-14}$$

式中，n 为电动机转速；s 为转差率。

根据此式我们知道，交流电动机的转速与磁极数和供电电源的频率有关。我们把改变异步电动机的供电频率 f_1 来实现调速的方法称为变频调速；而改变磁极对数 p 进行调速的方法称为变极调速。变频调速一般是无级调速，变极调速是有级调速。当然，改变转差率 s 也可以实现无级调速，但该办法会降低交流电动机的机械特性，一般不使用。

2. 同步型交流电动机

同步电动机的转子旋转速度与定子绕组所产生的旋转磁场的速度是一样的，因此称为同步电动机。同步电动机的定子绕组与异步电动机相同；它的转子做成显极式；安装在磁

极铁心上面的磁场线圈是相互串联的,接成具有交替相反极性的形式,并有两根引线连接到装在轴上的两只滑环上面。磁场线圈是由一只小型直流发电机或蓄电池来激励的。在大多数同步电动机中,直流发电机装在电动机轴上,用以供给转子磁极线圈的励磁电流。

由于这种同步电动机不能自动启动,因而在转子上还装有鼠笼式绕组作为电动机启动之用。鼠笼绕组放在转子的周围,结构与异步电动机相似。

当定子绕组通上三相交流电时,电动机内就产生了一个旋转磁场,鼠笼绕组切割磁力线而产生感应电流,从而使电动机旋转起来。电动机旋转之后,其速度慢慢增高到稍低于旋转磁场的转速,此时转子磁场线圈由直流电来激励,使转子上面形成一定的磁极,这些磁极企图跟踪定子上的旋转磁极,这样就增加电动机转子的速率直至与旋转磁场同步旋转为止。

同步电动机运行时的转速与电源的供电频率有严格不变的关系,它恒等于旋转磁场的转速,即电动机与旋转磁场两者的转速保持同步,同步电动机也由此而得名。同步交流电动机的转速用下式表达:

$$n = 60\frac{f_1}{p} \tag{6-15}$$

式中,f_1 为定子供电频率;p 为定子线圈的磁极对数;n 为转子转速。

3. 交流伺服电机的性能

对异步电动机进行变频调速控制时,希望电动机的每极磁通保持额定值不变。若磁通太弱,则铁心利用不够充分,在同样的转子电流下,电磁转矩小,电动机的负载能力下降。若磁通太强,又会使铁心饱和,使励磁电流过大,严重时会因绕组过热而损坏电动机。异步电动机的磁通是定子和转子磁动势合成产生的,下面说明怎样才能使磁通保持恒定。

由电机理论知道,三相异步电动机定子每相电动势的有效值 E_1 为

$$E_1 = 4.44f_1N_1\Phi_m \tag{6-16}$$

式中,Φ_m 为每极气隙磁通;N_1 为定子相绕组的有效匝数。

由上式可见,Φ_m 的值是由 E_1 和 f_1 共同决定的,对 E_1 和 f_1 进行适当的控制,就可以使气隙磁通 Φ_m 保持额定值不变。下面分两种情况说明。

(1)基频以下的恒磁通变频调速。这是考虑从基频(电动机额定频率 f)向下调速的情况。为了保持电动机的负载能力,应保持气隙磁通 Φ_m 不变,这就要求降低供电频率的同时降低感应电动机,保持 $E_1/f_1 =$ 常数,即电动势与频率之比为常数进行控制。这种控制又称为恒磁通变频调速,属于恒转矩调速方式。

E_1 难于直接检测及直接控制,当 E_1 和 f_1 的值较高时,定子的漏阻抗压降相对比较小,如忽略不计,则可近似地保持定子相电压 U_1 和频率 f_1 的比值为常数,即认为 $U_1 = E_1$,保持 $U_1/f_1 =$ 常数。这就是恒压频比控制方式,是近似的恒磁通控制。

当频率较低时,U_1 和 E_1 都变小,定子漏阻抗压降(主要是定子电阻压降)不能忽略。在这种情况下,可以适当提高定子电压以补偿定子电阻压降的影响,使气隙磁通基本保持不变。图 6-23 中,曲线 a 为 $U_1/E_1 =$ 常数时的电压频率关系曲线,曲线 b 为有电压补偿时近似的($E_1/f_1 =$ 常数)电压频率关系曲线。

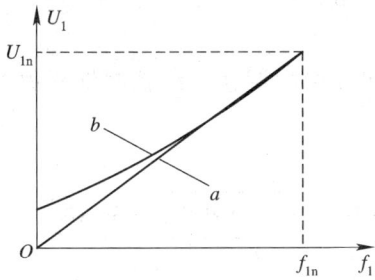

图 6-23　恒压频比控制特性

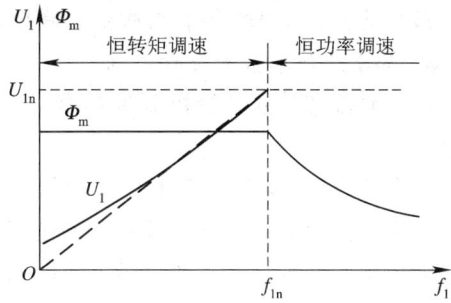

图 6-24　异步电动机变频调速控制特性

（2）基频以上的弱磁通变频调速。这是考虑由基频开始向上调速的情况。频率由额定值 f 向上增大，但电压 U 受额定电压 U_{1n} 的限制不能再升高，只能保持 $U_1 = U_{1n}$ 不变，这必然会使磁通随着 f_1 的上升而减小，属于近似的恒功率调速方式。

将上述两种情况综合起来，异步电动机变频调速的基本控制方式如图 6-24 所示。

由上述分析可知，变频调速时，一般需要同时改变电压和频率，以保持磁通基本恒定。因此，变频调速器又称为 VVVF(Variable Voltage Variable Frequency)装置（简称为 V/F）。

4. 交流电动机变频调速的控制方案

根据生产的要求、变频器的特点和电动机的种类，会出现多种多样的变频调速控制方案。这里只讨论交－直－交(AC-DC-AC)变频器。

1）开环控制

开环控制的通用变频器三相异步电动机变频调速系统控制框图如图 6-25 所示。

该控制方案结构简单，可靠性高。但是，由于是开环控制方式，其调速精度和动态响应特性并不是十

VVVF—通用变频器；IM—异步电动机

图 6-25　开环异步电动机变频调速

分理想，尤其是在低速区域，电压调整比较困难，不可能得到较大的调速范围和较高的调速精度。异步电动机存在转差率，转速随负荷力矩变化而变动，即使目前有些变频器具有转差补偿功能及转矩提升功能，也难以达到 0.5% 的精度，因此采用这种 V/F 控制的通用变频器异步电动机开环变频调速一般适用于要求不高的场合，例如风机、水泵等机械。

2）无速度传感器的矢量控制

无速度传感器的矢量控制变频器异步电动机变频调速系统控制框图如图 6-26 所示。对比图 6-25，两者的差别仅在使用的变频器不同。由于这种调速控制使用无速度传感器矢量控制的变频器，可以分别对异步电动机的磁通和转矩电流进行检测、控制，自动

VVVF—矢量变频器

图 6-26　矢量控制变频器的异步
电动机变频调速

改变电压和频率，使指令值和检测实际值达到一致，因而实现了矢量控制。虽说它是开环控制系统，但是大大提升了静态精度和动态品质。这种变频调速方案的转速精度约等于 0.5%，转速响应也较快。

在生产要求不是很高的情形下，采用矢量变频器无速度传感器开环异步电机变频调速是非常合适的，可以使控制结构变得简单，可靠性提高。

3）带速度传感器的矢量控制

带速度传感器的矢量控制变频器异步电动机闭环变频调速系统控制框图如图 6 - 27 所示。

矢量控制异步电动机闭环变频调速是一种理想的控制方式，它可以从零转速起进行速度控制，即甚低速亦能运行，因此调速范围很宽广，可达 100：1 或 1000：1；可以对转矩实行精确控制；系统的动态响应速度特别快；电动机的加速度特性也很好。

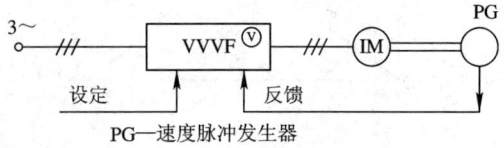

图 6 - 27 异步电动机闭环控制变频调速

然而，带速度传感器矢量控制变频器的异步电动机闭环变频调速技术性能虽好，但它毕竟需要在异步电动机轴上安装速度传感器，严格地讲，这就已经降低了异步电动机结构坚固、可靠性高的特点；况且在某些情况下，由于电动机本身或环境的因素而无法安装速度传感器；另外，多了反馈电路环节，也增加了出故障的机率。

因此，除了非采用不可的情况外，在调速范围、转速精度和动态品质要求不是特别高的场合，往往还是采用无速度传感器矢量变频器开环控制异步机电动变频调速系统。

4）永磁同步电动机开环控制

永磁同步电动机开环控制的变频调速系统控制框图如图 6 - 28 所示。假如将图6 - 25 中的异步电动机（IM）换成永磁同步电动机（PM 或 SM），就是第四种变频调速控制方

图 6 - 28 永磁同步电动机开环控制变频调速

案。它具有控制电路简单，可靠性高的特点。由于是同步电动机，因而转速始终等于同步转速，转速只取决于电动机供电频率 f_1，而与负载大小无关（除非负载力矩大于或等于失步转矩，同步电动机会失步，转速迅速停止），其机械特性曲线为一根平行于横轴的直线，具有绝对硬特性。

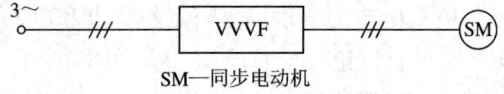

如果采用高精度的变频器（数字设定频率精度可达 0.01%），在开环控制情况下，同步电动机的转速精度亦为 0.01%。因为同步电动机转速精度与变频器频率精度相一致（在开环控制方式时），所以特别适合多电动机同步传动。

至于同步电动机变频调速系统的动态品质问题，若采用通用变频器 V/F 控制，则响应速度较慢；若采用矢量控制变频器，则响应速度很快。

6.3 电力电子变流技术

伺服电机的驱动电路将控制信号转换为功率信号，为电机提供电能的控制装置，也称其为变流器，包括电压、电流、频率、波形和相数的变换。变流器主要由功率开关器件、电感、电容和保护电路组成。开关器件的特性决定了电路的功率、响应速度、频带宽度、可靠性和功率损耗等指标。

6.3.1 开关器件特性

传统的开关器件包括晶闸管(SCR)、电力晶体管(GTR)、可关断晶闸管(GTO)、电力场效应晶体管(MOSFET)等。近年来,随着半导体制造技术和变流技术的发展,相继出现了绝缘栅极双极型晶体管(IGBT)、场控晶闸管(MCT)等新型电力电子器件。

电力电子器件的性能要求是大容量、高频率、易驱动和低损耗,因此,评价器件品质因素的主要标准是容量、开关速度、驱动功率、通态压降、芯片利用率。目前,各类电力电子器件所达到的功能水平如下:

普通晶闸管:12 kV、1 kA;4 kV、3 kA。

可关断晶闸管:9 kV、1 kA;4.5 kV、4.5 kA。

逆导晶闸管:4.5 kV、1 kA。

光触晶闸管:6 kV、2.5 kA;4 kV、5 kA。

电力晶体管:单管1 kV、200 A;模块1.2 kV、800 A;1.8 kV、100 A。

场效应管:1 kV、38 A。

绝缘栅极双极型晶体管:1.2 kV、400 A;1.8 kV、100 A。

静电感应晶闸管(SITH):4.5 kV、2.5 kA。

场控晶闸管:1 kV、100 A。

图6-29中示出主要电力电子器件的控制容量和开关频率的应用范围。

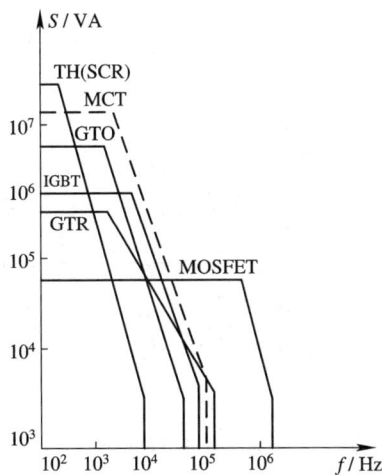

图6-29 电力电子器件的控制容量和开关频率的应用范围

开关器件分为晶闸管型和晶体管型,它们的共同特点是用正或负的信号施加于门极(栅极或基极)上来控制器件的开与关。一般开关器件在其它教材中都有所介绍,下面主要介绍几种驱动功率小,开关速度快,应用广泛的新型器件。

1. 绝缘栅极双极型晶体管(IGBT)

IGBT(Insulated Gate Bipolar Transistor)是在GTR和MOSFET之间取其长、避其短而出现的新器件,它实际上是用MOSFET驱动双极型晶体管的,兼有MOSFET的高输入阻抗和GTR的低导通压降两方面的优点。GTR饱和压降低,载流密度大,但驱动电流较大；MOSFET 驱动功率很小，开关速度快，但导通压降大，载流密度小。IGBT 综合了以上两种器件的优点，驱动功率小而饱和压降低。

IGBT 是多元集成结构，每个 IGBT 元的结构如图 6-30(a)所示，图 6-30(b)是 IGBT 的等效电路，它由一个 MOSFET 和一个 PNP 晶体管构成，给栅极施加正偏信号后，MOSFET 导通，从而给 PNP 晶体管提供了基极电流使其导通。给栅极施加反偏信号后，MOSFET 关断，使 PNP 晶体管基极电流为零而截止。图 6-30(c)是 IGBT 的电气符号。

IGBT 的开关速度低于 MOSFET，但明显高于 GTR。IGBT 在关断时不需要负栅压来减少关断时间，但关断时间随栅极和发射极并联电阻的增加而增加。IGBT 的开启电压约 3~4 V，和 MOSFET 相当。IGBT 导通时的饱和压降比 MOSFET 低而和 GTR 接近，饱和压降随栅极电压的增加而降低。

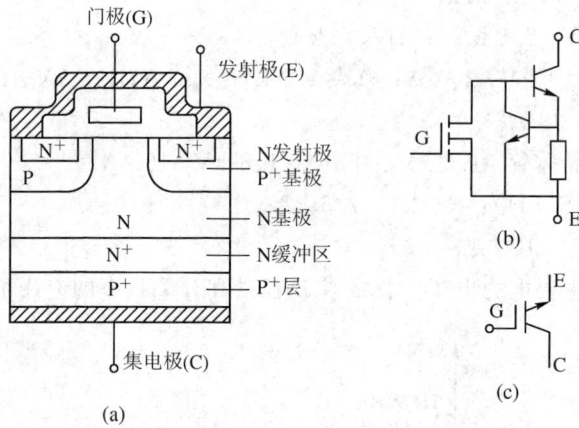

图 6-30 IGBT 的简化等效电路图
(a) 结构；(b) 等效电路；(c) 电气符号

IGBT 的容量和 GTR 的容量属于一个等级，研制水平已达 1000V/800A。但 IGBT 比 CTR 驱动功率小，工作频率高，预计在中等功率容量范围将逐步取代 GTR。IGBT 也已实现了模块化，并且占领了电力晶体管的很大一部分市场。

2. 场控晶闸管(MCT)

MCT(MOS Controlled Thyristor)是 MOSFET 驱动晶闸管的复合器件，集场效应晶体管与晶闸管的优点于一身，是双极型电力晶体管和 MOSFET 的复合。MCT 把 MOSFET 的高输入阻抗、低驱动功率和晶闸管的高电压、大电流、低导通压降的特点结合起来，成为非常理想的器件。

一个 MCT 器件由数以万计的 MCT 元组成，每个元的组成如下：PNPN 晶闸管一个(可等效为 PNP 和 NPN 晶体管各一个)，控制 MCT 导通的 MOSFET(on-FET)和控制 MCT 关断的 MOSFET(off-FET)各一个。当给栅极加正脉冲电压时，N 沟道的 on-FET 导通，其漏极电流即为 PNP 晶体管提供了基极电流使其导通，PNP 晶体管的集电极电流又为 NPN 晶体管提供了基极电流而使其导通，而 NPN 晶体管的集电极电流又反过来成为 PNP 晶体管的基极电流，这种正反馈使 $\alpha_1 + \alpha_2 > 1$，MCT 导通。当给栅极加负电压脉冲时，P 沟道的 off-FET 导通，使 PNP 晶体管的集电极电流大部分经 off-FET 流向阴极而不注入 NPN 晶体管的基极，因此，NPN 晶体管的集电极电流（即 PNP 晶体管的基极电流）减小，这又使得 NPN 晶体管的基极电流减小，这种正反馈使 $\alpha_1 + \alpha_2 < 1$，MCT 关断。

MCT 阻断电压高，通态压降小，驱动功率低，开关速度快。虽然 MCT 目前的容量水平仅为 1000 V/100 A，其通态压降只有 IGBT 或 GTR 的 1/3 左右，但其硅片的单位面积连续电流密度在各种器件中是最高的。另外，MCT 可承受极高的 $\mathrm{d}i/\mathrm{d}t$ 和 $\mathrm{d}u/\mathrm{d}t$，这使得保护电路可以简化。MCT 的开关速度超过 GTR，开关损耗也小。总之，MCT 被认为是一种最有发展前途的电力电子器件。

3. 静电感应晶体管(SIT)

SIT(Static Induction Transistor)实际上是一种结型电力场效应晶体管，其电压、电流容量都比 MOSFET 大，适用于高频、大功率的场合。当栅极不加任何信号时，SIT 是导通的；栅极加负偏压时关断。这种类型的 SIT 称为正常导通型，使用不太方便。另外，SIT 通态压降大，因此通态损耗也大。

4. 静电感应晶闸管(SITH)

SITH(Static Induction Thyristor)是在 SIT 的漏极层上附加一层和漏极层导电类型不同的发射极层而得到的。和 SIT 相同，SITH 一般也是正常导通型的，但也有正常关断型的。SITH 的许多特性和 GTO 类似，但其开关速度比 GTO 高得多(GTO 的工作频率约为 1~2 kHz)，是大容量的快速器件。

另外，可关断晶闸管(GTO)是目前各种自关断器件中容量最大的，在关断时需要很大的反向驱动电流。电力晶体管(GTR)目前在各种自关断器件中应用最广，其容量中等，工作频率一般在 10 kHz 以下。电力晶体管是电流控制型器件，所需的驱动功率较大。电力 MOSFET 是电压控制型器件，所需驱动功率最小，在各种自关断器件中，其工作频率最高，可达 100 kHz 以上，但缺点是通态压降大，器件容量小。

5. 开关器件的应用说明

变流器中开关器件的开关特性决定了控制电路的功率、响应速度、频带宽度、可靠性和功率损耗等指标。由于普通晶闸管是只具备控制接通能力，无自关断能力的半控型器件，因此在直流回路里，如要求将它关断，需增设含电抗器和电容器或辅助晶闸管的换相回路。另外，普通晶闸管的开关频率较低，故对于开关频率要求较高的无源逆变器和斩波器就无法使用普通晶闸管，而必须使用开关频率较高的全控型自关断器件。例如，用电力晶体管替代普通晶闸管用在变频装置的逆变器中，其体积可减少 2/3，而开关频率可提高 6 倍，还相应地降低了换相损耗，提高了效率。近年来，不间断电源和交流变频调速装置广泛采用电力电子自关断器件。

可以说，以全控型的开关器件来取代线路复杂、体积庞大、功能指标较低的普通晶闸管和换相电路，这是变流技术发展的规律。由于全控型器件开关频率提高，变流器可采用脉宽调制(PWM)型控制，既可降低谐波和转矩脉动，又提高了快速性，还改善了功率因数。目前国外的中、小容量和较大容量的变频装置已大部分采用了由自关断器件构成的 PWM 控制电路，大功率的电动机传动以及电力机车用 PWM 逆变器的功率达兆瓦级，开关频率为 1~20 kHz。

在斩波器的直流—直流变换中，采用 PWM 技术亦有多年历史，其开关频率为 20 kHz～1 MHz。应用场效应晶体管及谐振原理，采用软开关技术以构成直流—直流变流器，其开关损耗及电磁干扰均可显著减少，可使小功率变流器的开关频率达几兆赫，这时滤波用的电感和电容的体积显著减小，充分显示了其优越性。

6.3.2 变流技术

包括晶闸管在内的电力电子器件是变流技术的核心。近年来，随着电力电子器件的发展，变流技术得到了突飞猛进的发展，特别是在交流调速应用方面获得了极大的成就。变流技术按其功能应用可分成下列几种变流器类型：

整流器——把交流电变为固定的(或可调的)直流电。

逆变器——把固定直流电变成固定的(或可调的)交流电。

斩波器——把固定的直流电压变成可调的直流电压。

交流调压器——把固定的交流电压变成可调的交流电压。

周波变流器——把固定的交流电压和频率变成可调的交流电压和频率。

1. 整流器

整流过程是将交流信号转换为直流信号的过程，一般可通过二极管或开关器件组成的桥式电路来实现。图 6-31 所示为单相交流信号可控硅桥式整流电路。

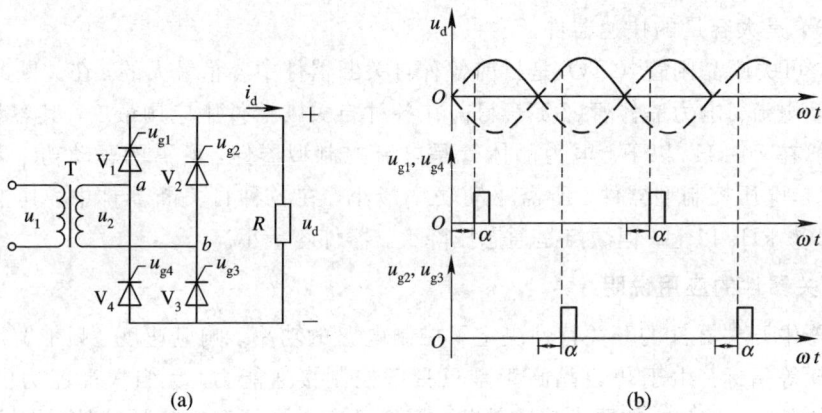

(a)   (b)

图 6-31　单相交流可控硅桥式整流电路
(a) 整流电路；(b) 波形图

图 6-31(a) 中的开关器件 V 是可控硅(或 GTR 等)，具有正向触发控制导通和反向自关断功能。u_g 是控制引脚，按图 6-31(b) 中的波形输入控制信号，图 6-31(b) 中的 u_d 就是加载在电阻负载 R 上的整流电压波形。通过调整控制信号的相位角就可以实现输出直流电压的调节。

若将开关器件 V 换成二极管，则该电路变成了不可调压的整流电路。

2. 斩波器

直流伺服电动机的调速控制是通过改变励磁电压来实现的，因此把固定的直流电压变成可调的直流电压是直流伺服调速电路中不可缺少的组成部分。直流调压包括电位器调压和斩波器调压等。电位器调压法是通过调节与负载串联的电位器来改变负载压降的，因此只适合小功率电器。斩波器调压的基本原理是通过晶闸管或自关断器件的控制,将直流电压断续加到负载(电机)上,利用调节通、断的时间变化来改变负载电压平均值。斩波器调压控制直流伺服电机速度的方法又称为脉宽调制(Pulse Width Modulation)直流调速。图 6-32 所示为脉宽调速原理示意图。

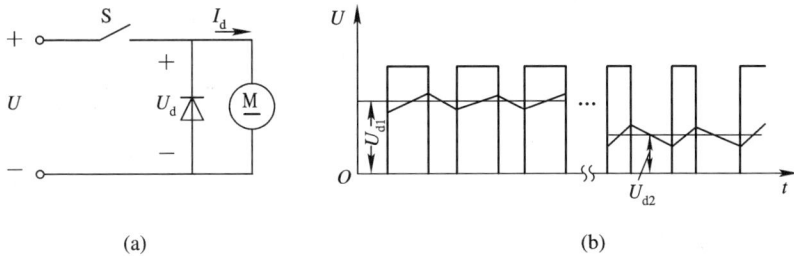

图 6-32　脉宽调速原理示意图

(a) 原理图;(b) 加载在电机电枢上的电压波形

将图 6-32(a)中的开关 S 周期性地开关,在一个周期 T 内闭合的时间为 τ,则一个外加的固定直流电压 U 被按一定的频率开闭的开关 S 加到电动机的电枢上,电枢上的电压波形将是一列方波信号,其高度为 U,宽度为 τ,如图 6-32(b)所示。电枢两端的平均电压为

$$U_{\mathrm{d}} = \frac{1}{T}\int_0^T U\,\mathrm{d}t = \frac{\tau}{T}U = \rho U \tag{6-17}$$

式中,$\rho = \tau/T = U_{\mathrm{d}}/U(0 < \rho < 1)$,$\rho$ 为导通率(或称占空比)。

当 T 不变时,只要改变导通时间 τ,就可以改变电枢两端的平均电压 U_{d}。当 τ 从 $0 \sim T$ 改变时,U_{d} 由零连续增大到 U。实际电路中,一般使用自关断电力电子器件来实现上述开关作用,如 GTR、MOSFET、IGBT 等器件。图 6-32 中的二极管是续流二极管,当 S 断开时,由于电枢电感的存在,电动机的电枢电流可通过它形成续流回路。

图 6-33 是直流伺服电机 PWM 调速和实现正、反转控制的应用举例,图 6-34 是双极式 H 型可逆器的电压、电流波形。图 6-33 所示电路由四个大功率晶体管组成,其作用是对电压脉宽变换器输出的信号 U_{s} 进行放大,输出具有足够功率的信号,以驱动直流伺服电动机。

图 6-33 中,大功率晶体管 $V_1 \sim V_4$ 组成 H 型桥式结构的开关功放电路,由续流二极管 $V_{\mathrm{D}1} \sim V_{\mathrm{D}4}$ 构成在晶体管关断时直流伺服电动机绕组中能量的释放回路。U_{s} 来自于电压脉宽变换器的输出,$-U_{\mathrm{s}}$ 可通过对 $+U_{\mathrm{s}}$ 反相获得,U_1 为 U_{AB} 的平均电压。当 $U_{\mathrm{s}} > 0$ 时,V_1 和 V_4 导通;$U_{\mathrm{s}} < 0$ 时,V_2 和 V_3 导通。按照控制指令的不同情况,该功放电路及其所驱动的直流伺服电动机可有以下几种工作状态:

(1) 当 $U_{AB} = 0$ 时,U_{s} 的正、负脉宽相等,直流分量为零,V_1 和 V_4 的导通时间与 V_2 和 V_3 的导通时间相等,流过电枢绕组中的平均电流等于零,电动机不转。但在交流分量作用下,电动机在停止位置处微振,这种微振有动力润滑作用,可消除电动机启动时的静摩擦,减小启动电压。

(2) 当 $U_{AB} > 0$ 时,U_{s} 的正脉宽大于负脉宽,直流分量大于零,V_1 和 V_4 的导通时间长于 V_2 和 V_3 的导通时间,流过绕组中的电流平均值大于零,电动机正转,且随着 U_1 增加,转速增加。

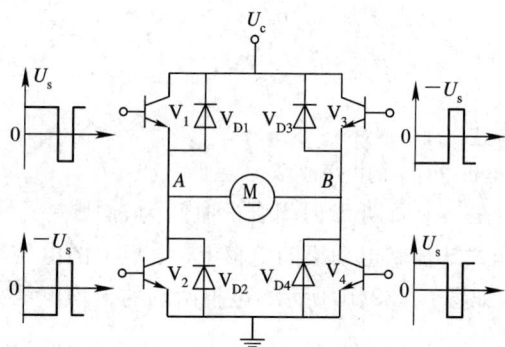

图 6-33 H 型桥式 PWM 晶体管功率放大器的电路原理图

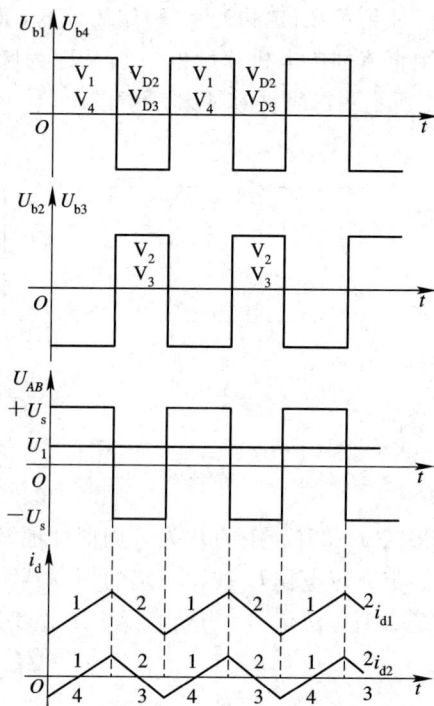

图 6-34 双极式 H 型可逆器的电压、电流波形

（3）当 $U_{AB}<0$ 时，U_s 的直流分量小于零，电枢绕组中的电流平均值也小于零，电动机反转，且反转转速随着 U_1 减小而增加。

（4）当 V_1 和 V_4 或 V_2 和 V_3 始终导通时，电动机在最高转速下正转或反转。

该电路中，跨接在电源两端的上、下两个晶体管需要交替导通和截止。由于晶体管的关断过程需要一段时间 t_{off}，在这段时间内晶体管并未完全关断，如果在此期间另一个晶体管已经导通，则将造成上、下两管直通，从而使电源正、负极短路。为了避免发生这种情况，需要设置逻辑延时环节，并保证在对一个管子发出关闭脉冲后（如图 6-35 中的 U_{b1}），延时 t_{id} 后再发出对另一个管子的开通脉冲（如 U_{b2}）。

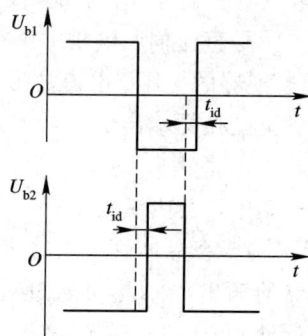

图 6-35 考虑开通延时的基极脉冲电压信号

图 6-36(a)所示是电力晶体管的基极驱动电路及波形，电力晶体管 V（如 GTR 等）的基极需要有一定功率的驱动电路控制，驱动电路的任务是将控制电路的输出信号进行功率放大，使之具有足够的功率去驱动 GTR。理想的基极驱动器应满足开通时过驱动，正常导通时浅饱和，关断时要反偏。图 6-36(b)所示就是 GTR 的一种驱动电路和输入、输出波形。

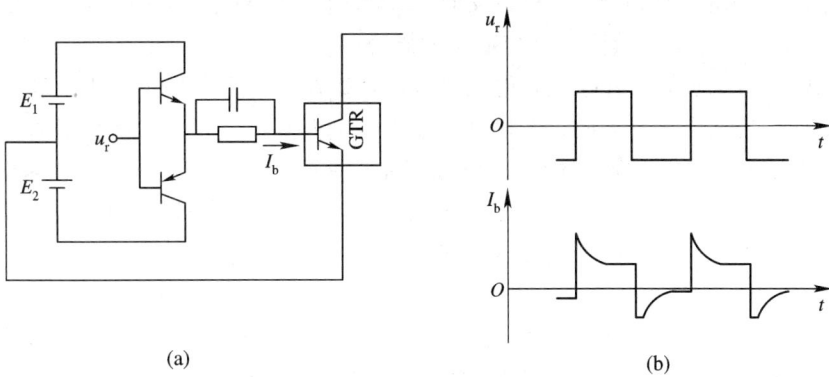

(a)   (b)

图 6-36 电力晶体管 GTR 的基极驱动电路及波形

3. 逆变器

将直流电变换成交流电的电路称为逆变器。当蓄电池和太阳能电池等直流电源需要向交流负载供电时，就需要通过逆变电路将直流电转换为交流电。逆变过程还往往应用在变频电路中。变频就是将固定频率的交流电变成另一种固定或可变频率的交流电。变频的方法通常有两种：一种是将交流整流成直流，再将直流逆变成负载所需要的交流（交—直—交）；另一种是直接将交流变换成负载所需要的交流（交—交）。前一种直流变交流的过程就应用了逆变的方法。

1）半桥逆变电路

半桥逆变电路原理如图 6-37(a)所示，它有两个导电臂，每个导电臂由一个可控元件和一个反并联二极管组成。在直流侧接有两个相互串联的足够大的电容，使得两个电容的连结点为直流电源的中点。

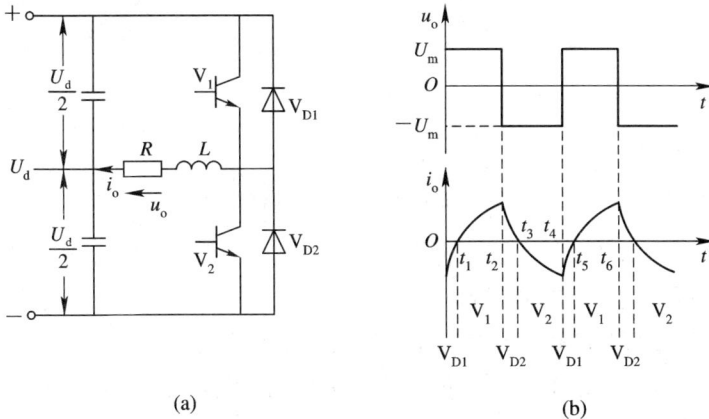

(a)   (b)

图 6-37 半桥逆变电路及其波形图

设电力晶体管 V_1 和 V_2 基极信号在一个周期内各有半周正偏和反偏，且二者互补。当负载为感性时，其工作波形如图 6-37(b)所示。输出电压 u_o 为矩形波，其幅值为 $U_m = U_d/2$。输出电流 i_o 的波形随负载阻抗角而异。设 t_2 时刻以前 V_1 导通。t_2 时刻给 V_1 关断信号，给 V_2 导通信号，但感性负载中的电流 i_o 不能立刻改变方向，于是 V_{D2} 导通续流。当 t_3 时刻

i_o降至零时，V_{D2}截止，V_2导通，i_o开始反向。同样，在t_4时刻给V_2关断信号，给V_1导通信号后，V_2关断，V_{D1}先导通续流，t_5时刻V_1才导通。

当V_1或V_2导通时，负载电流和电压同方向，直流侧向负载提供能量；而当V_{D1}或V_{D2}导通时，负载电流和电压反方向，负载中电感的能量向直流侧反馈，即负载将其吸收的无功能量反馈回直流侧。反馈回的能量暂时储存在直流侧电容中，直流侧电容起到缓冲这种无功能量的作用。二极管V_{D1}、V_{D2}是负载向直流侧反馈能量的通道，同时起到使负载电流连续的作用，被称为反馈二极管或续流二极管。

2）负载换相全桥逆变电路

图 6 - 38(a)是全桥逆变电路应用的实例。电路中的四个桥臂均由电力晶体管控制，其负载是电阻、电感串联后再和电容并联的容性负载。电容是为了改变负载功率因数而设置的。在直流电源侧串接一个很大的电感L_d，使得在工作过程中直流侧电流i_d基本没有波动。

电路的工作波形如图 6 - 38(b)所示。因负载是并联谐振型负载，对基波阻抗很大而对谐波阻抗很小，故负载电压u_o的波形接近正弦波。由于直流侧接有大电感L_d，因而负载电流i_o为矩形波。

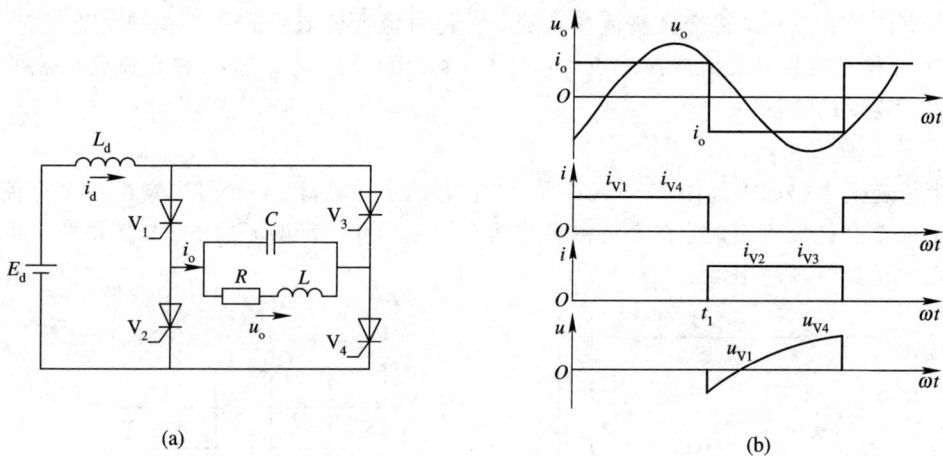

图 6 - 38　负载换相全桥逆变电路及波形

设在t_1时刻前V_1、V_4导通，u_o、i_o均为正。在t_1时刻触发V_2、V_3，则负载电压加在V_1、V_4上使其承受反向电压u而关断，电流从V_1、V_4转移到V_2、V_3。触发V_2、V_3的时刻t_1必须在u_o过零前并留有足够的裕量，才能使换相顺利进行。

该逆变电路适合于负载电流的相位超前于负载电压的容性负载等场合。另外，负载为同步电机时，由于可以控制励磁使负载电流的相位超前于反电动势，因而也适用本电路。

6.4　PWM型变频电路

上一节介绍了整流和逆变的过程，将可控整流电路和一个逆变电路结合到一起就组成了变频电路。图 6 - 39 所示即为交—直—交变频电路。逆变电路采用 6.3 节介绍的方法，具有以下缺点：

(1) 输出电压为矩形波，其中含有较多的谐波，对负载有不利影响。

(2) 用相控方式来改变中间直流环节的电压，使得输入功率因数降低。

(3) 整流电路和逆变电路两级均采用可控的功率环节，较为复杂，也提高了成本。

(4) 中间直流环节有大电容存在，因此调节电压时惯性较大，响应缓慢。

为了克服上述缺点，变频器中的逆变电路通常采用 PWM(Pulse Width Modulation)逆变方式。PWM 型变频器对逆变电路开关器件的通断进行控制，使输出端得到一系列幅值相等而宽度不相等的脉冲，用这些脉冲来代替正弦波或所需要的波形。图 6-39 中的可控整流电路在这里由不可控整流电路代替，逆变电路常采用自关断器件。这种 PWM 逆变电路主要具有以下特点：

(1) 可以得到相当接近正弦波的输出电压。

(2) 整流电路采用二极管，可获得接近 1 的功率因数。

(3) 只用一级可控的功率环节，电路结构较简单。

(4) 通过对输出脉冲宽度的控制就可改变输出电压，大大加快了变频器的动态响应。

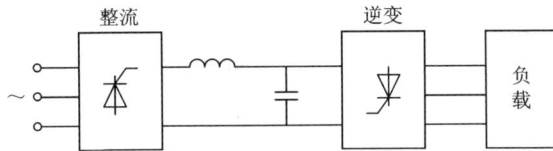

图 6-39　交—直—交变频电路结构图

6.4.1　SPWM 波形原理

在采样控制理论中有一个重要的结论：冲量相等而形状不同的窄脉冲加在具有惯性的环节上时，其效果基本相同。冲量即指窄脉冲的面积。这里所说的效果基本相同，是指环节的输出响应波形基本相同。下面来分析一下如何用一系列等幅而不等宽的脉冲来代替一个正弦电波。

把图 6-40(a)所示的正弦半波波形分成 N 等份，就可把正弦半波看成由 N 个彼此相连的脉冲所组成的波形。这些脉冲宽度相等，都等于 π/N，但幅值不等，且脉冲顶部不是水平直线，而是曲线，各脉冲的幅值按正弦规律变化。如果把上述脉冲序列用同样数量的等幅而不等宽的矩形脉冲序列代替，使矩形脉冲的中点和相应正弦等分的中点重合，且使矩形脉冲和相应正弦部分面积(冲量)相等，就得到图 6-40(b)所示的脉冲序列，这就是 PWM 波形。可以看出，各脉冲的宽度是按正弦规律变化的。根据冲量相等效果相同的原理，PWM 波形和正弦半波是等效的。对于正弦波的负半周，也可以

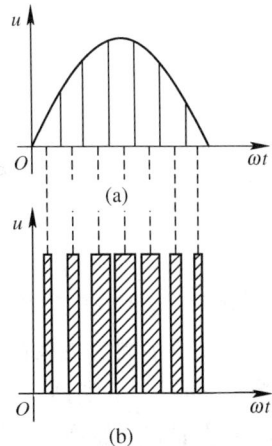

图 6-40　正弦波 PWM 原理示意图
(a) 正弦半波；(b) PWM 波形

用同样的方法得到 PWM 波形。像这种脉冲的宽度按正弦规律变化而和正弦波等效的 PWM 波形，也称为 SPWM(Sinusoidal PWM)波形。

6.4.2　单相 SPWM 控制原理

调制过程就是把所希望的波形作为调制信号，把接受调制的信号作为载波，通过对载波的调制得到所期望的 PWM 波形。SPWM 一般采用三角波载波信号和正弦波调制信号叠加形成。通常采用等腰三角波作为载波，因为等腰三角波的上下宽度与高度成线性关系且左右对称，当它与任何一个平缓变化的调制信号波相交时，如在交点时刻控制电路中开关器件的通断，就可以得到宽度正比于信号波幅值的脉冲，这正好符合 PWM 控制的要求。

图 6-41 是采用电力晶体管作为开关器件的电压型单相桥式逆变电路，设负载为电感性，对各晶体管的控制按下面的规律进行：在正半周期，让晶体管 V_1 一直保持导通，而让晶体管 V_4 交替通断。当 V_1 和 V_4 导通时，负载上所加的电压为直流电源电压 U_d。当 V_1 导通而使 V_4 关断时，由于电感性负载中的电流不能突变，负载电流将通过二极管 V_{D3} 续流，负载上所加电压为零。如负载电流较大，那么直到使 V_4 再一次导通之前，V_{D3} 一直持续导通。如负载电流较快地衰减到零，在 V_4 再一次导通之前，负载电压也一直为零。这样，负载上的输出电压 u_o 就可得到零和 U_d 交替的两种电平。同样，在负半周期，让晶体管 V_2 保持导通。当 V_3 导通时，负载被加上负电压 $-U_d$；当 V_3 关断时，V_{D4} 续流，负载电压为零，负载电压 u_o 可得到 $-U_d$ 和零两种电平。这样，在一个周期内，V_4 逆变器输出的 PWM 波形就由 $\pm U_d$ 和零三种电平组成。

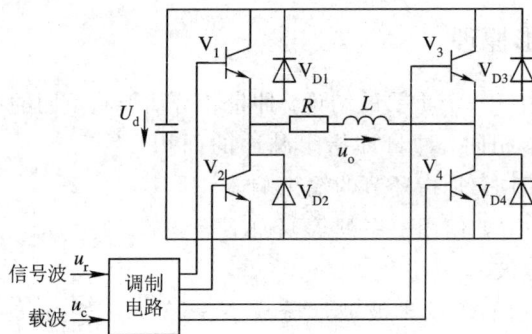

图 6-41　单相桥式 PWM 逆变电路

控制 V_4 或 V_3 通断的方法如图 6-42 所示。载波 u_c 在信号波 u_r 的正半周为正极性的三角波，在负半周为负极性的三角波。调制信号 u_r 为正弦波。在 u_r 和 u_c 的交点时刻控制晶体管 V_4 或 V_3 的通断。在 u_r 的正半周，V_1 保持导通。当 $u_r > u_c$ 时使 V_4 导通，负载电压 $u_o = U_d$；当 $u_r < u_c$ 时使 V_4 关断，$u_o = 0$。在 u_r 的负半周，V_1 关断，V_2 保持导通。当 $u_r < u_c$ 时使 V_3 导通，$u_o = -U_d$；当 $u_r > u_c$ 时使 V_3 关断，$u_o = 0$。这样，就得到了 SPWM 波形。图中的虚线 u_{of} 表示 u_o 中的基波分量。像这种在 u_r 的半个周期内三角波载波只在一个方向变化，所得到的 PWM 波形也只在一个方向变化的控制方式称为单极性 PWM 控制方式。

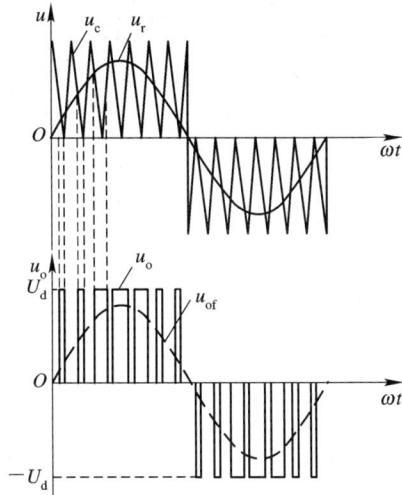

图 6-42 单极性 PWM 控制方式原理

单极性 PWM 控制方式与双极性 PWM 控制方式不同。图 6-41 所示的单相桥式逆变电路采用双极性控制方式时的波形如图 6-43 所示。在双极性方式 u_r 的半个周期内，三角波载波是在正负两个方向变化的，所得到的 PWM 波形也是在两个方向变化的。在 u_r 的一个周期内，输出的 PWM 波形只有 $\pm U_d$ 两种电平。仍然在调制信号 u_r 和载波信号 u_c 的交点时刻控制各开关器件的通断。在 u_r 的正、负半周，对各开关器件的控制规律相同。当 $u_r > u$ 时，给晶体管 V_1 和 V_4 以导通信号，给 V_2、V_3 以关断信号，输出电压 $u_o = U_d$。当 $u_r < u_c$ 时，给 V_2、V_3 以导通信号，给 V_1、V_4 以关断信号，输出电压 $u_o = -U_d$。可以看出，同一半桥上、下两个桥臂晶体管的驱动信号极性相反，处于互补工作方式。在电感性负载的情况下，若 V_1 和 V_4 处于导通状态，给 V_1 和 V_4 以关断信号，而给 V_2 和 V_3 以导通信号，则 V_1 和 V_4 立即关断，因感性负载电流不能突变，V_2 和 V_3 并不能立即导通，二极

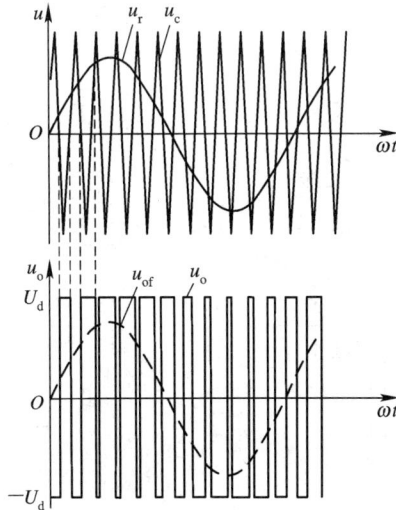

图 6-43 双极性 PWM 控制方式原理

管 V_{D2} 和 V_{D3} 导通续流。当感性负载电流较大时，直到下一次 V_1 和 V_4 重新导通前，负载电流方向始终未变，V_{D2} 和 V_{D3} 持续导通，而 V_2 和 V_3 始终未导通。当负载电流较小时，在负载电流下降到零之前，V_{D2} 和 V_{D3} 续流，之后 V_2 和 V_3 导通，负载电流反向。不论是 V_{D2} 和 V_{D3} 导通，还是 V_2 和 V_3 导通，负载电压都是 $-U_d$。从 V_2 和 V_3 导通向 V_1 和 V_4 导通切换时，V_{D1} 和 V_{D4} 的续流情况和上述情况类似。

6.4.3 三相 SPWM 控制原理

在 PWM 型逆变电路中，使用最多的是图 6 - 44(a)所示的三相桥式逆变电路，其控制方式一般都采用双极性方式。U、V 和 W 三相的 PWM 控制通常公用一个三角波载波 u_c，三相调制信号 u_{rU}、u_{rV} 和 u_{rW} 的相位依次相差 120°。U、V 和 W 各相功率开关器件的控制规律相同，现以 U 相为例来说明。当 $u_{rU} > u_c$ 时，给上桥臂晶体管 V_1 以导通信号，给下桥臂晶体管 V_4 以关断信号，则 U 相相对于直流电源假想中点 N' 的输出电压 $u_{UN'} = U_d/2$。当 $u_{rU} < u_c$ 时，给 V_4 以导通信号，给 V_1 以关断信号，则 $u_{UN'} = U_d/2$。V_1 和 V_4 的驱动信号始

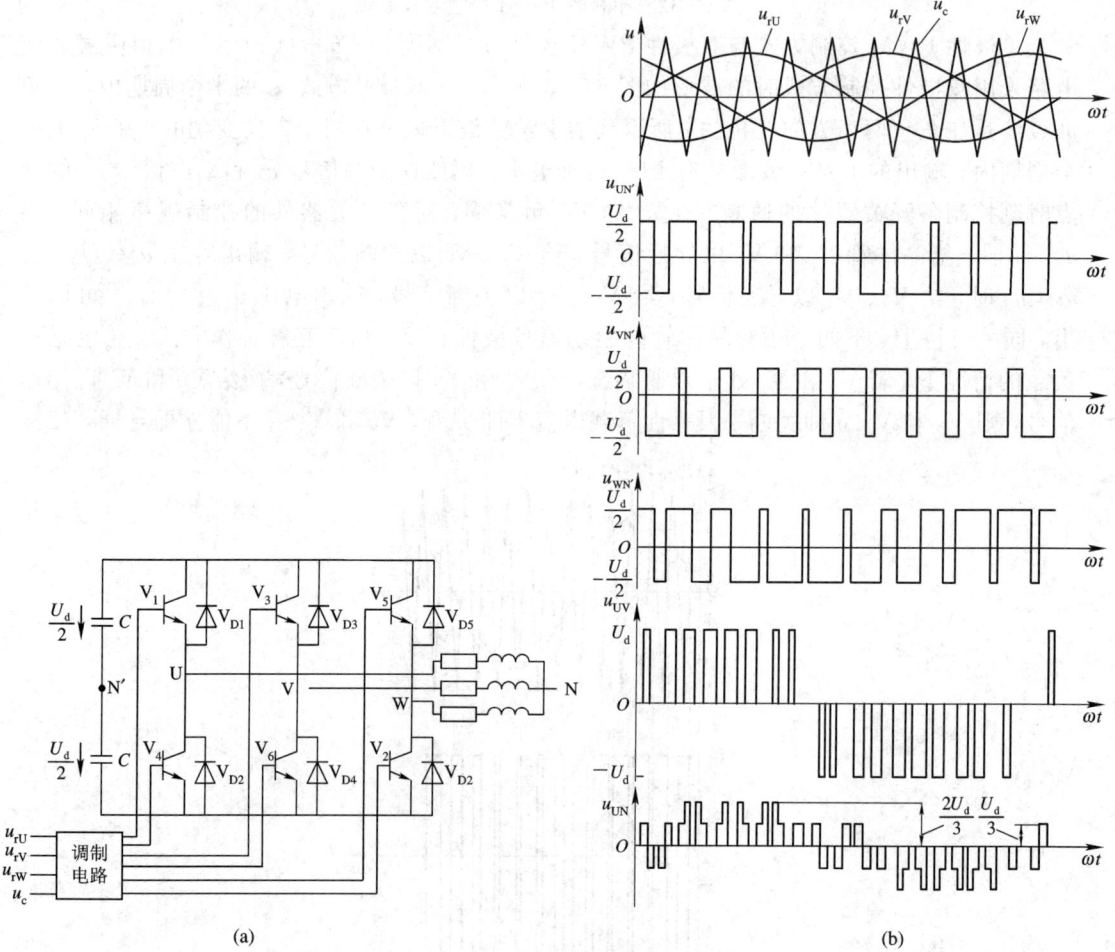

图 6 - 44　三相 SPWM 逆变电路及波形

终是互补的。当给 $V_1(V_4)$ 加导通信号时，可能是 $V_1(V_4)$ 导通，也可能二极管 $V_{D1}(V_{D4})$ 续流导通，这要由感性负载中原来电流的方向和大小来决定，和单相桥式逆变电路双极性 SPWM 控制时的情况相同。V 相和 W 相的控制方式和 U 相相同。$u_{UN'}$、$u_{VN'}$ 和 $u_{WN'}$ 的波形如图 6 - 44(b)所示。可以看出，这些波形都只有 $\pm U_d/2$ 两种电平。像这种逆变电路相电压（$u_{UN'}$、$u_{VN'}$ 和 $u_{WN'}$）只能输出两种电平的三相桥式电路无法实现单极性控制。图中线电压 u_{UV} 的波形可由 $u_{UN'} - u_{VN'}$ 得出。可以看出，当臂 1 和 6 导通时，$u_{UV} = U_d$，当臂 3 和 4 导通时，$u_{UV} = -U_d$，当臂 1 和 3 或 4 和 6 导通时，$u_{UV} = 0$，因此逆变器输出线电压由 $+U_d$、$-U_d$ 和零三种电平构成。负载相电压 u_{UN} 可由下式求得

$$u_{UN} = u_{UN'} - \frac{u_{UN'} + u_{VN'} + u_{WN'}}{3} \tag{6-18}$$

从图中可以看出，它由 $(\pm 2/3)U_d$、$(\pm 1/3)U_d$ 和零共 5 种电平组成。

在双极性 SPWM 控制方式中，同一相上、下两个臂的驱动信号都是互补的。但实际上为了防止上、下两个臂直通而造成短路，在给一个臂施加关断信号后，再延迟 Δt 时间，才给另一个臂施加导通信号。延迟时间的长短主要由功率开关器件的关断时间决定。这个延迟时间将会给输出的 PWM 波形带来影响，使其偏离正弦波。

6.4.4 SPWM 逆变电路的调制方式

在 PWM 逆变电路中，载波信号频率 f_c 与调制信号频率 f_r 之比 $N = f_c/f_r$ 称为载波比。根据载波和信号波是否同步及载波比的变化情况，PWM 逆变电路可以有异步调制和同步调制两种控制方式。

1. 异步调制

载波信号和调制信号不保持同步关系的调制方式称为异步方式。图 6 - 44(b)所示的波形就是异步调制三相 SPWM 波形。在异步调制方式中，当调制信号频率 f_r 变化时，通常保持载波频率 f_c 固定不变，因而载波比 N 是变化的。这样，在调制信号的半个周期内，输出脉冲的个数不固定，脉冲相位也不固定，正、负半周期的脉冲不对称，同时，半周期内前、后 1/4 周期的脉冲也不对称。

当调制信号频率较低时，载波比 N 较大，半周期内的脉冲数较多，正、负半周期脉冲不对称和半周期内前、后 1/4 周期脉冲不对称的影响都较小，输出波形接近正弦波。当调制信号频率增高时，载波比 N 减小，半周期内的脉冲数减少，输出脉冲的不对称性影响就变大，还会出现脉冲的跳动。同时，输出波形和正弦波之间的差异也变大，电路输出特性变坏。对于三相 SPWM 型逆变电路来说，三相输出的对称性也变差。因此，在采用异步调制方式时，希望尽量提高载波频率，以使在调制信号频率较高时仍能保持较大的载波比，改善输出特性。

2. 同步调制

载波比 N 等于常数，并在变频时使载波信号和调制信号保持同步的调制方式称为同步调制。在基本同步调制方式中，调制信号频率变化时载波比 N 不变。调制信号半个周期内输出的脉冲数是固定的，脉冲相位也是固定的。在三相 SPWM 逆变电路中，通常公用一个三角波载波信号，且取载波比 N 为 3 的整数倍，以使三相输出波形严格对称；同时，为

了使一相的波形正、负半周对称，N 应取为奇数。图 6-45 的例子是 $N=9$ 时的同步调制三相 SPWM 波形。

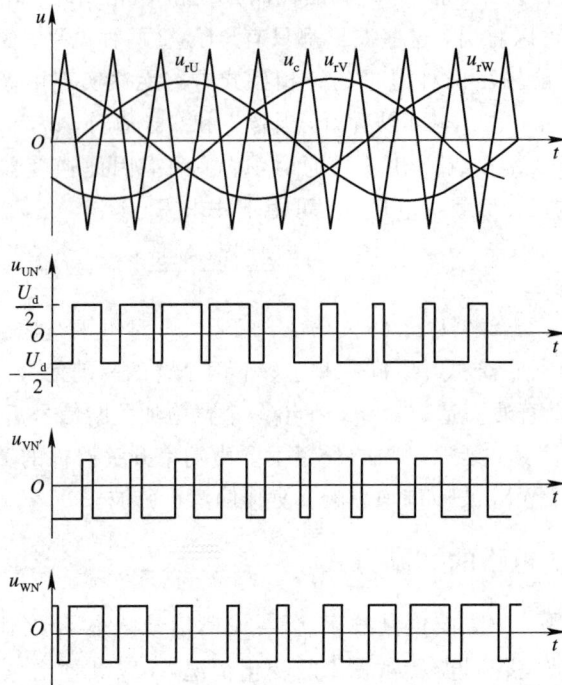

图 6-45　同步调制三相 SPWM 波形

当逆变电路输出频率很低时，因为在半周期内输出脉冲的数目是固定的，所以由 SPWM 调制而产生的 f_c 附近的谐波频率也相应降低，这种频率较低的谐波通常不易滤除。如果负载为电动机，就会产生较大的转矩脉动和噪声，给电动机的正常工作带来不利影响。

为了克服上述缺点，通常都采用分段同步调制的方法，即把逆变电路的输出频率范围划分成若干个频段，每个频段内都保持载波比 N 为恒定，不同频段的载波比不同。在输出频率的高频段采用较低的载波比，以使载波频率不致过高，在功率开关器件所允许的频率范围内。在输出频率的低频段采用较高的载波比，以使载波频率不致过低而对负载产生不利影响。各频段的载波比应该都取 3 的整数倍且为奇数。

6.4.5　SPWM 型变频器的主电路

SPWM 型逆变器所需提供的直流电源，除功率很小的逆变器可以用电池外，绝大多数都要从市电电源整流后得到。整流器和逆变器构成变频器。整流器一般采用不可控的二极管整流电路；小功率变频器可以采用单相整流电路，也可以采用三相整流电路，中、大功率变频器一般都采用三相整流电路。交流电力机车所用的变频器容量很大，但因为输电线路只能提供单相电源，所以也用单相整流电路。使用单相电源和三相电源的 SPWM 型变频器主电路分别如图 6-46 和图 6-47 所示。

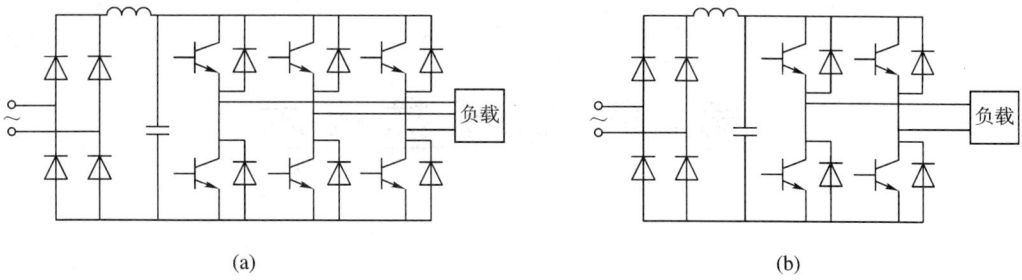

(a)　　　　　　　　　　　　　　　　　(b)

图 6 - 46　使用单相电源的交—直—交变频电路

（a）三相输出；（b）单相输出

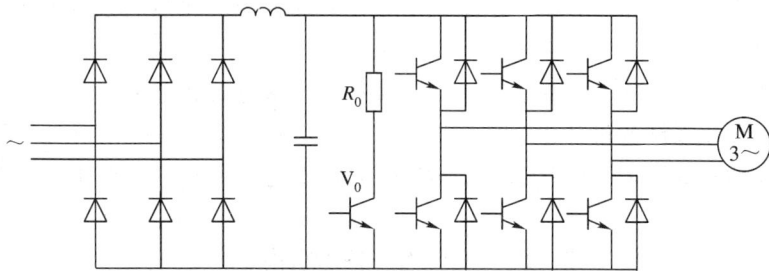

图 6 - 47　使用三相电源的交—直—交变频电路

当变频器的整流电路采用二极管整流时，因为输入电流和输入电压相比没有相位滞后，所以一般认为功率因数为 1。但这指的是基波功率因数，即位移因数。实际上，因为输入电流中含有大量的谐波成分，所以输入回路总的功率因数是小于 1 的。

当变频电路的负载是电动机时，电动机的制动过程使电动机变成发电机，其能量通过续流二极管流入直流中间电路，使直流电压升高而产生过电压(泵升电压)。图 6 - 47 中为了限制泵升电压，在电路中的直流侧并联了电阻 R_0 和可控晶体管 V_0，当泵升电压超过一定数值时，使 V_0 导通，让 R_0 消耗掉多余的电能。

-------------------------------- 思　考　题 --------------------------------

6 - 1　什么是伺服控制？为什么机电一体化系统的运动控制往往是伺服控制？

6 - 2　机电一体化系统的伺服驱动有哪几种形式？各有什么特点？

6 - 3　比较直流伺服电动机和交流伺服电动机的适用环境差别。

6 - 4　了解伺服电动机的机械特性有什么意义，习惯性称呼机械特性硬的含义是什么？

6 - 5　变流技术有哪几种应用形式？举出各种变流器的应用实例。

6 - 6　直流 PWM 调压比其它调压方式有什么优点？

6 - 7　交流变频调速有哪几种类型，各有什么特点？

6 - 8　什么是 SPWM？SPWM 信号是数字信号形式还是模拟信号形式？

6 - 9　用 SPWM 进行交流变频调速所对应的传统方法有哪些？各有什么特点？

第7章 抗干扰技术

干扰问题是机电一体化系统设计和使用过程中必须考虑的重要问题。在机电一体化系统的工作环境中，存在大量的电磁信号，如电网的波动、强电设备的启停、高压设备和开关的电磁辐射等，当它们在系统中产生电磁感应和干扰冲击时，往往会扰乱系统的正常运行，轻者造成系统的不稳定，降低了系统的精度；重者会引起控制系统死机或误动作，造成设备损坏或人身伤亡。

抗干扰技术就是研究干扰的产生根源、干扰的传播方式和避免被干扰的措施（对抗）等问题。机电一体化系统的设计中，既要避免被外界干扰，也要考虑系统自身的内部相互干扰，同时还要防止对环境的干扰污染。国家标准中规定了电子产品的电磁辐射参数指标。

7.1 产生干扰的因素

7.1.1 干扰的定义

干扰是指对系统的正常工作产生不良影响的内部或外部因素。从广义上讲，机电一体化系统的干扰因素包括电磁干扰、温度干扰、湿度干扰、声波干扰和振动干扰等等。在众多干扰中，电磁干扰最为普遍，且对控制系统的影响最大，而其它干扰因素往往可以通过一些物理的方法较容易地解决。本节重点介绍电磁干扰的相关内容。

电磁干扰是指在工作过程中受环境因素的影响，出现的一些与有用信号无关的，并且对系统性能或信号传输有害的电气变化现象。这些有害的电气变化现象使得信号的数据发生瞬态变化，增大误差，出现假象，甚至使整个系统出现异常信号而引起故障。例如传感器的导线受空中磁场影响产生的感应电势会大于测量的传感器输出信号，使系统判断失灵。

7.1.2 形成干扰的三个要素

干扰的形成包括三个要素：干扰源、传播途径和接收载体。三个要素缺少任何一项，干扰都不会产生。

1. 干扰源

产生干扰信号的设备被称为干扰源，如变压器、继电器、微波设备、电机、无绳电话和高压电线等都可以产生空中电磁信号。当然，雷电、太阳和宇宙射线也属于干扰源。

2. 传播途径

传播途径是指干扰信号的传播路径。电磁信号在空中直线传播，并具有穿透性的传播叫做辐射方式传播；电磁信号借助导线传入设备的传播被称为传导方式传播。传播途径是干扰扩散和无所不在的主要原因。

3. 接收载体

接收载体是指受影响的设备的某个环节，该环节吸收了干扰信号，并转化为对系统造成影响的电器参数。使接收载体不能感应干扰信号或弱化干扰信号，使得设备不被干扰影响，这样就提高了抗干扰的能力。接收载体的接收过程又称为耦合，耦合分为两类，即传导耦合和辐射耦合。传导耦合指电磁能量以电压或电流的形式通过金属导线或集总元件（如电容器、变压器等）耦合至接收载体，辐射耦合指电磁干扰能量通过空间以电磁场形式耦合至接收载体。

根据干扰的定义可以看出，信号之所以成为干扰信号，是因为它对系统造成了不良影响，反之则不能称其为干扰。从形成干扰的要素可知，消除三个要素中的任何一个都会避免干扰，抗干扰技术就是针对这三个要素进行研究和处理的。

7.1.3 电磁干扰的种类

按干扰的耦合模式分类，电磁干扰分为以下五种类型。

1. 静电干扰

大量物体表面都存在有静电电荷，特别是含电气控制的设备。静电电荷会在系统中形成静电电场，静电电场会引起电路的电位发生变化，会通过电容耦合产生干扰。静电干扰还包括电路周围物件上积聚的电荷对电路的泄放，大载流导体（输电线路）产生的电场通过寄生电容对机电一体化装置传输的耦合干扰等等。

2. 磁场耦合干扰

磁场耦合干扰是指大电流周围磁场对机电一体化设备回路耦合形成的干扰。动力线、电动机、发电机、电源变压器和继电器等都会产生这种磁场。产生磁场干扰的设备往往同时伴随着电场的干扰，因此又统称为电磁干扰。

3. 漏电耦合干扰

漏电耦合干扰是因绝缘电阻降低而由漏电流引起的干扰，多发生于工作条件比较恶劣的环境或器件性能退化、器件本身老化的情况下。

4. 共阻抗干扰

共阻抗干扰是指电路各部分公共导线阻抗、地阻抗和电源内阻压降相互耦合形成的干扰，这是机电一体化系统普遍存在的一种干扰。如图7-1所示的串联接地方式，由于接地

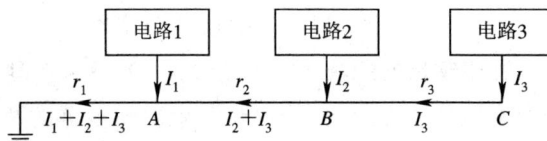

图 7-1 接地共阻抗干扰

电阻的存在，三个电路的接地电位明显不同。当 I_1（或 I_2、I_3）发生变化时，A、B、C 三点的电位随之发生变化，导致各电路均不稳定。

5. 电磁辐射干扰

由各种大功率高频、中频发生装置，各种电火花以及电台、电视台等产生的高频电磁波向周围空间辐射，形成电磁辐射干扰。雷电和宇宙空间也会有电磁波干扰信号。

7.1.4　干扰存在的形式

在电路中，干扰信号通常以串模干扰和共模干扰形式与有用信号一同传输。

1. 串模信号

串模干扰是叠加在被测信号上的干扰信号，也称横向干扰。产生串模干扰的原因有分布电容的静电耦合、长线传输的互感、空间电磁场引起的磁场耦合以及 50 Hz 的工频干扰等。

在机电一体化系统中，被测信号是直流（或变化比较缓慢的）信号，而干扰信号经常是一些杂乱的波形并含有尖峰脉冲，如图 7-2(c) 所示。图 7-2 中 U_s 表示理想测试信号，U_c 表示实际传输信号，U_g 表示不规则干扰信号。干扰可能来自信号源内部（图 7-2(a)），也可能来自于导线的感应（图 7-2(b)）。

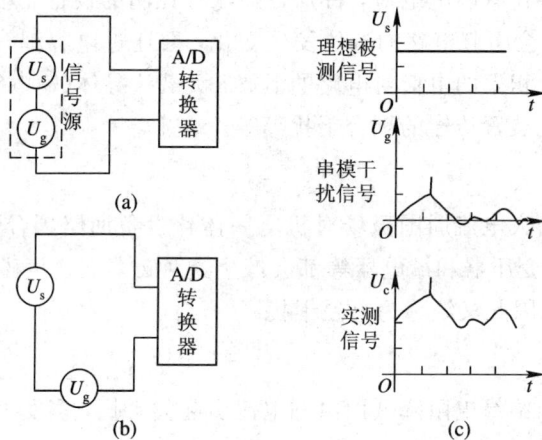

图 7-2　串模干扰示意图

2. 共模干扰

共模干扰往往是指同时加载在各个输入信号接口端的共有的信号干扰。图 7-3 所示的电路中，检测信号输入 A/D 转换器，A/D 转换器的两个输入端上即存在公共的电压干扰。由于输入信号源与主机有较长的距离，输入信号 U_s 的参考接地点和计算机控制系统输入端参考接地点之间存在电位差 U_{cm}。这个电位差就在转换器的两个输入端上形成共模干扰。以计算机接地点为参考点，加到输入点 A 上的信号为 U_s+U_{cm}，加到输入点 B 上的信号为 U_{cm}。

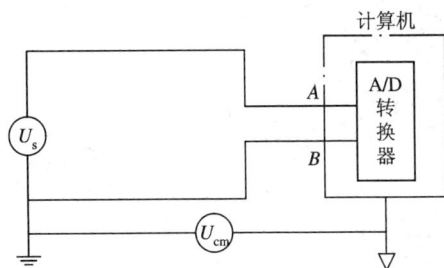

图 7 - 3 共模干扰示意图

7.2 抗干扰的措施

提高抗干扰能力的措施中，最理想的方法是抑制干扰源，使其不向外产生干扰或将其干扰影响限制在允许的范围之内。由于车间现场干扰源的复杂性，要想对所有的干扰源都做到使其不向外产生干扰，这几乎是不可能的，也是不现实的。另外，来自于电网和外界环境的干扰、机电一体化产品用户环境的干扰等也是无法避免的。因此，在产品开发和应用中，除了对一些重要的干扰源，主要是对被直接控制的对象上的一些干扰源进行抑制外，更多的则是在产品内设法抑制外来干扰的影响，以保证系统可靠地工作。

抑制干扰的措施很多，主要包括屏蔽、隔离、滤波、接地和软件处理等方法。

7.2.1 屏蔽

屏蔽是指利用导电或导磁材料制成的盒状或壳状屏蔽体，将干扰源或干扰对象包围起来，从而割断或削弱干扰场的空间耦合通道，阻止其电磁能量的传输。按需屏蔽的干扰场的性质不同，可分为电场屏蔽、磁场屏蔽和电磁场屏蔽。

电场屏蔽是为了消除或抑制由于电场耦合引起的干扰。通常用铜和铝等导电性能良好的金属材料作屏蔽体。屏蔽体的结构应尽量完整、严密并保持良好的接地。

磁场屏蔽是为了消除或抑制由于磁场耦合引起的干扰。对静磁场及低频交变磁场，可用高磁导率的材料作屏蔽体，并保证磁路畅通。对高频交变磁场，主要靠屏蔽体壳体上感生的涡流所产生的反磁场起排斥原磁场的作用。屏蔽体选用的材料是良导体，如铜、铝等。

如图 7 - 4 所示的变压器，在变压器绕组线包的外面包一层铜皮作为漏磁短路环。当漏磁通穿过短路环时，在铜环中感生涡流，因此会产生反磁通以抵消部分漏磁通，使变压器外的磁通减弱。屏蔽的效果与屏蔽层的数量和每层的厚度有关。

在如图 7 - 5 所示的同轴电缆中，为防止信号在传输过程中受到电磁干扰，在电缆线中设置了屏蔽层。芯线电流产生的磁场被局限在外层导体和芯线之间的空间中，不会传播到同轴电缆以外的空间。而电缆外的磁场干扰信号在同轴电缆的芯线和外层导体中产生的干扰电势方向相同，使电流一个增大、一个减小而相互抵消，总的电流增量为零。许多通信电缆还在外面包裹一层导体薄膜以提高屏蔽外界电磁干扰的作用。

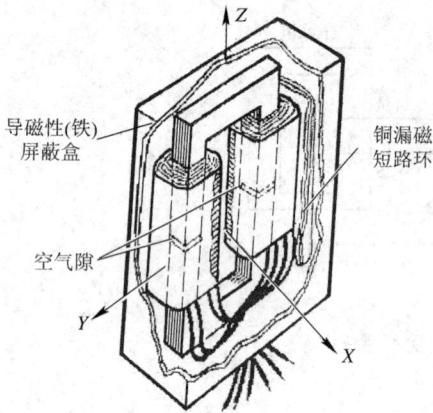

图 7-4 变压器的屏蔽

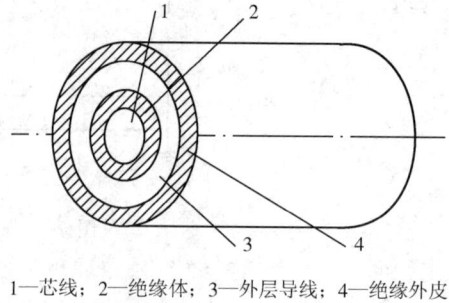

1—芯线；2—绝缘体；3—外层导线；4—绝缘外皮

图 7-5 同轴电缆示意图

7.2.2 隔离

隔离是指把干扰源与接收系统隔离开来，使有用信号正常传输，而干扰耦合通道被切断，以达到抑制干扰的目的。常见的隔离方法有光电隔离、变压器隔离和继电器隔离等。

1. 光电隔离

光电隔离是以光作为媒介在隔离的两端之间进行信号传输的，所用的器件是光电耦合器。由于光电耦合器在传输信息时，不是将其输入和输出的电信号进行直接耦合，而是借助于光作为媒介物进行耦合的，因而具有较强的隔离和抗干扰能力。图 7-6(a)所示为一般光电耦合器组成的输入/输出线路。在控制系统中，它既可以用作一般输入/输出的隔离，也可以代替脉冲变压器起线路隔离与脉冲放大作用。由于光电耦合器具有二极管、三极管的电气特性，使它能方便地组合成各种电路；又由于它靠光耦合传输信息，使它具有很强的抗电磁干扰的能力，因而在机电一体化产品中获得了极其广泛的应用。

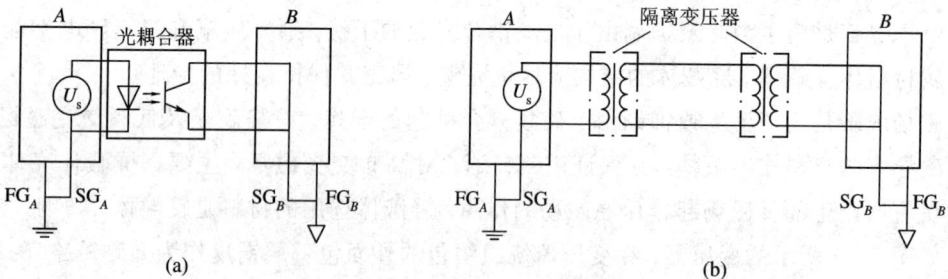

图 7-6 光电隔离和变压器隔离原理
(a) 光电隔离；(b) 变压器隔离

由于光耦合器共模抑制比大，无触点，寿命长，易与逻辑电路配合，响应速度快，体积小，耐冲击且稳定可靠，因此在机电一体化系统特别是数字系统中得到了广泛的应用。

2. 变压器隔离

对于交流信号的传输，一般使用变压器隔离干扰信号的办法。隔离变压器也是常用的隔离部件，用来阻断交流信号中的直流干扰和抑制低频干扰信号的强度，如图7-6(b)所示的变压器耦合隔离电路。隔离变压器把各种模拟负载和数字信号源隔离开来，也就是把模拟地和数字地断开。传输信号通过变压器获得通路，而共模干扰由于不形成回路而被抑制。

图7-7所示为一种带多层屏蔽的隔离变压器。当含有直流或低频干扰的交流信号从一次侧端输入时，根据变压器原理，二次侧输出的信号滤掉了直流干扰，且低频干扰信号幅值也被大大衰减，从而达到了抑制干扰的目的。另外，在变压器的一次侧和二次侧线圈外设有静电隔离层 S_1 和 S_2，其目的是防止一次和二次绕组之间的相互耦合干扰。变压器外的三层屏蔽密封体的内、外两层用铁，起磁屏蔽的作用；中间层用铜，与铁心相连并直接接地，起静电屏蔽作用。这三层屏蔽层是为了防止外界电磁场通过变压器对电路形成干扰而设置的，这种隔离变压器具有很强的抗干扰能力。

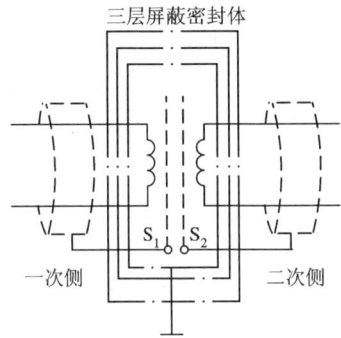

图7-7 多层隔离变压器

3. 继电器隔离

继电器线圈和触点仅有机械上的联系，而没有直接的电的联系，因此可利用继电器线圈接收电信号，而利用其触点控制和传输电信号，从而可实现强电和弱电的隔离（如图7-8所示）。同时，继电器触点较多，且其触点能承受较大的负载电流，因此应用非常广泛。

实际使用中，继电器隔离只适合于开关量信号的传输。系统控制中，常用弱电开关信号控制继电器线圈，使继电器触点闭合或断开；而对应于线圈的触点则用于传递强电回路的某些信号。隔离用的继电器主要是一般小型电磁继电器或干簧继电器。

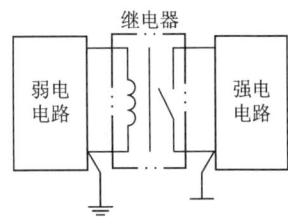

图7-8 继电器隔离

7.2.3 滤波

滤波是抑制干扰传导的一种重要方法。由于干扰源发出的电磁干扰的频谱往往比要接收的信号的频谱宽得多，因而当接收器接收有用信号时，也会接收到那些不希望有的干扰。这时可以采用滤波的方法，只让所需要的频率成分通过，而将干扰频率成分加以抑制。

常用滤波器根据其频率特性又可分为低通、高通、带通、带阻等滤波器。低通滤波器只让低频成分通过，而高于截止频率的成分则受抑制、衰减，不让通过。高通滤波器只通过高频成分，而低于截止频率的成分则受抑制、衰减，不让通过。带通滤波器只让某一频带范围内的频率成分通过，而低于下截止频率和高于上截止频率的成分均受抑制，不让通过。带阻滤波器只抑制某一频率范围内的频率成分，不让其通过，而低于下截止频率和高于上截止频率的频率成分则可通过。

在机电一体化系统中，常用低通滤波器抑制由交流电网侵入的高频干扰。图7-9所示为计算机电源采用的一种 LC 低通滤波器的接线图。含有瞬间高频干扰的 220 V 工频电源通过截止频率为 50 Hz 的滤波器，其高频信号被衰减，只有 50 Hz 的工频信号通过滤波器到达电源变压器，保证正常供电。

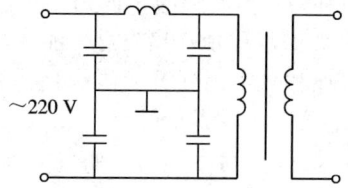

图 7-10(a)所示为触点抖动抑制电路，对抑制各类触点或开关在闭合或断开瞬间因触点抖动所引起

图 7-9　低通滤波器

的干扰是十分有效的。图 7-10(b)所示电路是交流信号抑制电路，主要用于抑制电感性负载在切断电源瞬间所产生的反电势。这种阻容吸收电路可以将电感线圈的磁场释放出来的能量转化为电容器电场的能量储存起来，以降低能量的消散速度。图 7-10(c)所示电路是输入信号的阻容滤波电路，类似的这种线路既可作为直流电源的输入滤波器，也可作为模拟电路输入信号的阻容滤波器。

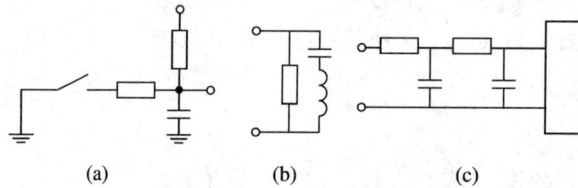

(a)　　　　　(b)　　　　　(c)

图 7-10　干扰滤波电路

图 7-11 所示为一种双 T 型带阻滤波器，可用来消除工频(电源)串模干扰。图中输入信号 U_1 经过两条通路送到输出端。当信号频率较低时，C_1、C_2 和 C_3 阻抗较大，信号主要通过 R_1、R_2 传送到输出端；当信号频率较高时，C_1、C_2 和 C_3 容抗很小，接近短路，信号主要通过 C_1、C_2 传送到输出端。只要参数选择得当，就可以使滤波器在某个中间频率 f_0 时，由 C_1、C_2 和 R_3 支路传送到输出端的信号 U_2' 与由 R_1、R_2 和 C_3 支路传送到输

图 7-11　双 T 型带阻滤波器

出端的信号 U_2'' 大小相等，相位相反，互相抵消，于是总输出为零。f_0 为双 T 型带阻滤波器的谐振频率。在参数设计时，使 $f_0=50$ Hz，双 T 型带阻滤波器就可滤除工频干扰信号。

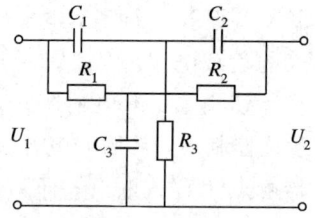

7.2.4　接地

将电路、设备机壳等与作为零电位的一个公共参考点(大地)实现低阻抗的连接，称之为接地。接地的目的有两个：一是为了安全，例如把电子设备的机壳、机座等与大地相接，当设备中存在漏电时，不致影响人身安全，这种接地称为安全接地；二是为了给系统提供一个基准电位(例如脉冲数字电路的零电位点等)或为了抑制干扰(如屏蔽接地等)，这种接地称为工作接地。工作接地包括一点接地和多点接地两种方式。

1. 一点接地

图 7-1 所示为串联一点接地，由于地电阻 r_1、r_2 和 r_3 是串联的，因而各电路间相互

发生干扰。虽然这种接地方式很不合理，但因为比较简单，所以仍然经常使用。当各电路的电平相差不大时还可勉强使用这种接地方式，但当各电路的电平相差很大时就不能使用了，因为高电平将会产生很大的地电流并干扰到低电平电路中去。使用这种串联一点接地方式时还应注意把低电平的电路放在距接地点最近的地方，即图 7-1 中最接近于地电位的 A 点上。

图 7-12 所示是并联一点接地方式。这种方式在低频时是最适用的，因为各电路的地电位只与本电路的地电流和地线阻抗有关，不会因地电流而引起各电路间的耦合。这种方式的缺点是需要连很多根地线，用起来比较麻烦。

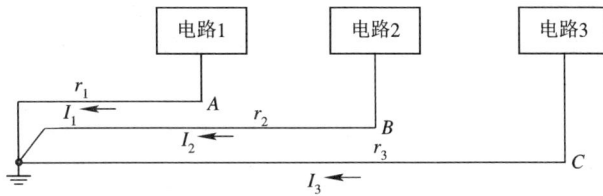

图 7-12 并联一点接地

2. 多点接地

多点接地所需地线较多，一般适用于低频信号。若电路工作频率较高，电感分量大，各地线间的互感耦合会增加干扰。如图 7-13 所示，各接地点就近接于接地汇流排或底座、外壳等金属构件上。

3. 地线的设计

机电一体化系统设计时要综合考虑各种地线的布局和接地方法。图 7-14 所示是一台数控机床的接地方法。从图中可以看出，接地系统形成三个通道：将所有小信号、逻辑电路的信号、灵敏度高的信号的接地点都接到信号地通道上；将所有大电流、大功率部件，晶闸管、继电器，指示灯，强电部分的接地点都接到功率接地通道上；将机柜、底座、面板、风扇外壳、电动机底座等机床接地点都接到机械接地通道上，此地线又称安全地线通道。将这三个通道再接到总的公共接地点上，公共接地点与

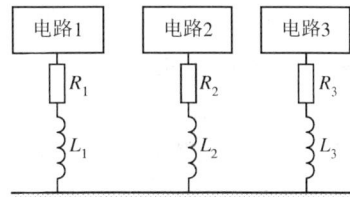

图 7-13 多点接地

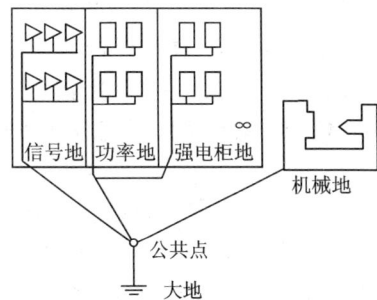

图 7-14 数控机床的接地

大地接触良好，一般要求地电阻小于 $4\sim7\ \Omega$。数控柜与强电柜之间有足够粗的保护接地电缆，如截面积为 $5.5\sim14\ mm^2$ 的接地电缆。因此，这种地线接法有较强的抗干扰能力，能够保证数控机床正常运行。

7.2.5 软件抗干扰设计

1. 软件滤波

用软件来识别有用信号和干扰信号并滤除干扰信号的方法称为软件滤波。识别信号的原则有三种：

（1）时间原则。如果掌握了有用信号和干扰信号在时间上出现的规律，在程序设计上就可以在接收有用信号的时区打开输入口，而在可能出现干扰信号的时区封闭输入口，从而滤掉干扰信号。

（2）空间原则。在程序设计上为保证接收到的信号正确无误，可将从不同位置，用不同检测方法，经不同路线或不同输入口接收到的同一信号进行比较，根据既定逻辑关系来判断真伪，从而滤掉干扰信号。

（3）属性原则。有用信号往往是在一定幅值或频率范围的信号，当接收的信号远离该信号区时，软件可通过识别予以剔除。

2. 软件"陷阱"

从软件的运行来看，瞬时电磁干扰可能会使 CPU 偏离预定的程序指针，进入未使用的 RAM 区和 ROM 区，引起一些莫名其妙的现象，其中死循环和程序"飞掉"是常见的。为了有效地排除这种干扰故障，常采用软件"陷阱"法。这种方法的基本指导思想是，把系统存储器(RAM 和 ROM)中没有使用的单元用某一种重新启动的代码指令填满，作为软件"陷阱"，以捕获"飞掉"的程序。一般当 CPU 执行该条指令时，程序就自动转到某一起始地址，从这一起始地址开始存放一段使程序重新恢复运行的热启动程序，该热启动程序扫描现场的各种状态，并根据这些状态判断程序应该转到系统程序的哪个入口，使系统重新投入正常运行。

3. 软件"看门狗"

"看门狗"(WATCHDOG)就是用硬件(或软件)的办法使用监控定时器定时检查某段程序或接口，当超过一定时间系统没有检查这段程序或接口时，可以认定系统运行出错(干扰发生)，可通过软件进行系统复位或按事先预定的方式运行。"看门狗"是工业控制机普遍采用的一种软件抗干扰措施。当侵入的尖峰电磁干扰使计算机程序"飞掉"时，WATCHDOG 能够帮助系统自动恢复正常运行。

7.3 提高系统抗干扰能力的措施

从整体和逻辑线路设计上提高机电一体化产品的抗干扰能力是整体设计的指导思想，对提高系统的可靠性和抗干扰性能关系极大。对于一个新设计的系统，如果把抗干扰性能作为一个重要的问题来考虑，则系统投入运行后，抗干扰能力就强。反之，如等到设备到现场发现问题才来修修补补，往往就会事倍功半。因此，在总体设计阶段，有几个方面必须引起特别重视。

7.3.1 逻辑设计力求简单可靠

对于一个具体的机电一体化产品，在满足生产工艺控制要求的前提下，逻辑设计应尽量简单,以便节省元件,方便操作。因为在元器件质量已定的前提下,整体中所用到的元器件数量愈少,系统在工作过程中出现故障的概率就愈小,亦即系统的稳定性愈高。但值得注意的是,对于一个具体的线路,必须扩大线路的稳定储备量,留有一定的负载容度,因为线路的工作状态是随电源电压、温度、负载等因素的大小而变的。这些因素由额定情况向恶化线路性能方向变化,最后导致线路不能正常工作的范围称为稳定储备量。此外,工作在边缘状态的线路或元件最容易受到外界干扰而导致故障。因此,为了提高线路的带负载能力,应考虑留有负载容度。比如一个 TTL 集成门电路的负载能力是可以带 8 个左右同类型的逻辑门,但在设计时,一般最多只考虑带 5~6 个门,以便留有一定裕度。

7.3.2 硬件自检测和软件自恢复的设计

由于干扰引起的误动作多是偶发性的,因而应采取某种措施使这种偶发的误动作不致直接影响系统的运行。因此,在总体设计上必须设法使干扰造成的这种故障能够尽快恢复正常。通常的方式是在硬件上设置某些自动监测电路,这主要是为了对一些薄弱环节加强监控,以便缩小故障范围,增强整体的可靠性。在硬件上常用的监控和误动作检出方法通常有数据传输的奇偶检验(如输入电路有关代码的输入奇偶校验),存储器的奇偶校验以及运算电路、译码电路和时序电路的有关校验等。

从软件的运行来看,瞬时电磁干扰会影响堆栈指针 SP、数据区或程序计数器的内容,使 CPU 偏离预定的程序指针,进入未使用的 RAM 区和 ROM 区,引起一些如死机、死循环和程序"飞掉"等现象,因此,要合理设置软件"陷阱"和"看门狗",并在检测环节进行数字滤波(如粗大误差处理)等。

7.3.3 从安装和工艺等方面采取措施以消除干扰

1. 合理选择接地

许多机电一体化产品,从设计思想到具体电路原理都是比较完美的,但在工作现场却经常无法正常工作,暴露出许多由于工艺安装不合理带来的问题,从而使系统容易受到干扰。对此必须引起足够的重视,如在选择正确的接地方式方面要考虑交流接地点与直流接地点的分离,保证逻辑地浮空(是指控制装置的逻辑地和大地之间不用导体连接),保证机身、机柜的安全地的接地质量,甚至分离模拟电路的接地和数字电路的接地等等。

2. 合理选择电源

合理选择电源对系统的抗干扰能力也是至关重要的。电源是引进外部干扰的重要因素。实践证明,通过电源引入的干扰噪声是多途径的,如控制装置中各类开关的频繁闭合或断开,各类电感线圈(包括电机、继电器、接触器以及电磁阀等)的瞬时通断,晶闸管电源及高频、中频电源等系统中开关器件的导通和截止等都会引起干扰,这些干扰幅值可达瞬时千伏级,而且占有很宽的频率。显而易见,要想完全抑制如此宽频带范围的干扰,必须对交流电源和直流电源同时采取措施。

大量实践表明,采用压敏电阻和低通滤波器可使频率范围在 20 kHz~100 MHz 之间的干扰大大衰减;采用隔离变压器和电源变压器的屏蔽层可以消除 20 kHz 以下的干扰;而为了消除交流电网电压缓慢变化对控制系统造成的影响,可采取交流稳压等措施。

对于直流电源，通常要考虑尽量加大电源功率容限和电压调整范围。为了使装备能适应负载在较大范围内变化和防止通过电源造成内部噪声干扰，整机电源必须留有较大的储备量，并有较好的动态特性，习惯上一般选取 0.5～1 倍的裕量。另外，尽量采用直流稳压电源。直流稳压电源不仅可以进一步抑制来自交流电网的干扰，而且还可以抑制由于负载变化所造成的电路直流工作电压的波动。

3. 合理布局

对机电一体化设备及系统的各个部分进行合理的布局，能有效地防止电磁干扰的危害。合理布局的基本原则是使干扰源与干扰对象尽可能远离，输入和输出端口妥善分离，高电平电缆及脉冲引线与低电平电缆分别敷设等。

在企业环境的各设备之间也存在合理布局的问题。不同设备对环境的干扰类型、干扰强度不同，抗干扰能力和精度也不同，因此，在设备位置布置上要考虑设备分类和环境处理。如精密检测仪器应放置在恒温环境并远离有机械冲击的场所，弱电仪器应考虑工作环境的电磁干扰强度等。

一般来说，除了上述方案以外，还应在安装、布线等方面采取严格的工艺措施，如布线上注意整个系统导线的分类布置、接插件的可靠安装与良好接触，注意焊接质量等。实践表明，对于一个具体的系统，如果工艺措施得当，不仅可以大大提高系统的可靠性和抗干扰能力，而且还可以弥补某些设计上的不足。

------------------------------ 思 考 题 ------------------------------

7-1 简述干扰的三个组成要素。

7-2 机电一体化系统中的计算机接口电路通常使用光电耦合器，请问光电耦合器的作用有哪些？

7-3 控制系统接地通常要注意哪些事项？

7-4 目前，我国强制进行机电产品的"3C"认证。"3C"认证的含义是什么？有什么意义？

7-5 为什么国家严令禁止个人和集体私自使用大功率无绳电话？

7-6 请解释收音机（或电台）的频道（信号）接收工作原理。

7-7 什么是工频？工频滤波原理是什么？

7-8 计算机控制系统中，如何用软件进行干扰的防护？

第8章　自动化制造系统

自动化制造设备(或系统)是应用于制造行业的机电一体化产品,它的自动化水平代表了一个国家制造业的发达程度,它的普及应用会有效改善劳动条件,提高劳动生产率,提高产品质量,降低制造成本,提高劳动者素质,并带动相关产业及技术的发展,从而推动一个国家的制造业逐渐由劳动密集型向技术密集型发展。目前,我国乃至全球都非常重视制造自动化技术的发展。

8.1　概　　述

自动化制造系统是指在较少的人工直接或间接干预下,将原材料加工成零件或将零件组装成产品,在加工过程中实现管理过程和工艺过程的自动化。管理过程包括产品的优化设计,程序的编制及工艺的生成,设备的组织及协调,材料的计划与分配,环境的监控等。工艺过程包括工件的装卸、储存和输送,刀具的装配、调整、输送和更换,工件的切削加工、排屑、清洗和测量,切屑的输送,切削液的净化处理等。

自动化制造系统包括刚性制造和柔性制造。"刚性"的含义是指该生产线只能生产某种或生产工艺相近的某类产品,表现为生产产品的单一性。刚性制造包括组合机床、专用机床、刚性自动化生产线等。"柔性"是指生产组织形式和生产产品及工艺的多样性和可变性,可具体表现为机床的柔性、产品的柔性、加工的柔性、批量的柔性等。柔性制造包括柔性制造单元(FMC)、柔性制造系统(FMS)、柔性制造线(FML)、柔性装配线(FAL)、计算机集成制造系统(CIMS)等。下面依据自动化制造系统的生产能力和智能程度进行分类介绍。

8.1.1　刚性自动化生产

1. 刚性半自动化单机

除上、下料外,机床可以自动完成单个工艺过程的加工循环,这样的机床称为刚性半自动化机床。这种机床一般是机械或电液复合控制式组合机床和专用机床,可以进行多面、多轴、多刀同时加工,加工设备按工件的加工工艺顺序依次排列,切削刀具由人工安装、调整,实行定时强制换刀,如果出现刀具破损、折断,可进行应急换刀,例如单台组合机床、通用多刀半自动车床、转塔车床等。从复杂程度讲,刚性半自动化单机实现的是加工自动化的最低层次，但是投资少，见效快，适用于产品品种变化范围和生产批量都较大的制造系统；缺点是调整工作量大，加工质量较差，工人的劳动强度也大。

2. 刚性自动化单机

它是在刚性半自动化单机的基础上增加了自动上、下料等辅助装置而形成的自动化机床。其辅助装置包括自动工件输送、上料、下料、自动夹具、升降装置和转位装置等；切屑处理一般由刮板器和螺旋传送装置完成。这种机床实现的也是单个工艺过程的全部加工循环。这种机床往往需要定做或改装，常用于品种变化很小但生产批量特别大的场合，主要特点是投资少，见效快，但通用性差，是大量生产最常见的加工装备。

3. 刚性自动化生产线

刚性自动化生产线是多工位生产过程，用工件输送系统将各种自动化加工设备和辅助设备按一定的顺序连接起来，在控制系统的作用下完成单个零件加工的复杂大系统。在刚性自动线上，被加工零件以一定的生产节拍顺序通过各个工作位置，自动完成零件预定的全部加工过程和部分检测过程。因此，与刚性自动化单机相比，它的结构复杂，任务完成的工序多，因此生产效率也很高，是少品种、大量生产必不可少的加工装备。除此之外，刚性自动生产线还具有可以有效缩短生产周期，取消半成品的中间库存，缩短物料流程，减少生产面积，改善劳动条件，便于管理等优点。它的主要缺点是投资大，系统调整周期长，更换产品不方便。为了消除这些缺点，人们发展了组合机床自动线，可以大幅度缩短建线周期，更换产品后只需更换机床的某些部件即可（例如可更换主轴箱），大大缩短了系统的调整时间，降低了生产成本，并能得到较好的使用效果和经济效益。组合机床自动线主要用于箱体类零件和其它类型非回转体的钻、扩、铰、镗、攻螺纹和铣削等工序的加工。刚性自动化生产线目前正在向刚柔结合的方向发展。

图8-1所示为加工曲拐零件的刚性自动线总体布局图。该自动线年生产曲拐零件17 000件，毛坯是球墨铸铁件。由于工件形状不规则，没有合适的输送基面，因而采用了随行夹具安装定位，便于工件的输送。

该曲拐加工自动线由七台组合机床和一个装卸工位组成。全线定位夹紧机构由一个泵站集中供油。工件的输送采用步伐式输送带，输送带用钢丝绳牵引式传动装置驱动。毛坯在随行夹具上定位需要人工找正，没有采用自动上、下料装置。在机床加工工位上采用压缩空气喷吹方式排除切屑，全线集中供给压缩空气。切屑运送采用链板式排屑装置，从机床中间底座下方运送切屑。

自动线布局采用直线式，工件输送带贯穿各工位，工件装卸台4设在自动线末端。随行夹具连同工件毛坯经工件升降机5提升，从机床上方送到自动线的始端，输送过程中没有切屑撒落到机床、输送带和地面上。切屑运送方向与工件输送方向相反，斗式切屑提升机1设在自动线始端。中央控制台6设在自动线末端。

刚性自动线生产率高，但柔性较差，当加工工件变化时，需要停机、停线并对机床、夹具、刀具等工装设备进行调整或更换（如更换主轴箱、刀具、夹具等），通常调整工作量大，停产时间较长。

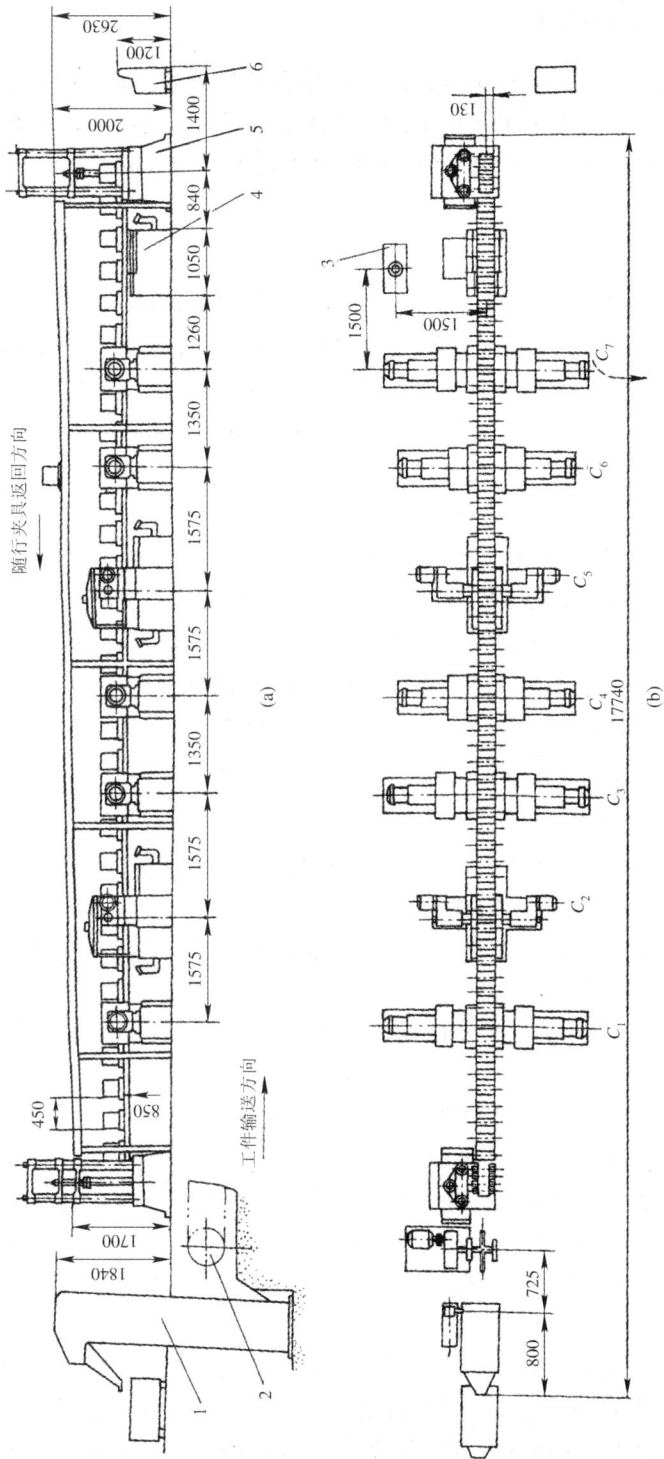

图8-1 曲拐加工自动线
(a) 正视图；(b) 俯视图

1—斗式切屑提升机；2—链板式排屑装置；3—全线泵站；4—工件输送带及工件装卸台；5—工件提升机；6—中央控制台

8.1.2 柔性制造单元(FMC)

柔性制造单元(Flexible Manufacturing Cell)由单台数控机床、加工中心、工件自动输送及更换系统等组成。它是实现单工序加工的可变加工单元,单元内的机床在工艺能力上通常是相互补充的,可混流加工不同的零件。系统对外设有接口,可与其它单元组成柔性制造系统。

1. FMC 控制系统

FMC 控制系统一般分为两级,分别是单元控制级和设备控制级。

(1)设备控制级。这一级针对各种设备,如机器人、机床、坐标测量机、小车、传送装置等进行单机控制。这一级的控制系统向上与单元控制系统用接口连接,向下与设备连接。设备控制器的功能是把工作站控制器命令转换成可操作的、有次序的简单任务,并通过各种传感器监控这些任务的执行。设备控制级一般采用具有较强控制功能的微型计算机、总线控制机或可编程控制器等工控机。

(2)单元控制级。这一级控制系统指挥和协调单元中各设备的活动,处理由物料储运系统交来的零件托盘,并通过控制工件调整、零件夹紧、切削加工、切屑清除、加工过程中检验、卸下工件以及清洗工件等功能对设备级各子系统进行调度。单元控制系统一般采用具有有限实时处理能力的微型计算机或工作站。单元控制级通过 RS-232 接口与设备控制级之间进行通信,并可以通过该接口与其它系统组成 FMS。

2. FMC 的基本控制功能

FMC 的基本控制功能包括:

(1)单元中各加工设备的任务管理与调度。其中包括制定单元作业计划,计划的管理与调度,设备和单元运行状态的登录与上报。

(2)单元内物流设备的管理与调度。这些设备包括传送带、有轨或无轨物料运输车、机器人、托盘系统、工件装卸站等。

(3)刀具系统的管理。其中包括向车间控制器和刀具预调仪提出刀具请求,将刀具分发至需要它的机床等。

图 8-2 所示为一以加工回转体零件为主的柔性制造单元。它包括一台数控车床,一台加工中心,两台运输小车用于在工件装卸工位 3、数控车床 1 和加工中心 2 之间输送工件,龙门式机械手 4 用来为数控车床装卸工件和更换刀具,机器人 5 进行加工中心刀具库和机外刀库间的刀具交换。控制系统由车床数控装置 7、龙门式机械手控制器 8、小车控制器 9、加工中心控制器 10、机器人控制器 11 和单元控制器 12 等组成。单元控制器负责对单元组成设备进行控制、调度、信息交换和监视。

图 8-3 所示是加工棱体零件的柔性制造单元。单元主机是一台卧式加工中心,刀库容量为 70 把,采用双机械手换刀,配有 8 工位自动交换托盘库。托盘库为环形转盘,托盘库台面支承在圆柱环形导轨上,由内侧的环链拖动而回转,链轮由电机驱动。托盘的选择和定位由可编程控制器控制,托盘库具有正反向回转、随机选择及跳跃分度等功能。托盘的交换由设在环形台面中央的液压推拉机构实现。托盘库旁设有工件装卸工位,机床两侧设有自动排屑装置。

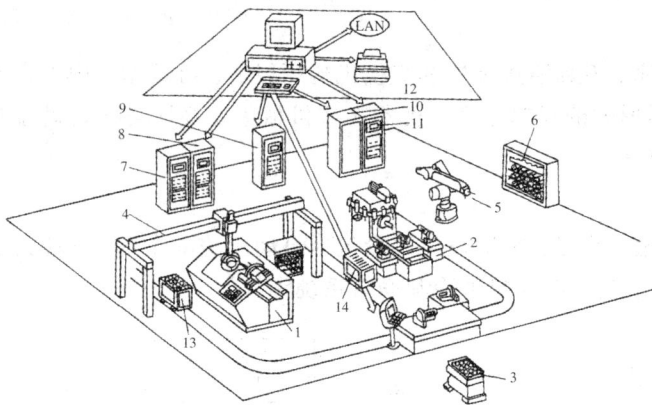

1—数控车床；   2—加工中心；
3—装卸工位；   4—龙门式机械手；
5—机器人；   6—加工中心控制器；
7—车床数控装置；   8—龙门式机械手控制
9—小车控制器；   10—加工中心控制器；
11—机器人控制器；   12—单元控制器；
13、14—运输小车

图 8-2　柔性制造单元

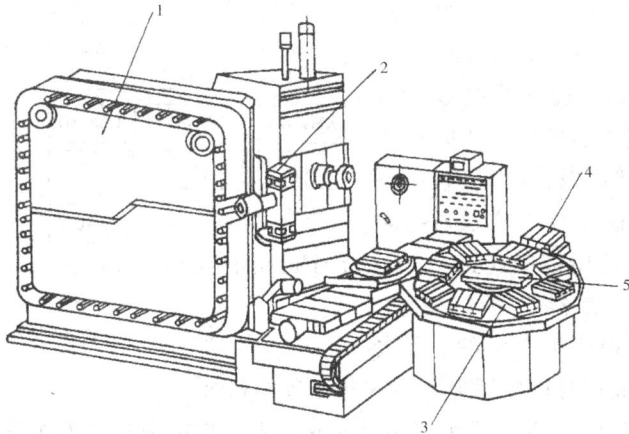

1—刀具库；2—换刀机械手；3—托盘库；4—装卸工位；5—托盘交换机构

图 8-3　带托盘库的柔性制造单元

8.1.3　柔性制造系统(FMS)

柔性制造系统(Flexible Manufacturing System)由两台或两台以上加工中心或数控机床组成，并在加工自动化的基础上实现了物料流和信息流的自动化。其基本组成部分有：自动化加工设备、工件储运系统、刀具储运系统和多层计算机控制系统等。

1. 自动化加工设备

组成 FMS 的自动化加工设备有数控机床、加工中心、车削中心等，也可能是柔性制造单元。这些加工设备都是计算机控制的，加工零件的改变一般只需要改变数控程序，因此具有很高的柔性。自动化加工设备是自动化制造系统最基本，也是最重要的设备。

2. 工件储运系统

FMS 工件储运系统由工件库、工件运输设备和更换装置等组成。工件库包括自动化立体仓库和托盘(工件)缓冲站。工件运输设备包括各种传送带、运输小车、机器人或机械手等；工件更换装置包括各种机器人或机械手、托盘交换装置等。

3. 刀具储运系统

FMS 的刀具储运系统由刀具库、刀具输送装置和交换机构等组成。刀具库有中央刀库和机床刀库；刀具输送装置有不同形式的运输小车、机器人或机械手；刀具交换装置通常是指机床上的换刀机构，如换刀机械手。

4. 辅助设备

FMS 可以根据生产需要配置辅助设备。辅助设备一般包括自动清洗工作站、自动去毛刺设备、自动测量设备、集中切屑运输系统和集中冷却润滑系统等。

5. 多层计算机控制系统

FMS 的控制系统采用三级控制，分别是单元控制级、工作站控制级、设备控制级。图 8-4 就是一个 FMS 控制系统实例，系统包括自动导向小车（AGV）、TH6350 卧式加工中心、XH714A 立式加工中心和仓储设备等。

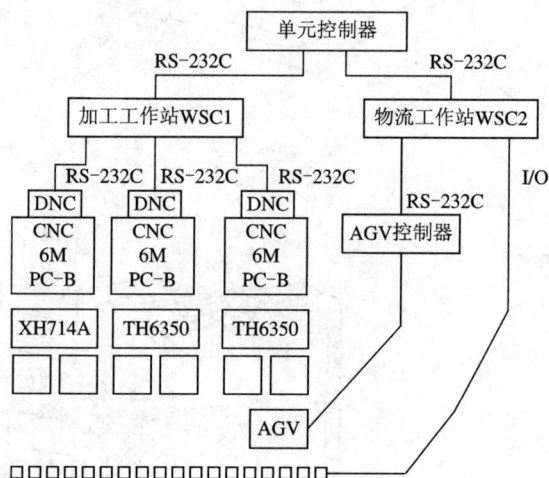

图 8-4 FMS 控制系统实例

（1）设备控制级。设备控制级针对各种设备，如机器人、机床、坐标测量机、小车、传送装置以及储存/检索设备等进行单机控制。这一级的控制系统向上与工作站控制系统用接口连接，向下与设备连接。设备控制器的功能是把工作站控制器命令转换成可操作的、有次序的简单任务，并通过各种传感器监控这些任务的执行。

（2）工作站控制级。FMS 工作站一般分成加工工作站和物流工作站。加工工作站完成各工位的加工工艺流程、刀具更换、检验等管理；物流工作站完成原料、成品及半成品的储存、运输、工位变换等管理。这一级控制系统指挥和协调单元中一个设备小组的活动，处理由物料储运系统交来的零件托盘，并通过控制工件调整、零件夹紧、切削加工、切屑清除、加工过程中检验、卸下工件以及清洗工件等功能对设备级各子系统进行调度。设备控制级和工作站控制级等控制系统一般采用具有较强控制功能的，可进行实时控制的微型计算机、总线控制机或可编程控制器等工控机。

（3）单元控制级。单元控制级作为 FMS 的最高一级控制，是全部生产活动的总体控制系统，同时它还是承上启下、与上级（车间）控制器信息联系的桥梁。因此，单元控制器对实现底三层有效的集成控制，提高 FMS 的经济效益，特别是生产能力，具有十分重要的意义。单元控制级一般采用具有较强实时处理能力的小型计算机或工作站。

图 8-5 是一种较典型的 FMS，四台加工中心直线布置，工件储运系统由托盘站 2、托盘输送车 4、工件装卸工位 3 和布置在加工中心前面的托盘交换装置 12 等组成。刀具储运系统由刀具库 8、刀具进出站 6、机器人移动车 7 和刀具预调仪 5 等组成。单元控制器 9、工作站控制器(图中未标出)和设备控制装置组成三级计算机控制。切屑运输系统没有采用集中运输方式，每台加工中心均配有切屑运输装置。

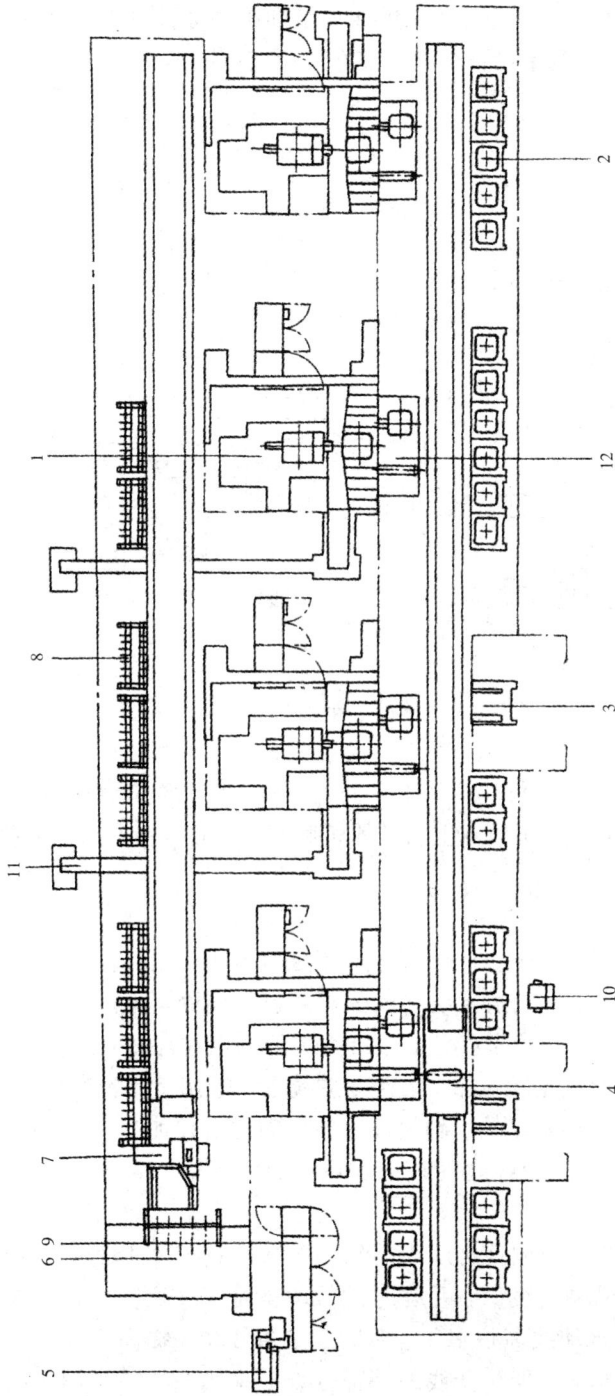

图8-5 柔性制造系统的组成

1—加工中心；2—托盘站；3—工件装卸工位；4—托盘输送车；5—刀具预调仪；6—刀具进出站；
7—机器人移动车；8—刀具库；9—单元控制器；10—控制终端；11—切屑输送装置；12—托盘交换装置

图 8-6 所示是一个具有装配功能的柔性制造系统。图的右部是柔性加工系统，有一台镗铣加工中心 10 和一台车削加工中心 8。9 是多坐标测量仪，7 是立体仓库，14 是装夹站。图的左部是一个柔性装配系统，其中有一个装载机器人 12，三个装夹具机器人 3、4、13，一个双臂机器人 5，一个手工工位 2 和传送带。柔性加工和柔性装配两个系统由一个自动导向小车 15 作为运输系统连接。测量设备也集成在总控系统范围内。

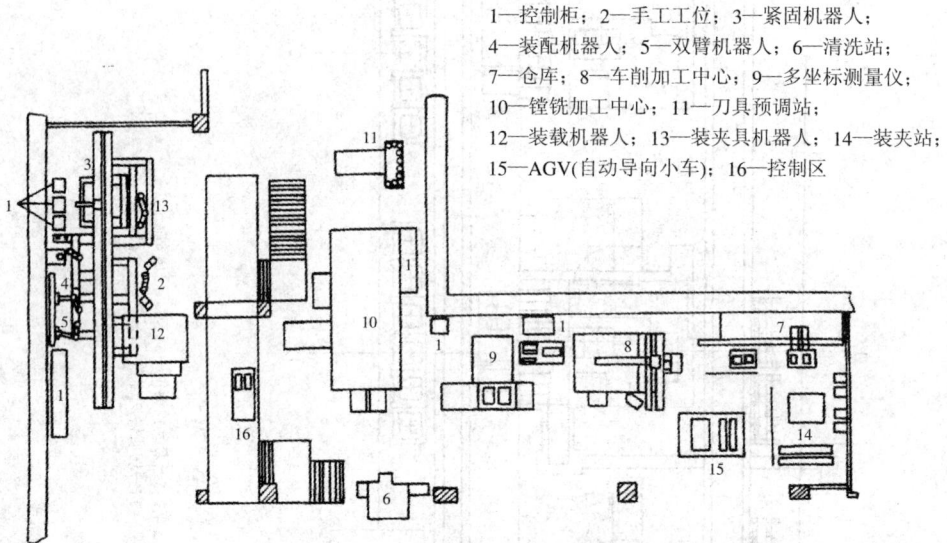

1—控制柜；2—手工工位；3—紧固机器人；
4—装配机器人；5—双臂机器人；6—清洗站；
7—仓库；8—车削加工中心；9—多坐标测量仪；
10—镗铣加工中心；11—刀具预调站；
12—装载机器人；13—装夹具机器人；14—装夹站；
15—AGV(自动导向小车)；16—控制区

图 8-6 具有装配功能的柔性制造系统

柔性制造系统的主要特点有：柔性高，适应多品种中、小批量生产；系统内的机床工艺能力上是相互补充和相互替代的；可混流加工不同的零件；系统局部调整或维修不中断整个系统的运作；多层计算机控制，可以和上层计算机联网；可进行三班无人干预生产。

8.1.4 柔性制造线(FML)

柔性制造线(Flexible Manufacturing Line)由自动化加工设备、工件输送系统和控制系统等组成。柔性制造线 FML 与柔性制造系统之间的界限也很模糊，两者的重要区别是前者像刚性自动线一样，具有一定的生产节拍，工作沿一定的方向顺序传送；后者则没有一定的生产节拍，工件的传送方向也是随机的。柔性制造线主要适用于品种变化不大的中批量和大批量生产，线上的机床主要是多轴主轴箱的换箱式和转塔式加工中心。在工件变换以后，各机床的主轴箱可自动进行更换，同时调入相应的数控程序，生产节拍也会作相应的调整。

柔性制造线的主要优点是：具有刚性自动线的绝大部分优点；当批量不很大时，生产成本比刚性自动线低得多；当品种改变时，系统所需的调整时间又比刚性自动线少得多，但建立系统的总费用却比刚性自动线高得多。有时为了节省投资，提高系统的运行效率，柔性制造线常采用刚柔结合的形式，即生产线的一部分设备采用刚性专用设备(主要是组合机床)，另一部分采用换箱或换刀式柔性加工机床。

1. 自动化加工设备

组成 FML 的自动化加工设备有数控机床、可换主轴箱机床。可换主轴箱机床是介于加工中心和组合机床之间的一种中间机型。可换主轴箱机床周围有主轴箱库,可根据加工工件的需要更换主轴箱。主轴箱通常是多轴的,可换主轴箱机床对工件进行多面、多轴、多刀同时加工,是一种高效机床。

2. 工件输送系统

FML 的工件输送系统与刚性自动线类似,采用各种传送带输送工件,工件的流向与加工顺序一致,工件依次通过各加工站。

3. 刀具

可换主轴箱上装有多把刀具,主轴箱本身起着刀具库的作用。刀具的安装、调整一般由人工进行,采用定时强制换刀。

图 8-7 为一加工箱体零件的柔性自动线示意图,它由两台对面布置的数控铣床,四台两两对面布置的转塔式换箱机床和一台循环式换箱机床组成。采用辊子传送带输送工件。这条自动线看起来和刚性自动线没有什么区别,但它具有一定的柔性。FML 同时具有刚性自动线和 FMS 的某些特征,在柔性上接近 FMS,在生产率上接近刚性自动线。

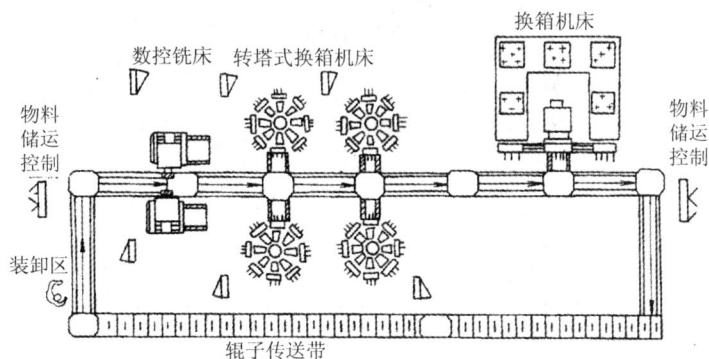

图 8-7 柔性制造线示意图

8.1.5 柔性装配线(FAL)

柔性装配线(Flexible Assembly Line)通常由装配站、物料输送装置和控制系统等组成。

1. 装配站

FAL 中的装配站可以是可编程的装配机器人、不可编程的自动装配装置和人工装配工位。

2. 物料输送装置

在 FAL 中,物料输送装置根据装配工艺流程为装配线提供各种装配零件,使不同的零件和已装配成的半成品合理地在各装配点间流动,同时还要将成品部件(或产品)运离现场。输送装置由传送带和换向机构等组成。

3. 控制系统

FAL 的控制系统对全线进行调度和监控，主要控制物料的流向和自动装配站、装配机器人。

图 8-8 是 FAL 的示意图，由无人驾驶输送装置 1、传送带 2、双臂装配机器人 3、装配机器人 4、拧螺纹机器人 5、自动装配站 6、人工装配工位 7 和投料工作站 8 等组成。投料工作站中有料库和取料机器人。料库有多层重叠放置的盒子，这些盒子可以抽出，也称之为抽屉，待装配的零件存放在这些盒子中。取料机器人有各种不同的夹爪，它可以自动将零件从盒子中取出，并摆放在一个托盘中。盛有零件的托盘由传送带自动送往装配机器人或装配站。

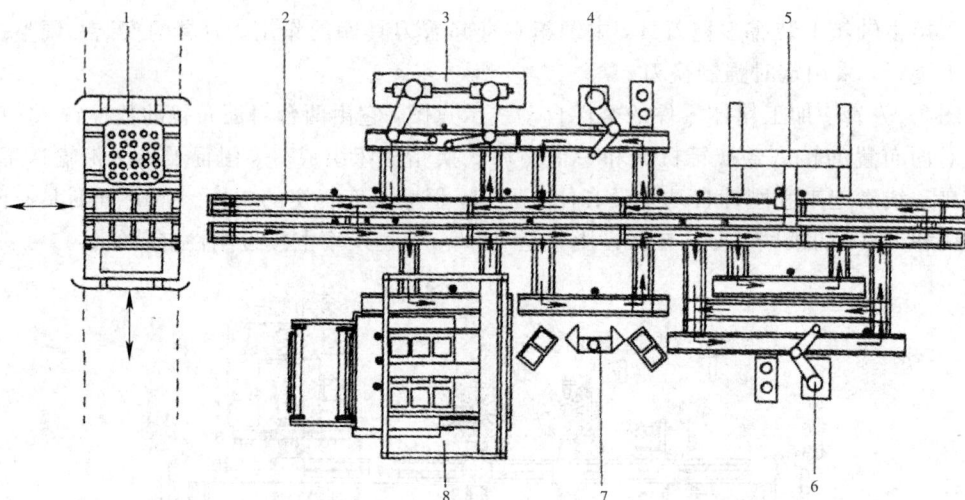

1—无人驾驶输送装置；2—传送带；3—双臂装配机器人；4—装配机器人；
5—拧螺纹机器人；6—自动装配站；7—人工装配工位；8—投料工作站

图 8-8　柔性装配线示意图

8.1.6　计算机集成制造系统(CIMS)

计算机集成制造系统 CIMS(Computer Intergrated Manufacturing System)是一种集市场分析、产品设计、加工制造、经营管理、售后服务于一体，借助于计算机的控制与信息处理功能，使企业运作的信息流、物质流、价值流和人力资源有机融合，实现产品快速更新、生产率大幅提高、质量稳定、资金有效利用、损耗降低、人员合理配置、市场快速反馈和良好服务的全新的企业生产模式。

1. CIMS 的功能构成

CIMS 的功能构成包括下列内容(参考图 8-9)：

(1) 管理功能。CIMS 能够对生产计划、材料采购、仓储和运输、资金和财务以及人力资源进行合理配置和有效协调。

(2) 设计功能。CIMS 能够运用 CAD、CAE、CAPP(计算机辅助工艺规程编制)、NCP(数控程序编制)等技术手段实现产品设计、工艺设计等。

物料管理　办公自动化
成本管理　经营决策
财务管理　生产管理
人事管理　销售管理

技术文档资料

计算机辅助设计CAD
计算机辅助工程分析CAE
计算机辅助工艺规程编制CAPP
计算机辅助制造CAM
产品数据管理PDM

市场信息
质量要求

管理
信息
分系统
MIS

技术
信息
分系统
TIS

计算机网
络和数据
库分系统
NES和DBS

制造
自动化

成品

质量
信息
分系统
QIS

制造
分系统
MAS

质量计划
质量检测
质量评价
质量控制
质量信息综合管理

质量文档

原材料　能源

加工设备　控制系统
检测设备　辅助设备
装配设备　工业机器人
储运设备

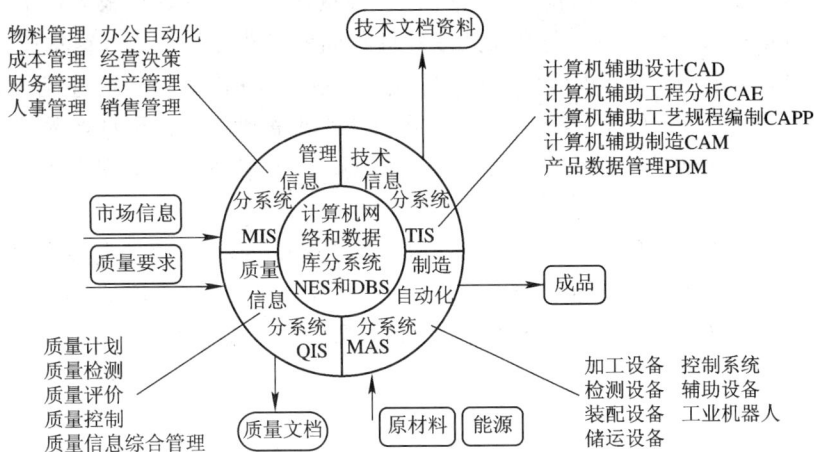

图 8-9　CIMS 的组成

（3）制造功能。CIMS 能够按工艺要求，自动组织协调生产设备（CNC、FMC、FMS、FAL、机器人等）、储运设备和辅助设备（送料、排屑、清洗等设备）完成制造过程。

（4）质量控制功能。CIMS 运用 CAQ（计算机辅助质量管理）来完成生产过程的质量管理和质量保证，它不仅在软件上形成质量管理体系，在硬件上还参与生产过程的测试与监控。

（5）集成控制与网络功能。CIMS 采用多层计算机管理模式，例如工厂控制级、车间控制级、单元控制级、工作站控制级、设备控制级等，各级间分工明确，资源共享，并依赖网络实现信息传递。CIMS 还能够与客户建立网络沟通渠道，实现自动定货、服务反馈、外协合作等。

从上述介绍可知，CIMS 是目前最高级别的自动化制造系统，但这并不意味着 CIMS 是完全自动化的制造系统。事实上，目前意义上 CIMS 的自动化程度甚至比柔性制造系统还要低。CIMS 强调的主要是信息集成，而不是制造过程物流的自动化。CIMS 的主要特点是系统十分庞大，包括的内容很多，要在一个企业完全实现难度很大，但可以采取部分集成的方式，逐步实现整个企业的信息及功能集成。

2. CIMS 的关键技术

CIMS 是传统制造技术、自动化技术、信息技术、管理科学、网络技术、系统工程技术综合应用的产物，是复杂而庞大的系统工程。CIMS 的主要特征是计算机化、信息化、智能化和高度集成化。目前，CIMS 在各个国家都处于局部集成和较低水平的应用阶段。CIMS 所需解决的关键技术主要有信息集成、过程集成和企业集成等。

（1）信息集成。针对设计、管理和加工制造的不同单元，实现信息正确、高效地共享和交换，是改善企业技术和管理水平必须首先解决的问题。信息集成的首要问题是建立企业的系统模型。利用企业的系统模型来科学地分析和综合企业各部分的功能关系、信息关系和动态关系，解决企业的物流流、信息流、价值流、决策流之间的关系，这是企业信息集成的基础。另外，由于系统中包含了不同的操作系统、控制系统、数据库和应用软件，且各系统间可能使用不同的通信协议，因此信息集成还要处理好信息间的接口问题。

（2）过程集成。企业为了提高 T(效率)、Q(质量)、C(成本)、S(服务)、E(环境)等目标，除了信息集成这一手段外，还必须处理好过程间的优化与协调。过程集成要求将产品开发、工艺设计、生产制造、供应销售中的各串行过程尽量转变为并行过程，如在产品设计时就考虑到下游工作中的可制造性、可装配性、可维护性等，并预见产品的质量、售后服务内容等。过程集成还包括快速反应和动态调整，即当某一过程出现未预见偏差时，相关过程应及时调整规划和方案。

（3）企业集成。充分利用全球的物质资源、信息资源、技术资源、制造资源、人才资源和用户资源，满足以人为核心的智能化和以用户为中心的产品柔性化是 CIMS 的全球化目标，企业集成就是解决资源共享、资源优化、信息服务、虚拟制造、并行工程、网络平台等方面的关键技术。

8.2　数控机床

数控机床(Numerical Control Tools)是采用数字化信号，通过可编程的自动控制工作方式，实现对设备运行及其加工过程产生的位置、角度、速度、力等信号进行控制的新型自动化机床。数控机床的计算机信息处理及控制的内容主要包括：基本的数控数据输入/输出，直线和圆弧的插补运算，刀具补偿，间隙补偿，螺距误差补偿和位置伺服控制等。一些先进的数控机床甚至还具有某些智能的功能，如螺旋线插补、刀具监控、在线测量、自适应控制、故障诊断、软键(SoftKey)菜单、会话型编程、图形仿真等。数控机床的大部分功能对实时性要求很强，信息处理量也较大，因此许多数控机床都采用多微处理器数控方式。

8.2.1　一般数控机床

一般数控机床通常是指数控车床、数控铣床、数控镗铣床等，它们的下述特点对其组成自动化制造系统是非常重要的。

1. 柔性高

数控机床按照数控程序加工零件，当加工零件改变时，一般只需要更换数控程序和配备所需的刀具，不需要靠模、样板、钻镗模等专用工艺装备。数控机床可以很快地从加工一种零件转变为加工另一种零件，生产准备周期短，适合于多品种、小批量生产。

2. 自动化程度高

数控程序是数控机床加工零件所需的几何信息和工艺信息的集合。几何信息包括走刀路径、插补参数、刀具长度和半径补偿；工艺信息包括刀具、主轴转速、进给速度、冷却液开/关等。在切削加工过程中，自动实现刀具和工件的相对运动，自动变换切削速度和进给速度，自动开/关冷却液，数控车床自动转位换刀。操作者的任务是装卸工件，换刀，操作按键，监视加工过程等。

3. 加工精度高且质量稳定

现代数控机床装备有 CNC 数控装置和新型伺服系统，具有很高的控制精度，普遍达到 $1~\mu m$，高精度数控机床可达到 $0.2~\mu m$。数控机床的进给伺服系统采用闭环或半闭环控制，对反向间隙和丝杠螺距误差以及刀具磨损进行补偿，因此数控机床能达到较高的加工精度。对中、小型数控机床，其定位精度普遍可达到 0.03 mm，重复定位精度可达到 0.01 mm。数控机床的传动系统和机床结构都具有很高的刚度和稳定性，制造精度也比普通机床高。当数控机床有 3～5 轴联动功能时，可加工各种复杂曲面，并能获得较高的精度。由于按照数控程序自动加工，避免了人为的操作误差，因而同一批加工零件的尺寸一致性好，加工质量稳定。

4. 生产效率较高

零件加工时间由机动时间和辅助时间组成，数控机床加工的机动时间和辅助时间比普通机床明显减少。数控机床主轴转速范围和进给速度范围比普通机床大，主轴转速范围通常在10～6000 r/min，高速切削加工时可达 15 000 r/min；进给速度范围上限可达到 10～12 m/min，高速切削加工进给速度甚至超过 30 m/min，快速移动速度超过 30～60 m/min。主运动和进给运动一般为无级变速，每道工序都能选用最有利的切削用量，空行程时间明显减少。数控机床的主轴电动机和进给驱动电动机的驱动能力比同规格的普通机床大，机床的结构刚度高，有的数控机床能进行强力切削，有效地减少了机动时间。

5. 具有刀具寿命管理功能

构成 FMC 和 FMS 的数控机床具有刀具寿命管理功能，可对每把刀的切削时间进行统计，当达到给定的刀具耐用度时，自动换下磨损刀具并换上备用刀具。

6. 具有通信功能

现代数控机床一般都具有通信接口，可以实现上层计算机与数控机床之间的通信，也可以实现几台数控机床之间的数据通信，同时还可以直接对几台数控机床进行控制。通信功能是实现 DNC、FMC、FMS 的必备条件。

图 8-10 是数控装置的基本组成框图。其中 1 为加工零件的图纸，作为数控装置工作的原始数据；2 为程序编制部分；3 为控制介质，也称为信息载体，通常用穿孔纸带、磁带、软磁盘或光盘等作为记载控制指令的介质。控制介质上存储了加工零件所需要的全部操作信息，是数控系统用来指挥和控制设备进行加工运动的惟一指令信息。但在现代 CAD/CAM 系统中，可不经控制介质，而将计算机辅助设计的结果及自动编制的程序经后置处理直接输入数控装置。

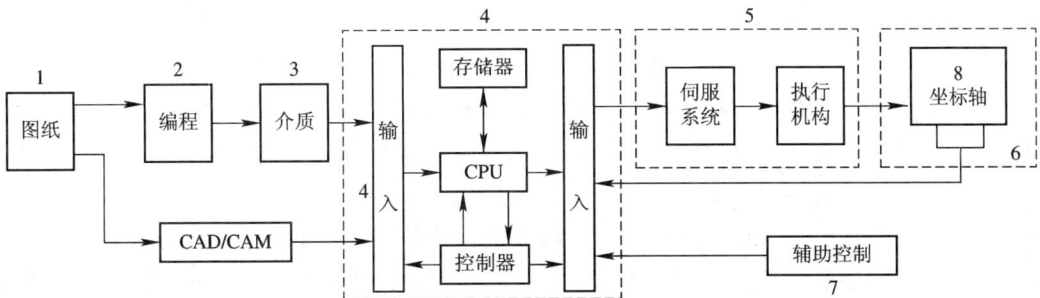

图 8-10 数控装置的基本组成框图

图 8-10 中的 4 为数控系统，它是数控机床的核心环节。数控系统的作用是按照接收介质输入的信息，经处理运算后去控制机床运行。按数控系统的软、硬件构成特征来分类，可分为硬件数控与软件数控。传统的数控系统（即系统的核心数字控制装置）是由各种逻辑元件、记忆元件组成的随机逻辑电路，采用固定接线的硬件结构，数控功能是由硬件来实现的，这类数控系统称之为硬件数控。

随着半导体技术、计算机技术的发展，微处理器和微型计算机功能增强，价格下降，数字控制装置已发展成为计算机数字控制（Computer Numerical Control）装置，即所谓的CNC 装置，它由软件来实现部分或全部数控功能。CNC 系统由程序、输入输出设备、计算机数字控制装置、可编程控制器（PC 或可编程逻辑控制器 PLC）、主轴控制单元及速度控制单元等部分组成，如图 8-11 所示。CNC 系统中，可编程控制器 PC 是一种专为在工业环境下应用而设计的工业计算机。它采用可编程序的存储器，在其内部存储执行逻辑运算、顺序控制、定时、计数和算术运算等特定功能的用户操作指令，并通过数字式、模拟式的输入和输出控制各种类型的机械或生产过程。PC 已成为数控机床不可缺少的控制装置。CNC 和 PC（PLC）协调配合，共同完成数控机床的控制。其中 CNC 主要完成与数字运算和管理有关的功能，如零件程序的编辑、插补运算、译码、位置伺服控制等；PC 主要完成与逻辑运算有关的一些动作，没有轨迹上的具体要求，它接收 CNC 的控制代码 M（辅助功能）、S（主轴转速）、T（选刀、换刀）等顺序动作信息，对其进行译码并转换成对应的控制，控制辅助装置完成机床相应的开关动作，如工件的装夹、刀具的更换、切削液的开关等一些辅助动作。PC 还接收机床操作面板的指令，一方面直接控制机床的动作，另一方面将一部分指令送往 CNC 用于控制加工过程。

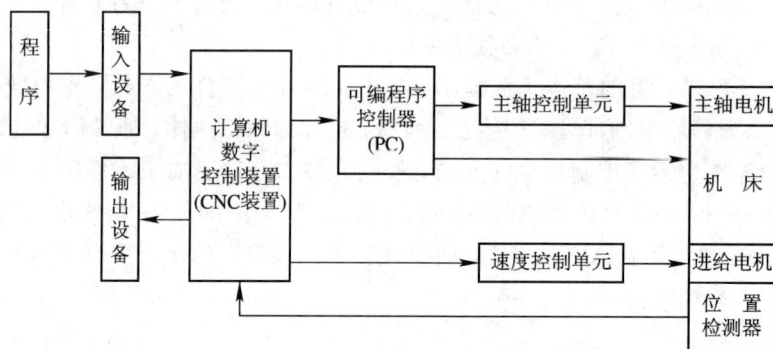

图 8-11　CNC 系统框图

图 8-10 中 5 为伺服驱动系统，它包括伺服驱动电路（伺服控制线路、功率放大线路）和伺服电动机等驱动执行机构。它们与工作本体上的机械部件组成数控设备的进给系统，其作用是把数控装置发来的速度和位移指令（脉冲信号）转换成执行部件的进给速度、方向和位移。数控装置可以以足够高的速度和精度进行计算并发出足够小的脉冲信号，关键在于伺服系统能以多高的速度与精度去响应执行，整个系统的精度与速度主要取决于伺服系统。伺服驱动电路把数控装置发出的微弱电信号（5 V 左右，毫安级）放大成强电的驱动电信号（几十、上百伏，安培级）去驱动执行元件。伺服系统执行元件主要有步进电动机、电液脉冲马达、直流伺服电动机和交流伺服电动机等，其作用是将电控信号的变化转换成电

动机输出轴的角速度和角位移的变化，从而带动机械本体的机械部件做进给运动。

图 8-10 中 6 为坐标轴或执行机构的测量装置。前者用以测量坐标轴(如工作台)的实际位置，并将测量结果反馈到数控系统(或伺服驱动系统)，形成全闭环控制；后者用以测量执行伺服电动机轴的位置，并予以反馈，形成半闭环控制。测量反馈装置的引入，有效地改善了系统的动态特性，大大提高了零件的加工精度。

图 8-10 中 7 为辅助控制单元，用于控制其它部件的工作，如主轴的启停、刀具交换等。

图 8-10 中 8 为坐标轴，如平面运动工作台的 X、Y 轴。

数控系统的工作本体是加工运动的实际执行部件，主要包括主运动部件、进给运动执行部件、工作台及床身立柱等支撑部件，此外还有冷却、润滑、转位和夹紧等辅助装置，存放刀具的刀架、刀库或交换刀具的自动换刀机构等。对工作本体的要求是，应有足够的刚度和抗振性，要有足够的精度，热变形小，传动系统结构要简单，便于实现自动控制。

8.2.2　加工中心(MC)

加工中心的系统基本组成与一般数控机床一样，只是在此基础上增加了刀库和自动换刀装置而形成一类更复杂，但用途更广，效率更高的数控机床。加工中心配置有刀库和自动换刀装置，能在一台机床上完成车、铣、镗、钻、铰、攻螺纹、轮廓加工等多个工序的加工。加工中心机床具有工序集中，可以有效缩短调整时间和搬运时间，减少在制品库存，加工质量高等优点，因此常用于零件比较复杂，需要多工序加工，且生产批量中等的生产场合。

加工中心通常是指镗铣加工中心，主要用于加工箱体及壳体类零件，工艺范围广。加工中心除配备有刀具库及自动换刀机构外，还配备有回转工作台或交换工作台等，有的加工中心还具有可交换式主轴头或卧-立式主轴。加工中心目前已成为一类广泛应用的自动化加工设备，它们可作为单机使用，也可作为 FMC、FMS 中的单元加工设备。加工中心有立式和卧式两种基本形式，前者适合于平面形零件的单面加工，后者特别适合于大型箱体零件的多面加工。

加工中心的刀具库通常位于远离主轴的机床侧面或顶部。刀具库远离工作主轴的优点是少受切削液的污染，使操作者在加工时调换库中刀具免受伤害。FMC 和 FMS 中的加工中心通常需要大量刀具，除了满足不同零件的加工外，还需要后备刀具，以实现在加工过程中实时更换破损刀具和磨损刀具，因此要求刀库的容量较大。换刀机械手有单臂机械手和双臂机械手，回转 180° 的双臂机械手应用最普遍。

加工中心刀具的存取方式有顺序方式和随机方式，刀具随机存取是最主要的方式。随机存取就是在任何时候可以取用刀库中的任一把刀，选刀次序是任意的，可以多次选取同一把刀；从主轴卸下的刀允许放在不同于先前所在的刀座上，CNC 可以记忆刀具所在的位置。采用顺序存取方式时，刀具严格按数控程序调用刀具的次序排列。程序开始时，刀具按照排列次序一个接着一个取用，用过的刀具仍放回原刀座上，以保持确定的顺序不变。正确安放刀具是成功执行数控程序的基本条件。

回转工作台是卧式加工中心实现主轴运动的部件，主轴的运动可作为分度运动或进给运动。回转工作台有两种结构形式：仅用于分度的回转工作台用鼠齿盘定位，分度前工作台抬起，使上、下鼠齿盘分离，分度后落下定位，上、下鼠齿盘啮合，实现机械刚性连接；用于进给运动的回转工作台用伺服电机驱动，用回转式感应同步器检测及定位，并控制回转速度，也称数控工作台。数控工作台和 X、Y、Z 轴及其它附加运动构成 4～5 轴轮廓控制，可加工复杂轮廓表面。

卧式加工中心可对工件进行 4 面加工，带有卧 - 立式主轴的加工中心可对工件进行 5 面加工。卧 - 立式主轴采用正交的主轴头附件，可以改变主轴角度方位 90°，因此得到用户的普遍认可和欢迎。另外，它还减少了机床的非加工时间和单件工时，可以提高机床的利用率。

加工中心的交换工作台和托盘交换装置配合使用，实现了工件的自动更换，从而缩短了消耗在更换工件上的辅助时间。

8.2.3 车削中心

车削中心比数控车床工艺范围宽，工件一次安装，几乎能完成所有表面的加工，如内、外圆表面，端面，沟槽，内、外圆及端面上的螺旋槽，非回转轴心线上的轴向孔和径向孔等。

车削中心回转刀架上可安装如钻头、铣刀、铰刀、丝锥等回转刀具，它们由单独的电动机驱动，也称自驱动刀具。在车削中心上用自驱动刀具对工件的加工分为两种情况：一种是主轴分度定位后固定，对工件进行钻、铣、攻螺纹等加工；另一种是主轴运动作为一个控制轴（C 轴），C 轴运动和 X、Z 轴运动合成为进给运动，即三坐标联动，铣刀在工件表面上铣削各种形状的沟槽、凸台、平面等。在很多情况下，工件无需专门安排一道工序单独进行钻、铣加工，消除了二次安装引起的同轴度误差，缩短了加工周期。

车削中心回转刀架通常可装刀具 12～16 把，这对无人看管柔性加工来说是不够的。因此，有的车削中心装备有刀具库，刀库有筒形或链形，刀具更换和存储系统位于机床一侧，刀库和刀架间的刀具交换由机械手或专门机构进行。

车削中心采用可快速更换的卡盘和卡爪，普通卡爪更换时间为 5～10 min，而快速更换卡盘、卡爪的时间可控制在 2 min 以内。卡盘有 3～5 套快速更换卡爪，以适应不同直径的工件。如果工件直径变化很大，则需要更换卡盘。有时也采用人工在机床外部用卡盘夹持好工件，用夹持有新工件的卡盘更换已加工的工件卡盘的方法，工件-卡盘系统更换常采用自动更换装置。由于工件装卸在机床外部，实现了辅助时间和机动时间的重合，因而几乎没有停机时间。

现代车削中心工艺范围宽，加工柔性高，人工介入少，加工精度、生产效率和机床利用率都很高。

8.2.4 电火花加工

电火花加工设备属于数控机床的范畴。电火花加工是在一定的液体介质中，利用脉冲放电对导体材料的电蚀现象来蚀除材料，从而使零件的尺寸、形状和表面质量达到预定技术要求的一种加工方法。在机械加工中，电火花加工的应用非常广泛，尤其在模具制造业、航空航天等领域有着极为重要的地位。

1. 电火花加工的原理与特点

电火花加工是在如图 8-12 所示的加工系统中进行的。加工时,脉冲电源的一极接工具电极,另一极接工件电极,两极均浸入具有一定绝缘度的液体介质(常用煤油或矿物油或去离子水)中。工具电极由自动进给调节装置控制,以保证工具与工件在正常加工时维持一很小的放电间隙(0.01~0.05 mm)。当脉冲电压加到两极之间时,便将当时条件下极间最近点的液体介质击穿,形成放电通道。由于通道的截面积很小,放电时间极短,致使能量高度集中(10^6~10^7 W/mm^2),放电区域产生的瞬时高温足以使材料熔化甚至蒸发,以致形成一个小凹坑。第一次脉冲放电结束之后,经过很短的间隔时间,第二个脉冲又在另一极间最近点击穿放电。如此周而

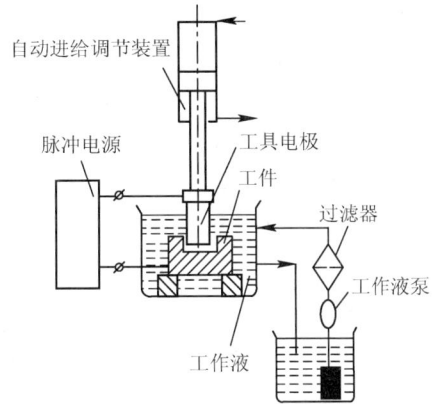

图 8-12 电火花加工原理图

复始高频率地循环下去,工具电极不断地向工件进给,它的形状最终就复制在工件上,形成所需要的加工表面。与此同时,总能量的一小部分也释放到工具电极上,从而造成工具损耗。

从上面的叙述中可以看出,进行电火花加工必须具备三个条件:必须采用脉冲电源;必须采用自动进给调节装置,以保持工具电极与工件电极间微小的放电间隙;火花放电必须在具有一定绝缘强度(10^3~10^7 $\Omega \cdot$ m)的液体介质中进行。

电火花加工具有如下特点:可以加工任何高强度、高硬度、高韧性、高脆性以及高纯度的导电材料;加工时无明显机械力,适用于低刚度工件和微细结构的加工;脉冲参数可依据需要调节;可在同一台机床上进行粗加工、半精加工和精加工;电火花加工后的表面呈现的凹坑有利于储油和降低噪声;生产效率低于切削加工;放电过程有部分能量消耗在工具电极上,导致电极损耗,影响成形精度。

2. 电火花加工的应用

电火花加工主要用于模具生产中的型孔、型腔加工,已成为模具制造业的主导加工方法,推动了模具行业的技术进步。电火花加工零件的数量在 3000 件以下时,比模具冲压零件在经济上更加合理。按工艺过程中工具与工件相对运动的特点和用途不同,电火花加工可大体分为电火花成形加工、电火花线切割加工、电火花磨削加工、电火花展成加工、非金属电火花加工和电火花表面强化等。

(1)电火花成形加工。该方法通过工具电极相对于工件做进给运动,将工件电极的形状和尺寸复制在工件上,从而加工出所需要的零件。它包括电火花型腔加工和穿孔加工两种。电火花型腔加工主要用于加工各类热锻模、压铸模、挤压模、塑料模和胶木膜的型腔。电火花穿孔加工主要用于型孔(圆孔、方孔、多边形孔、异形孔)、曲线孔(弯孔、螺旋孔)、小孔和微孔的加工。近年来,为了解决小孔加工中电极截面小、易变形、孔的深径比大、排屑困难等问题,在电火花穿孔加工中发展了高速小孔加工,取得了良好的社会经济效益。

(2) 电火花线切割加工。该方法利用移动的细金属丝作工具电极，按预定的轨迹进行脉冲放电切割。按金属丝电极移动的速度大小分为高速走丝和低速走丝线切割。我国普遍采用高速走丝线切割，近年来正在发展低速走丝线切割。高速走丝时，金属丝电极是直径为 0.02～0.3 mm 的高强度钼丝，往复运动速度为 8～10 m/s。低速走丝时，多采用铜丝，线电极以小于 0.2 m/s 的速度做单方向低速运动。线切割时，电极丝不断移动，其损耗很小，因而加工精度较高。其平均加工精度可达 0.01 mm，大大高于电火花成形加工。表面粗糙度 R_a 值可达 1.6 μm 或更小。

国内、外绝大多数数控电火花线切割机床都采用了不同水平的微机数控系统，基本上实现了电火花线切割数控化。目前电火花线切割广泛用于加工各种冲裁模（冲孔和落料用）、样板以及各种形状复杂的型孔、型面和窄缝等。

3. 电火花加工机床的发展趋势

电火花加工机床在提高精度和自动化程度的同时，也在向结构的小型化方向发展。为提高零件加工精度，类似于加工中心的精密多功能微细电火花加工机床受到青睐。在这种机床上，从微细电极的制作到微细零件的加工，电极只需一次装夹，因此减小了多次装夹电极所带来的误差，并且可以通过对电极的重加工来修正被损耗电极的形状，从而提高了零件加工精度。在这种机床上，可实现电火花线电极磨削加工、电火花复杂形状微细孔加工及电火花铣削加工等功能，并有望实现微细电火花三维形体加工。

目前先进的多轴联动电火花数控机床发展趋势是集多种功能于一体，这些功能包括旋转分度、自动交换电极、自动放电间隙补偿、电流自适应控制以及加工规准的实时智能选择等，从而实现从加工规准的选择到零件的加工全过程自动化。夏米尔公司、阿奇公司、三菱电机公司、沙迪克公司等国外著名的电火花机床厂商都有成熟产品，国内的汉川机床厂、北京迪蒙公司和成都无线电专用设备厂也在生产这类产品。电极直接驱动的小型电火花加工系统是 20 世纪 90 年代才出现的一门新兴技术，它能在电极上附加轴向小振幅快速振动，并利用多电极同时加工。日本东京大学的方谷克司和丰田工业大学的毛利尚武等人已经研制出蠕动式、冲击式和利用椭圆运动驱动的三种利用压电陶瓷的逆压电效应来直接驱动电极的小型电火花加工装置，我国哈尔滨工业大学、南京航空航天大学分别利用蠕动式原理和冲击式原理制造出了样机。

8.3　工件储运设备

在自动化制造系统的制造过程中，离不开工件运输设备和存储设备来完成各种物料的流动和仓储。存储是指将工件毛坯、在制品或成品在仓库中暂时保存起来，以便根据需要取出，投入制造过程。立体仓库是典型的自动化仓储设备。运输是指工件在制造过程中的流动，例如工件在仓库或托盘站与工作站之间的输送以及在各工作站之间的输送等。广泛应用的自动输送设备有传送带、运输小车等。

8.3.1　有轨小车(RGV)

有轨小车(Rail Guide Vehicle)是一种沿着铁轨行走的运输工具，有自驱和它驱两种驱动方式。自驱动有轨小车通过车上的小齿轮和安装在铁轨一侧的齿条啮合，利用交、直流伺服电动机驱动。它驱式有轨小车由外部链索牵引，在小车底盘的前、后各装一导向销，地面上修有一组固定路线的沟槽，导向销嵌入沟槽内，保证小车行进时沿着沟槽移动。前面的销杆除作定向用外，还作为链索牵动小车的推杆。推杆是活动的，可在套筒中上下滑动。链索每隔一定距离有一个推头，小车前面的推杆可灵活地插入或脱开链索的推头，由埋设在沟槽内适当地点的接近开关和限位开关控制。推杆脱开链索的推头，小车就停止。采用空架导轨和悬挂式机械手或机器人作为运输工具也是一种发展趋势，其主要优点是充分利用空间，适合于运送中、大型工件，如汽车车架、车身等。

有轨小车的特点是：加速和移动速度都比较快，适合运送重型工件；导轨固定，行走平稳，停车位置比较准确；控制系统简单，可靠性好，制造成本低，便于推广应用；行走路线不便改变，转弯角度不能太小；噪声较大，影响操作工监听加工状况及保护自身安全。

8.3.2 自动导向小车(AGV)

自动导向小车(Automatic Guide Vehicle)是一种无人驾驶的，以蓄电瓶驱动的物料搬运设备，其行驶路线和停靠位置是可编程的。20世纪70年代以来，电子技术和计算机技术推动了AGV技术的发展，如具有了磁感应、红外线、激光、语言编程、语音等功能等。AGV技术仍在发展中，目前有些语音控制的AGV能识别4000个词汇。

1. AGV的结构

在自动化制造系统中使用的AGV大多数是磁感应式AGV。图8-13是一种能同时运送两个工件的AGV，它由运输小车、地下电缆和控制器三部分组成。小车由蓄电池提供动力，沿着埋设在地板槽内的用交变电流励磁的电缆行走。地板槽埋设在地下4 cm左右深处，地沟用环氧树脂灌封，形成光滑的地表，以便清扫和维护。导向电缆敷设的路线和车间工件的流动路线及仓库的布局相适应，AGV行走的路线一般可分为直线、分支、环路或网状。

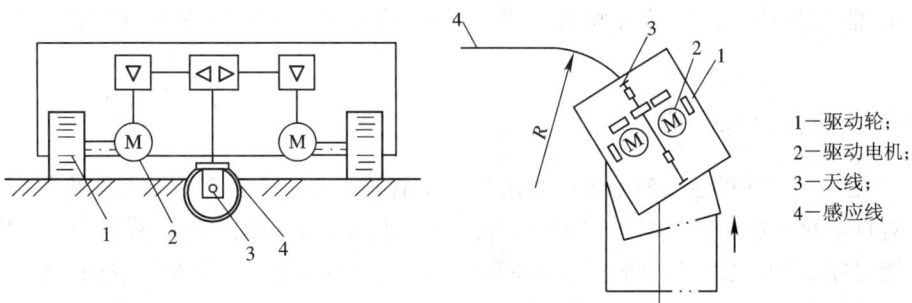

1—驱动轮；
2—驱动电机；
3—天线；
4—感应线

图8-13　磁感应AGV自动导向原理图

小车驱动电动机由安装在车上的工业级蓄电池供电，通常供电周期为20 h左右，因此必须定期到维护区充电或更换。蓄电池的更换一般是手工进行的，充电可以是手工的或者自动的，有些小车能按照程序自动接上电插头进行充电。

为了实现工件的自动交接，小车装有托盘交换装置，以便与机床或装卸站之间进行自动连接。交换装置可以是辊轮式的，利用辊轮与托盘间的摩擦力将托盘移进或移出，这种装置一般与辊式传送带配套。交换装置也可以是滑动叉式的，它利用往复运动的滑动叉将托盘推出或拉入，两边的支承滚子可以减少移动时的摩擦力。升降台式交换装置利用升降台将托盘升高，物料托架上的托物叉伸入托盘底部；升降台下降，托物叉回缩，将托盘移出。托盘移入的工作过程相反。小车还装有升降对齐装置，以便消除工件交接时的高度差。

AGV 小车上设有安全防护装置，小车前、后有黄色警视信号灯，当小车连续行走或准备行走时，黄色信号灯闪烁。每个驱动轮都带有安全制动器，断电时，制动器自动接上。小车每一面都有急停按钮和安全保险杠，其上有传感器，当小车轻微接触障碍物时，保险杠受压，小车停止。

2. AGV 的自动导向

图 8-13 是磁感应 AGV 自动导向原理图，小车底部装有弓形天线 3，跨设于以感应线 4 为中心且与感应线垂直的平面内。感应线通以交变电流，产生交变磁场。当天线 3 偏离感应线任何一侧时，天线的两对称线圈中感应电压有差值，误差信号经过放大，驱动左、右电动机 2；左、右电动机有转速差，经驱动轮 1 使小车转向，使感应线重新位于天线中心，直至误差信号为零。

3. 路径寻找

路径寻找就是自动选取岔道，AGV 在车间的行走路线比较复杂，有很多分岔点和交汇点。地面上有中央控制计算机负责车辆调度控制，AGV 小车上带有微处理器控制板，AGV 的行走路线以图表的格式存储在计算机内存中。给定起点和目标点位置后，控制程序自动选择 AGV 行走的最佳路线。小车在岔道处方向的选择多采用频率选择法。在决策点处，地板槽中同时有多种不同的频率信号；当 AGV 接近决策点（岔道口）时，通过编码装置确定小车目前所在的位置，AGV 在接近决策点前作出决策，确定应跟踪的频率信号，从而实现自动路径寻找。

自动导向小车的行走路线是可编程的，FMS 控制系统可根据需要改变作业计划，重新安排小车的路线，具有柔性特征。AGV 小车工作安全、可靠，停靠定位精度可以达到 ±3 mm，能与机床、传送带等相关设备交接传递货物，运输过程中对工件无损伤，噪声低。

8.3.3 自动化立体仓库

自动化立体仓库的主要特点有：利用计算机管理，物资库存账目清楚，物料存放位置准确，对自动化制造系统物料需求响应速度快；与搬运设备（如 AGV、有轨小车、传送带）衔接，能可靠、及时地供给物料；减少库存量，加速资金周转；充分利用空间，减少厂房面积；减少工件损伤和物料丢失；可存放的物料范围宽；减少管理人员，降低管理费用；耗资较大，适用于一定规模的生产。

1. 自动化立体仓库的组成

自动化立体仓库主要由库房、货架、堆垛起重机、外围输送设备、自动控制装置等组成。图 8-14 所示为自动化立体仓库，高层货架成对布置，货架之间有巷道，随仓库规模大小可以有一到若干条巷道。入库和出库一般都布置在巷道的某一端，有时也可以设计成由巷道的两端入库和出库。每条巷道都有巷道堆垛起重机。巷道的长度一般有几十米，货架的高度视厂房高度而定，一般有十几米。货架通常由一些尺寸一致的货格组成。货架的材料一般采用金属型材,货架上的托板用金属板或木板(轻型零件)制成,多采用金属板。进入高仓位的零件通常先装入标准的货箱内,然后再将货箱装入高仓位的货格中。每个货格存放的零件或货箱的重量一般不超过 1 T,其体积不超过 1 m³,大型和重型零件因提升困难,一般不存入立体仓库中。

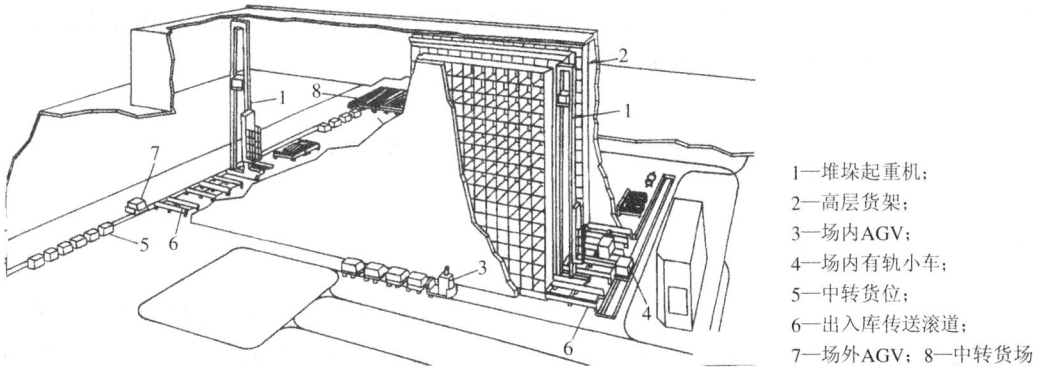

1—堆垛起重机;
2—高层货架;
3—场内AGV;
4—场内有轨小车;
5—中转货位;
6—出入库传送滚道;
7—场外AGV;8—中转货场

图 8-14 自动化立体仓库

2. 堆垛起重机

堆垛起重机是立体仓库内部的搬运设备。堆垛起重机可采用有轨或无轨方式,其控制原理与运输小车相似。仓库高度很高的立体仓库常采用有轨堆垛起重机。为增加稳定性,采用两条平行导轨,即天轨和地轨(如图 8-15 所示)。堆垛起重机的运动有沿巷道的水平移动、升降台的垂直上下升降和货叉的伸缩。堆垛起重机上有检测水平移动和升降高度的传感器,辨认货物的位置,一旦找到需要的货位,在水平和垂直方向上制动,货叉将货物自动推入货格或将货物从货格中取出。

堆垛起重机上有货格状态检测器,采用光电检测方法,利用零件表面对光的反射作用探测货格内有无货箱,防止取空或存货干涉。

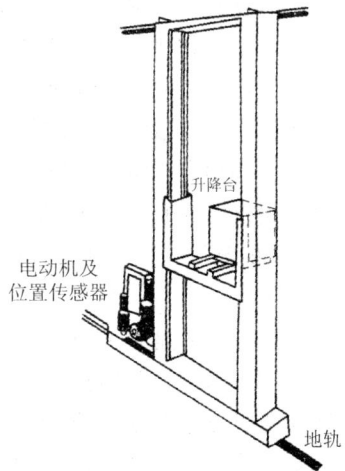

图 8-15 堆垛起重机

3. 自动化立体仓库的管理与控制

自动化立体仓库实现仓库管理自动化和出入库作业自动化。仓库管理自动化包括对账目、货箱、货位及其它信息的计算机管理。出入库作业自动化包括货箱零件的自动识别、自动认址,货格状态的自动检测以及堆垛起重机各种动作的自动控制等。

(1)货物的自动识别与存取。货物的自动识别是自动化仓库运行的关键,货物的自动识别通常采用编码技术,对货格和货箱进行编码,条形码贴在货箱或托盘的适当部位。当货箱通过入库传送滚道时,用条形码扫描器自动扫描条形码及译码,将货箱零件的有关信息自动录入计算机。

（2）计算机管理。自动化仓库的计算机管理包括物资管理、账目管理、货位管理及信息管理。入库时将货箱合理分配到各个巷道作业区，出库时按"先进先出"原则或其它排队原则。系统可定期或不定期地打印报表，并可随时查询某一零件存放的位置。

（3）计算机控制。自动化仓库的控制主要是对堆垛起重机的控制。堆垛起重机的主要工作是入库、搬库和出库。从控制计算机得到作业命令后，屏幕上显示作业的目的地址、运行地址、移动方向和速度等，并显示伸叉方向及堆垛机的运行状态。控制系统具有货叉占位报警、取箱无货报警、存货占位报警等功能。

8.4 工业机器人

8.4.1 工业机器人概况

工业机器人是一种可编程的智能型自动化设备，是应用计算机进行控制的替代人进行工作的高度自动化系统。最近，联合国标准化组织采用的机器人的定义是"一种可以反复编程的多功能的，用来搬运材料、零件、工具的操作机"。在无人参与的情况下，工业机器人可以自动按不同轨迹、不同运动方式完成规定动作和各种任务。机器人和机械手的主要区别是：机械手没有自主能力，不可重复编程，只能完成定位点不变的简单的重复动作；机器人是由计算机控制的，可重复编程，能完成任意定位的复杂运动。

机器人是从初级到高级逐步完善起来的，它的发展过程可以分为三代。

第一代机器人是目前工业中大量使用的示教再现型机器人，它主要由夹持器、手臂、驱动器和控制器组成。它的控制方式比较简单，应用在线编程，即通过示教存储信息，工作时读出这些信息，向执行机构发出指令，执行机构按指令再现示教的操作。

第二代机器人是带感觉的机器人，它具有一些对外部信息进行反馈的能力，诸如力觉、触觉、视觉等。其控制方式较第一代机器人要复杂得多，这种机器人自1980年以来已进入实用阶段。

第三代机器人是智能机器人，目前还没有一个统一和完善的智能机器人定义。国外文献中对"智能"的解释是"可动自治装置，能理解指示命令，感知环境，识别对象，计划其操作程序以完成任务"。这个解释基本上反映了现代智能机器人的特点。近年来，智能机器人发展非常迅速，如机器人竞技、机器人探险等。

8.4.2 工业机器人的结构

工业机器人一般由主构架（手臂）、手腕、驱动系统、测量系统、控制器及传感器等组成。图8-16是工业机器人的典型结构。机器人手臂具有三个自由度（运动坐标轴），机器人作业空间由手臂运动范围决定。手腕是机器人工具（如焊枪、喷嘴、机加工刀具、夹爪）与主构架的连接机构，它具有三个自由度。驱动系统为机器人各运动部件提供力、力矩、速度、加速度。测量系统用于机器人运动部件的位移、速度和加速度的测量。控制器（RC）用于控制机器人各运动部件的位置、速度和加速度，使机器人手爪或机器人工具的中心点以给定的速度沿着给定轨迹到达目标点。通过传感器可获得搬运对象和机器人本身的状态信息，如工件及其位置的识别，障碍物的识别，抓举工件的重量是否过载等。

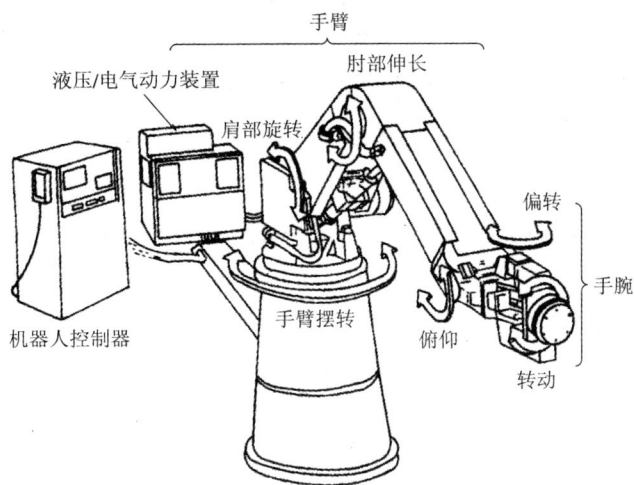

图 8-16 工业机器人的典型结构

工业机器人的运动由主构架和手腕完成。主构架具有三个自由度,其运动由两种基本运动组成,即沿着坐标轴的直线移动和绕坐标轴的回转运动。不同运动的组合形成各种类型的机器人,如图 8-17 所示。

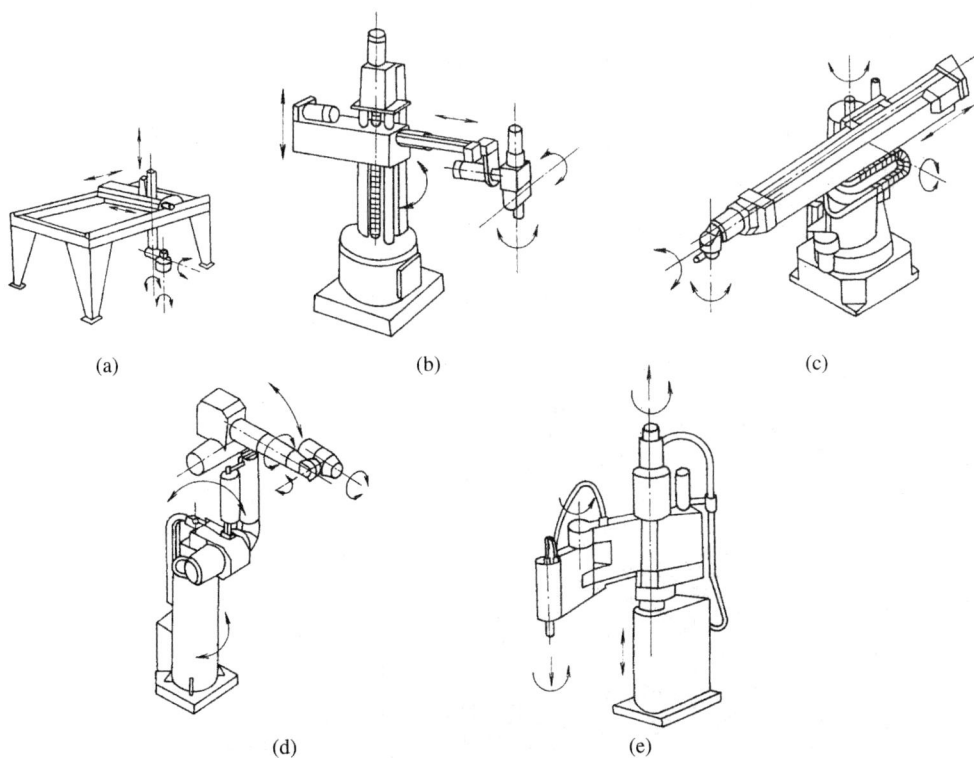

图 8-17 工业机器人的基本结构形式

(a)直角坐标型;(b)圆柱坐标型;(c)球坐标型;(d)多关节型;(e)平面关节型

图 8-17 所示的工业机器人的基本结构形式有：直角坐标型(图 8-17(a)中有三个直线坐标轴)；圆柱坐标型(图 8-17(b)中有两个直线坐标轴和一个回转轴)；球坐标型(图 8-17(c)中有一个直线坐标轴和两个回转轴)；关节型(图 8-17(d)中有三个回转轴关节，图 8-17(e)中有三个平面运动关节)。

8.4.3　工业机器人的应用

目前，工业机器人主要应用于汽车制造、机械制造、电子器件、集成电路、塑料加工等较大规模生产企业。下面介绍几种机器人的典型应用。

1. 汽车制造领域

汽车制造生产线中的点焊和喷漆工作量极大，且要求有较高的精度和质量。由于采用传送带流水作业，速度快，上下工序要求严格，因而采用焊接机器人和喷漆机器人作业可保证质量和提高效率。图 8-18 是一个喷漆机器人系统示意图。喷漆机器人的运动采用空间轨迹运动控制方式。图 8-19 是一个焊接机器人系统的示意图。焊接机器人还分成采用点位控制的点焊机器人和采用轨迹控制的焊接机器人两种。

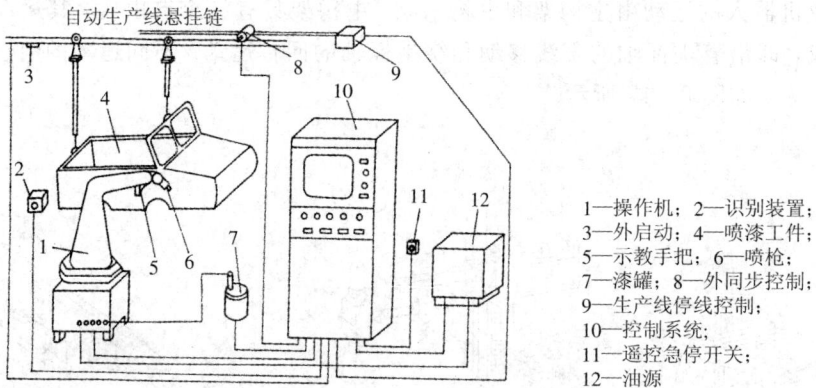

1—操作机；2—识别装置；
3—外启动；4—喷漆工件；
5—示教手把；6—喷枪；
7—漆罐；8—外同步控制；
9—生产线停线控制；
10—控制系统；
11—遥控急停开关；
12—油源

图 8-18　喷漆工业机器人系统示意图

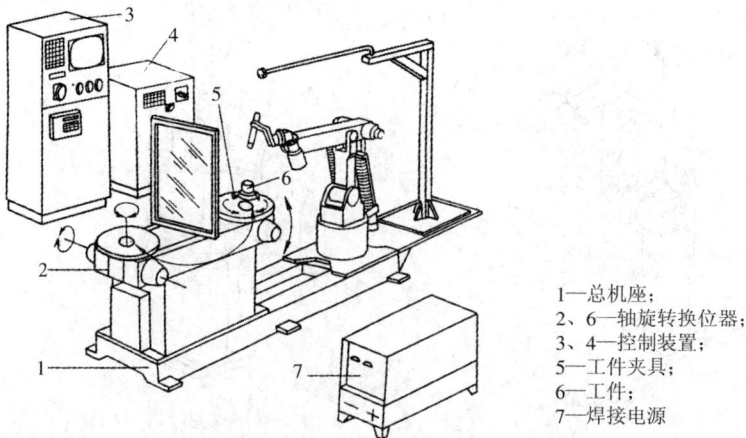

1—总机座；
2、6—轴旋转换位器；
3、4—控制装置；
5—工件夹具；
6—工件；
7—焊接电源

图 8-19　焊接工业机器人系统示意图

2. 机械制造领域

机械制造企业的柔性制造系统采用搬运机器人搬运物料、工件和工具，装配机器人完成设备的零件装配，测量机器人进行在线或离线测量。

图 8-20 所示是两台机器人用于自动装配的情况，主机器人是一台具有三个自由度且带有触觉传感器的直角坐标机器人，它抓取第 1 号(No.1)零件，并完成装配动作；辅助机器人仅有一个回转自由度，它抓取第 2 号(No.2)零件，第 1 号和第 2 号零件装配完成后，再由主机械手完成与第 3 号(No.3)零件的装配工作。

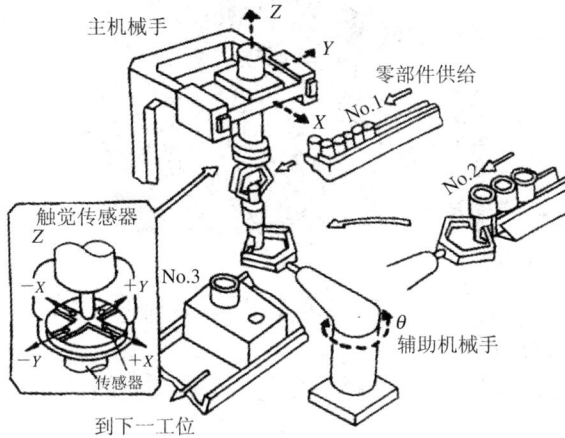

图 8-20　机器人用于零件装配

图 8-21 所示是一教学型 FMS，由一台 CNC 车床、一台 CNC 铣床、工件传送带、料仓、两台关节型机器人和控制计算机组成。两台机器人在 FMS 中服务，一台机器人服务于加工设备和传送带之间，为车床和铣床装卸工件；另一台位于传送带和料仓之间，负责上、下料。

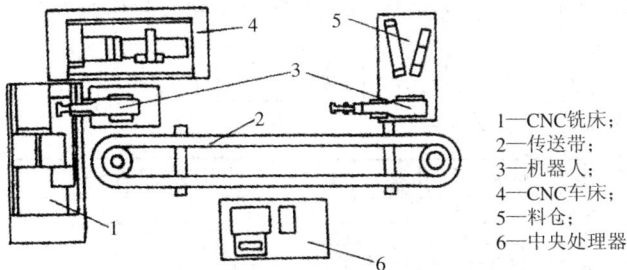

1—CNC铣床；
2—传送带；
3—机器人；
4—CNC车床；
5—料仓；
6—中央处理器

图 8-21　机器人上、下料

在电路板生产流水线中，一般使用插装机器人完成器件的查找、搬运和装配。图 8-17(e) 所示就是插装机器人的典型结构，它主要有搬运器件的手臂的摆动和抓取插装过程的上下运动两个动作。

3. 其它领域

机器人在其它领域的应用也非常广泛，如工业机器人可以取代人去完成一些危险环境中的作业(如放射线、火灾、海洋、宇宙等)。例如,2004年1月4日,美国"勇气"号火星探测机器人实现了人类登陆火星的梦想,图8-22为"勇气"号的图片。

图8-22 "勇气"号火星探测器

8.5 检测与监控系统

8.5.1 检测与监控原理

在自动化制造系统的加工过程中,为了保证加工质量和系统的正常运行,需要对系统运行状态和加工过程进行检测与监控(如图8-23所示)。运行状态检测监控功能主要是检测与收集自动化制造系统各基本组成部分与系统运行状态有关的信息,把这些信息处理后传送给监控计算机,对异常情况作出相应处理,保证系统正常运行。加工过程检测与监控功能主要是对零件加工精度的检测和对加工过程中刀具的磨损和破损情况的检测与监控。

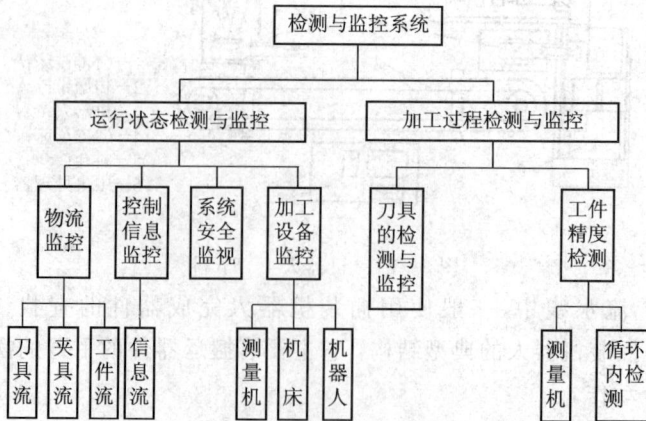

图8-23 检测与监控系统的组成

1. 运行状态检测与监控

自动化制造系统中，需要检测与监控的运行状态通常包括：

（1）刀具信息。刀具信息包括以下内容：刀具是否损坏；刀具属于哪台机床；刀具型号；损坏的形式；有无备用刀具；是否已处理；刀具使用情况统计等。

（2）机床状态信息。机床状态信息包括以下内容：机床是否在正常使用；机床主轴的工作情况；机床工作台的工作情况；换刀机构的工作情况；影响加工质量的振动情况；主要继电器的情况；停机时间等。

（3）系统运行状态信息。系统运行状态信息包括以下内容：小车的位置状态；小车空闲情况；托盘位置；托盘空闲情况；托盘站空闲情况；工件的位置；机器人的工作状态；清洗站是否有工件；中央刀具库中刀具的情况等。

（4）在线尺寸测量信息。在线尺寸测量信息包括以下内容：合格信息；不合格信息（包括可返工、报废、尺寸变化趋势、工件质量综合信息等）。

（5）系统安全情况信息。系统安全情况信息包括以下内容：电网电压情况；火灾情况；温度情况；湿度情况；人员情况等。

（6）仿真信息。仿真信息包括以下内容：零件的数控程序是否准确；有无碰撞干涉情况；仿真综合结果情况等。

2. 工件尺寸精度检测方法

工件尺寸精度是直接反映产品质量的指标，因此在许多自动化制造系统中都采用测量工件尺寸的方法来保证产品质量和系统的正常运行。

（1）直接测量与间接测量。直接测量的测得值及其测量误差直接反映被测对象及测量误差（如工件的尺寸大小及其测量误差）。在某些情况下，由于测量对象的结构特点或测量条件的限制，采用直接测量有困难，只能通过测量另外一个与它有一定关系的量来得到所需的测量值（如通过测量刀架位移量控制工件尺寸），这称为间接测量。

（2）接触测量和非接触测量。测量器具的量头直接与被测对象的表面接触，量头的移动量直接反映被测参数的变化，这称为接触测量。量头不直接与工件接触，而借助电磁感应、光束、气压或放射性同位素射线等强度的变化来反映被测参数的变化，这称为非接触测量。由于非接触测量方式的量头不与测量对象发生磨损或产生过大的测量力，因而有利于在对象的运动过程中测量和提高测量精度，故在现代制造系统中，非接触测量方式的自动检测和监控方法具有明显的优越性。

（3）在线测量和离线测量。在加工过程或加工系统运行过程中对被测对象进行检测称为在线检测或在线检验。有时还对测得的数据进行分析和处理，然后通过反馈控制系统调整加工过程以确保加工质量。如果在被测加工对象加工后脱离加工系统再进行检测，即为离线测量。离线测量的结果往往要通过人工干预才能输入控制系统用以调整加工过程。在线测量又可分为工序间（循环内）检测和最终工序检测。工序间检测可实现加工精度的在线检测及实时补偿，而最终工序检测实现对产品质量的最终检验与统计分析。

3. 刀具磨损和破损的检测方法

（1）刀具、工件尺寸及相对距离测定法。测量刀具和工件尺寸一般采用接触式测头，测头的安装方式有两种：一种是安装在机床床身上测量刀具的尺寸，称为刀具测头；一种是相当于一个特殊刀具，安装在机床主轴或刀架上测量工件的尺寸，称为工件测头。通过在线测量刀具的位移量和工件新表面的位移量确定刀具的磨损量。

（2）放射线法。在刀刃的磨损部分渗入部分同位素，通过测量同位素的辐射量的大小来确定刀具的磨损量（或破损量）。

（3）电阻法。其基本原理是：随着刀具磨损量的增加，刀具与工件的接触面增大，因而刀具与工件之间的接触电阻减少；或把一种精密的电阻材料均匀地涂在刀具的后表面上，随着磨损量的增加，电阻材料不断减少，电阻逐渐下降。

（4）光学图像法。光学图像法利用磨损区比未磨损区具有更强的光发射能力的原理，把一束强光照射在后刀面上，根据发射光的强度来判定刀具的使用情况。

（5）切削力法。测力仪的安装根据加工条件而定。一般情况下，在车床上将测力仪安装在刀架或刀杆上；在铣床、钻床等机床上，则将其安装在工作台上。利用切削力监测刀具状态有多种实施方案，利用主切削力 F_X、F_Y 之比 F_X/F_Y 或 F_Y/F_X 及其变化率 $d(F_Y/F_X)/dt$ 综合地监测刀具的磨损和破损。此外，还可用机床的主轴扭矩和轴承力来监测刀具的切削状态。

（6）切削温度法。测量切削温度主要有三种方法：热化学反应法、磁辐射法、热电势法。应用较多的是热电势法，它以热电偶作为测量元件，把热电偶嵌入刀具中可以测量切削温度，以监测刀具的磨损。切削温度法不适用于断续切削的情况，且不能用来监测刀具的破损。

（7）切削功率法。磨损刀具消耗的功率比锋利刀具大，切削功率（主电动机功率、进给电动机功率）反映了切削力的大小。功率的测量可以采用交流互感器、直流互感器、霍耳功率计、分流分压器等。功率法的优点是信号获取简单、可靠，传感器便于安装，便于在生产中推广；但功率信号中的刀具磨损及破损信息较弱，灵敏度低。

（8）振动法。将加速度传感器安装在机床工作台或刀架上，测量机床的振动信号，然后对其进行时域和频域分析，得出刀具的状态信息。

（9）噪声分析法。测量并分析机床的噪声信号可以监测刀具的状态。一般来说，利用噪声信号中某一频段的能量来监测刀具状态更为有效，但此方法受环境干扰大。

（10）声发射法。在材料发生塑性变形或破裂时，会释放出瞬时的弹性能，并以超声频率的声脉冲波强度变化形式表现出来。声发射信号的频率范围为几万赫兹到几十万赫兹，当刀具差不多破损时，声发射强度增加到正常值的 3～7 倍。

（11）加工表面粗糙度法。在切削过程中，当加工表面的表面粗糙度超差时，就认为刀具已不能再使用。表面粗糙度的测量可以采用光干涉法和接触探针法。

目前，各国对刀具的磨损和破损的监测仍处于研究阶段，实用的商品还比较少。普遍认为有发展前景的监测方法有：切削力（扭矩）法、振动法、功率（电流）法和声发射法等。

8.5.2 检测与监控应用举例

例 8-1 加工中心（MC）需检测的运行状态信息。

MC 需检测的运行状态信息如下：

（1）环境参数及安全检测。环境参数检测是指检测加工前后及加工过程中的生产环境（包括温度、湿度、油压、电压等）是否满足加工的要求；安全检测主要检测火灾、触电和生产过程中是否有非法物进入生产环节。

（2）刀库状态检测。刀库状态检测主要检测刀库中刀具的位置、类别、型号是否准确。

（3）机床负载检测。机床负载检测主要检测机床的主轴负载和进给负载，以防机床过载而损坏工件、刀具和机床系统。

（4）换刀机构检测。换刀机构检测主要检测换刀机构的动作是否正确。

（5）交换工作台检测。交换工作台检测主要检测工作台的交换动作是否完成，工作台上的工件是否夹紧。

（6）工作台振动检测。工作台振动检测主要检测加工过程中机床工作台的振动大小，它直接影响工件的质量，是机床运行状态的重要标志之一。

（7）冷却与润滑系统检测。冷却与润滑系统检测主要检测机床的冷却与润滑系统，使机床的运动部件处于良好的润滑状态，并使机床不致过热而影响加工精度。

（8）CNC/PC 系统检测。一般数控机床、加工中心的控制器均有自诊断功能，将这些功能进行集成就可以检测 CNC/PC 系统的运行状态。

例 8 - 2　切削力法刀具磨损和破损的检测与监控。切削力的变化能直接反映刀具的磨损情况，图 8 - 24 中 I 和 II 所示是切削力的变化过程，曲线 I 表示的是锋利的刀具，曲线 II 表示的是磨钝了的刀具。切削力的差异 ΔF 是反映刀具实际磨损的标志。如果 I 切削力突然上升或突然下降，可能预示刀具的折断。

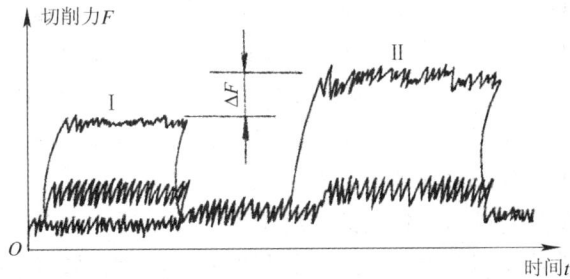

图 8 - 24　切削力图

图 8 - 25 所示为根据切削力的变化判别刀具磨损和破损的系统原理图。当刀具在切削过程中磨损时，切削力会增大；如果刀具崩刃或断裂，切削力会剧减。在系统中，工件加工余量的不均匀等因素也会引起切削力的变化，为了避免误判，取切削分力的比值和比值的变化率作为判别的特征量，即在线测量三个切削分力 F_X、F_Y 和 F_Z 的相应电信号，经放大后输入除法器，得到分力比 F_X/F_Z 和 F_Y/F_Z，再输入微分器得到 $\mathrm{d}(F_X/F_Z)/\mathrm{d}t$ 和 $\mathrm{d}(F_Y/F_Z)/\mathrm{d}t$。将这些数据再输入相应的比较器中，与设定值进行比较。这个设定值是经过一系列试验后得出的，说明刀具尚能正常工作或已磨损（破损）的阈值。当各参量超过设定值时，比较器输出高电平信号，这些信号输入由逻辑电路构成的判别器中，判别器根据输入电平值的高低可得出是否磨损或破损的结论。测力传感器（例如应变片）安放在刀杆上测量效果最好，但由于刀具经常需要更换，因而在结构上难以实现。因此，将测力传感器安放在主轴前端的轴承外圈上，一方面不受换刀的影响；另一方面此处离刀具切削工件处较近，对直接监测切削力的变化比较敏感，测量过程是连续的。这种检测方法实时性较好，具有一定的抗干扰能力，但需要通过实验确定刀具磨损及破损的阈值。

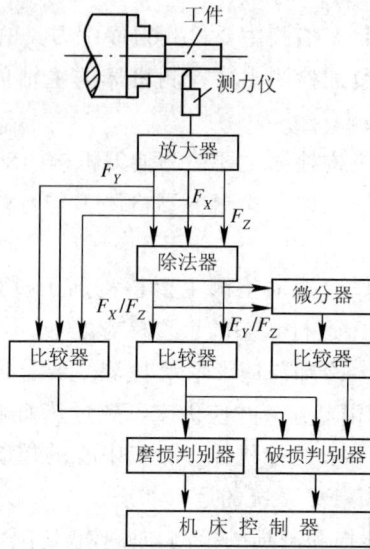

图 8-25 用切削力检测刀具状态原理图

例 8-3 声发射法检测刀具。

固体在产生变形或断裂时，以弹形波形释放出变形能的现象称为声放射。在金属切削过程中产生声发射信号的来源有：工件的断裂，工件与刀具的摩擦，刀具的破损及工件的塑性变形等。声放射在切削过程中产生频率范围很宽的声发射信号，从几十千赫兹至几兆赫兹不等。声发射信号可分为突发型和连续型两种。突发型声发射信号在表面开裂时产生，其信号幅度较大，各声发射事件之间间隔时间较长；连续型声发射信号幅值较低，事件的频率较高，以致难以分为单独事件。

正常切削时，声发射信号是小幅值的连续信号。刀具破损时，声发射信号幅值远大于正常切削，它与刀具破损面积有关，增长幅度为 3～7 倍。因此，声发射信号产生阶跃突变是识别刀具破损的重要特征。图 8-26 所示为声发射钻头破损检测装置系统图。当切削加工中发生钻头破损时，安装在工作台上的声发射传感器检测到钻头破损所发出的信号，并由钻头破损检测器处理这个信号；当确认钻头已破损时，检测器发出信号，通知机床控制

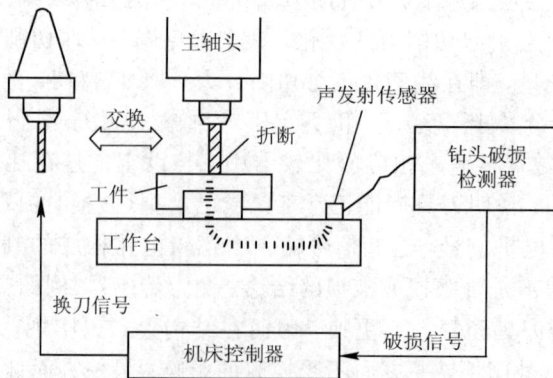

图 8-26 声发射钻头破损检测装置系统图

器发出换刀信号。钻头破损检测器由脉冲发生器和刀具破损检测电路组成。脉冲发生器具有和钻头破损时所发出的声发射波相同的声波,具有声发射波模拟功能。检测电路检测声发射的信号电平,并进行比较,具有发出钻头破损信号的功能。

声发射信号受切削条件的变化影响较小,抗环境噪声和振动等随机干扰的能力较强。因此,声发射法识别刀具破损的精确度和可靠性较高,能识别出直径 1 mm 的钻头或丝锥的破损,是一种很有前途的刀具破损监测方法。

8.5.3 检测设备

1. 坐标测量机(CMM)

坐标测量机(Coordinate Measuring Machine)又叫做三坐标测量机,是一种检测工件尺寸误差、形位误差以及复杂轮廓形状的自动化制造系统的基本测量设备。它可以单独使用或集成到 FMS 中,与 FMS 的加工过程紧密耦联。测量机能够按事先编制的程序(或来自 CAD/CAM 系统)实现自动测量,效率比人工高数十倍,而且可测量具有复杂曲面零件的形状精度;测量结束,还可以将测量值通过检验与检测系统送至机床的控制器,修正数控程序中的有关参数,补偿机床的加工误差,确保系统具有较高的加工精度。

(1) 坐标测量机结构的特点。CMM 和数控机床一样,其结构布局有立式和卧式两类,立式 CMM 有时是龙门式结构,卧式 CMM 有时是悬臂式结构。两种结构形式的 CMM 都有不同的尺寸规格,从小型台式到大型落地式。图 8-27 是一悬臂式 CMM,由安放工件的工作台、立柱、三维测量头、位置伺服驱动系统、计算机控制装置等组成。CMM 的工作台、导轨、横梁多用高质量的花岗岩制成。花岗岩的热稳定性和尺寸稳定性好,强度、刚度和表面性能高,结构完整性好,校准周期长(两次校准的日期间隔)。CMM 的安装地基采用实心钢筋混凝土,要求抗振性能好。许多 CMM 能自动保持水平,采用抗振气压系统,有效地减少了机械振动和冲击。在一般情况下,CMM 要求控制周围环境,它的测量精度及可靠性与周围环境的稳定性有关。CMM 必须安装在恒温环境中,防止敞露的表面和关键部件受污染。随着温度、湿度变化自动补偿及防止污染等技术的广泛应用,CMM 的性能已能适应车间工作环境。

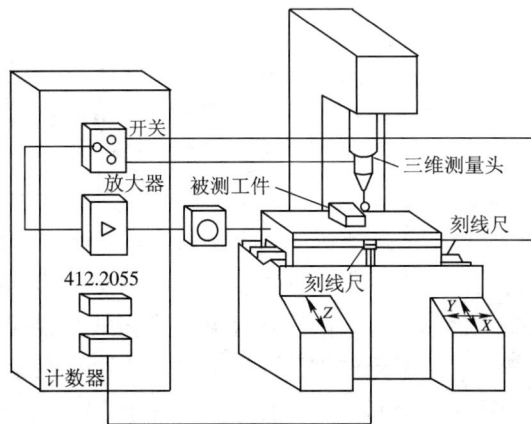

图 8-27 悬臂式坐标测量机

CMM 测量头的精度非常高，其形式也有很多种，以适应测量工作的需要。有些测量头是接触式的，测量头触针连接在开关上，当触针偏转时，开关闭合，有电流通过。CMM 控制系统中，由软件连续扫描测量头的输入，当检测出开关闭合时，系统采集 CMM 各坐标轴位置寄存器的当前值。测量精度与开关的可重复性、位置寄存器中的数值精确度和采集位置寄存器数值的速度有关。有些测量头能自动重新校准，有一种电动测量头可以连续测量复杂的形状，如工件内部型腔表面。

（2）坐标测量机的工作原理。CMM 和数控机床一样，其工作过程由事先编制好的程序控制；各坐标轴的运动也和数控机床一样，由数控装置发出移动脉冲，经位置伺服进给系统驱动移动部件运动，位置检测装置（旋转变压器、感应同步器、角度编码器、光栅尺、磁栅尺等）检测移动部件的实际位置。当测量头接触工件测量表面时产生信号，读取各坐标轴位置寄存值，经数据处理后得出测量结果。CMM 将测量结果与事先输入的制造允差进行比较，并把信号回送到 FMS 单元计算机或 CMM 计算机。CMM 计算机通常与 FMS 单元计算机联网，上载和下载测量数据及 CMM 零件测量程序。

2. 利用数控机床进行测量

三坐标测量机的测量精度很高，但它对地基和工作环境的要求也很高，它的安装必须远离机床。如果零件的检测需要在几个不同的阶段进行，零件就需要反复搬运几次，这对于质量控制要求不是特别精确的零件显然是不经济的。由于数控机床和 CMM 在工作原理上没有本质区别，且三坐标测量机上用的三维测量头的柄部结构与刀杆一样，因此可将其直接安装在机床（如加工中心）上。需要检测工件时，将测量头安装在机床主轴或刀架上，测量工作原理与 CMM 相同；测量完成再由换刀机械手将测量头放入刀库。为了保证测试精度和保护测试头，工件在数控机床上加工结束后，必须经高压冷却液冲洗，并用压缩空气吹干后方可进行检验测量。另外，数控机床用于测试时，必须为数控机床配置专门的外围设备，如各种测量头和统计分析处理软件等。

在数控机床上进行测量有如下特点：不需要昂贵的 CMM，但会损失机床的切削加工时间；可以针对尺寸偏差自动进行机床及刀具补偿，加工精度高；不需要工件来回运输和等待。

3. 测量机器人

随着工业机器人的发展，机器人在测量中的应用也越来越受到重视。机器人测量具有在线、灵活、高效等特点，可以实现对零件 100% 的测量，因此特别适合于自动化制造系统中的工序间测量和过程测量。同坐标测量机相比，机器人测量造价低，使用灵活。

机器人测量分直接测量和间接测量。直接测量称为绝对测量，由机器人参与测试和数据处理，它要求机器人具有较高的运动精度和定位精度，因此造价也较高。间接测量也称辅助测量，特点是在测量过程中机器人坐标运动不参与测量过程，它的任务是模拟人的动作将测量工具或传感器送至测量位置，由测量仪器完成测试和数据传输过程。间接测量对传感器和测量装置要求较高，由于允许机器人在测量过程中存在运动或定位误差，因而传感器或测量仪器应具有一定的智能和柔性，能进行姿态和位置调整并独立完成测量工作。

测量机器人可以是一般的通用工业机器人，如在车削自动线上，机器人可以在完成上、下料工作后进行测量，而不必为测量专门设置一个机器人，使机器人在线并具有多种用途。

由于机器人测量具有在线、灵活、高效等特点，特别适合于 FMS 中的工序间测量和过程测量，因而在 FMS 中已得到广泛的应用。

4. 专用的主动测量装置

在大规模生产条件下，常将专用的自动检测装置安装在机床上，不必停机就可以在加工过程中自动检测工件尺寸的变化，并能根据测得的结果发出相应的信号，控制机床的加工过程（如变换切削用量、刀具补偿、停止进给、退刀和停机等）。例如，图 8-28 所示为磨床上工件外径自动测量及反馈控制装置的原理图。在磨床加工的同时，自动测量头对工件进行测量，将测得的工件尺寸变化量经信号转换放大器转换成相应的电信号，经放大后，返回机床控制系统，通过执行机构控制加工过程。

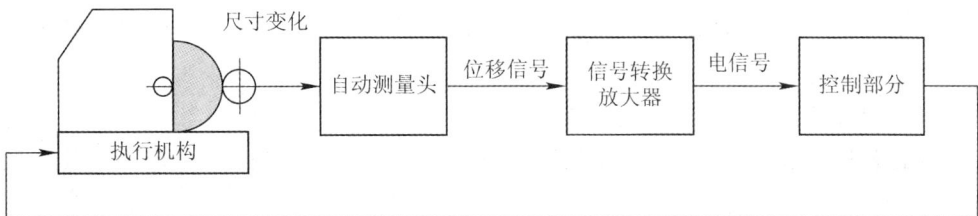

图 8-28　磨床上工件外径自动测量原理

8.6　辅　助　设　备

零件的清洗、去毛刺、切屑和冷却处理是制造过程中不可缺少的工序。零件在检验、存储和装配前必须要清洗及去毛刺；切屑必须随时被排除、运走并回收利用；冷却液的回收、净化和再利用可以减少污染，保护工作环境。有些 FMS 集成有清洗站和去毛刺设备，可以实现清洗及去毛刺自动化。

8.6.1　清洗站

清洗机有许多种类、规格和结构，一般按其工作是否连续分为间歇式（批处理式）和连续通过式（流水线式）。批处理式清洗站用于清洗质量和体积较大的零件，属中、小批量清洗；流水线式清洗机用于零件通过量大的场合。

批处理式清洗机有倾斜封闭式清洗机、工件摇摆式清洗机和机器人式清洗机。机器人式清洗机用机器人操作喷头，工件固定不动。有些大型批处理式清洗站内部有悬挂式环形有轨车，工件托盘安放在环形有轨车上，绕环形轨道做闭环运行。流水线式清洗站用辊子传送带运送工件，零件从清洗站的一端送入，在通过清洗站的过程中被清洗，在清洗站的另一端送出，再通过传送带与托盘交接机构进入零件装卸区。

清洗机有高压喷嘴，喷嘴的大小、安装位置和方向应考虑到零件的清洗部位，保证零件的内部和难清洗的部位均能清洗干净。为了彻底冲洗夹具和托盘上的切屑，清洗液应有足够大的流量和压力。高压清洗液能粉碎结团的杂渣和油脂，能很好地清洗工件、夹具和托盘。对清洗过的工件进行检查时，要特别注意不通孔和凹处是否清洗干净。确定工件的安装位置和方向时，应考虑到最有效清洗和清洗液的排出。

吹风是清洗站的重要工序之一，它能缩短干燥时间，防止清洗液外流到其它机械设备或 FMS 的其它区域，保持工作区的洁净。有些清洗站采用循环对流的热空气吹干，空气用煤气、蒸汽或电加热，以便快速吹干工件，防止生锈。

批处理式清洗站的切屑和冷却液往往直接排入 FMS 的集中冷却液与切屑处理系统，冷却液最后回到中央冷却液存储箱中。流水线式清洗站一般有自备的冷却液（或清洗液）存储箱，用于回收切屑，循环利用冷却液（或清洗液）。

清洗机可以说是污物、杂渣的收集器。筛网和折流板用于过滤金属粉末、杂渣、油泥和其它杂质，必须定期对其进行清洗。油泥输送装置通过一个斜坡将废物送入油泥沉淀箱，沉淀后清除废物，液体流回中央存储箱。存储箱的定时清理非常重要，购买清洗设备时，必须考虑中央存储箱应便于检修、清洗。

在 FMS 中，清洗站接收主计算机或单元控制器下达的指令，由可编程序控制器执行这些指令。批处理式清洗站的操作过程如下：

（1）将工件托盘送到清洗站前。

（2）打开进入清洗站的门，将托盘送入清洗工作区，并将其固定在有轨吊车上，关闭站门。

（3）托盘随吊车绕轨道运行时，高压、大流量冷却液从喷嘴喷向工件托盘，使切屑、污物、油脂等落入排污系统。

（4）冲洗一定时间后，冷却液关闭，开始吹热空气进行干燥。

（5）吹风干燥一段时间后，有轨吊车返回其初始位置。

（6）从有轨吊车上取下工件托盘，打开清洗站大门，运走工件托盘。

有些 FMS 不使用专门的清洗设备，切削加工结束后，在机床加工区用高压冷却液冲洗工件和夹具，用压缩空气通过主轴孔吹去残留的冷却液。这种方法节省清洗站的投资和零件搬运、等待时间，但零件清洗占用机床的切削加工时间。

8.6.2　去毛刺设备

以前去毛刺一直是由手工进行的，是重复、繁重的体力劳动。最近几年出现了多种去毛刺的新方法，可以减轻人的体力劳动，实现去毛刺自动化。最常用的方法有：机械法、振动法、热能法、电化法等。

1. 机械法去毛刺

机械法去毛刺包括在 FMS 中使用工业机器人，使机器人手持钢丝刷或砂轮打磨毛刺。打磨工具安放在工具存储架上，根据不同零件和去毛刺的需要，机器人可自动更换打磨工具。在很多情况下，通用机器人不是理想的去毛刺设备，因为机器人关节臂的刚度和精度不够，而且许多零件要求对其不同的部位应采用不同的去毛刺方法。

2. 振动法去毛刺

振动法去毛刺机适用于清除小型回转体或棱体零件的毛刺，零件分批装入一个筒状的大容器罐内，用陶瓷卵石作为介质，卵石大小因零件类型、尺寸和材料而异。盛有零件的容器罐快速往复振动，在陶瓷介质中搅拌零件，去毛刺和氧化皮。振动强烈程度可以改变，猛烈的搅拌用于去除恶劣型毛刺，柔缓的搅拌用于精密零件的打磨和研磨。

3. 热能法去毛刺

热能法去毛刺利用高温去毛刺和飞边，将待处理的零件装入一个小密闭室里，密闭室里充满压缩易燃气体和氧气的混合物，将零件及其周边的毛刺、毛边完全包围，无论是外部、内部或盲孔都浸入混合气体中。用火星将煤气混合物点燃，产生猛烈的热爆炸，毛刺或飞边燃烧成火焰，立刻被氧化并转化为粉末，前后经历时间大约为 25～30 s，然后用溶剂清洗零件。

热能法去毛刺的优点是能极好地除去零件所有表面上的多余材料，即使是不易触及的内部凹入部位和孔相贯部位也不例外。热能法去毛刺适用零件范围宽，包括各种黑色金属和有色金属。

4. 电化学法去毛刺

电化学法去毛刺通过电化学反应将工件上的材料溶解到电解液中，对工件去毛刺或成形。与工件型腔形状相同的电极工具作为负极，工件作为正极，直流电流通过电解液、电极工具进入工件时，工件材料超前电极工具被溶解。通过调节电流来控制去毛刺和倒棱，材料去除率与电流大小有关。

电化学法去毛刺的过程慢，优点是电极工具不接触工件，无磨损，去毛刺过程中不产生热量，不引起工件热变形和机械变形，因此，高硬度材料非常适合用电化学法去毛刺。

8.6.3 切屑和冷却液的处理

在自动化制造系统中，切屑的排除、运输和冷却液的净化、循环利用非常重要，这对环境保护、节省费用、增加废物利用价值有重要意义。许多 FMS 都装备有切屑排除、集中输送和冷却液集中供给及处理系统。

切屑的处理包括三个方面的内容：把切屑从加工区域清除出去；把切屑输送到系统以外；把切屑从冷却液中分离出去。

1. 切屑排除

从加工区域清除切屑有下列几种方法：

（1）靠重力或刀具回转离心力将切屑甩出，切屑靠自重落到机床下面的切屑输送带上。床身结构应易于排屑（例如倾斜床身或将机床安置在倾斜的基座上），并利用切屑挡板或保护板使加工空间完全密闭，防止切屑飞散，使之容易聚集和便于清除，同时也使环境安全、整洁。

（2）用大流量冷却液冲洗加工部位，将切屑冲走，然后用过滤器把切屑从冷却液中分离出来。

（3）采用压缩空气吹屑。

（4）采用真空吸屑，此方法最适合于干式磨削工序和铸铁等脆性材料在加工时形成的粉末状切屑。在每一加工工位附近，安装与主吸管相通的真空吸管。

2. 切屑输送

切屑集中输送机一般设置在机床底座下的地沟中，从加工区域排出来的切屑和冷却液直接落入地沟，由切屑输送机运出系统外。切屑输送机分为机械式、流体式和空压式。机械式切屑输送机应用范围广，适合于各种类型的切屑。机械式排屑机有多种类型，其中以平板链式、刮板式和螺旋式切屑输送机较为常见。

（1）平板链式切屑输送机。图8－29所示为平板链式切屑输送机，以滚轮链轮牵引的钢质平板链带在封密箱中运转，加工中的切屑落到链带上被带出机床，由AGV将切屑仓斗运送到切屑收集区，将切屑压制成块，以便运走。一般为每台机床配置一台这种切屑输送机。在车削类机床上使用时，切屑输送机多与机床冷却液箱合为一体，以简化机床结构。

（2）刮板式切屑输送机。图8－30所示为敷设在地沟内的刮板式切屑输送机，封闭式链条3装在两个链轮5和6上。焊在链条两侧的刮板2将地沟中的切屑和

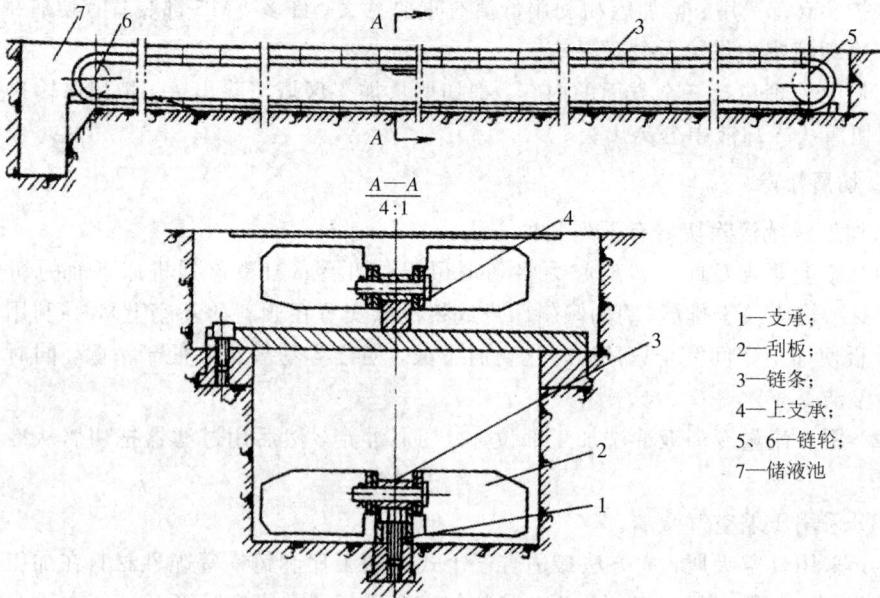

图8－29　平板链式切屑输送机

冷却液刮到地下储液池中，提升机将切屑提起倒入运输车中运走。下面的链条用纵贯全线的支承1托着，使刮板不与槽底接触。为了不使上边的链条下垂，用上支承4托住上链条。主动轮要根据刮屑方向确定，保证链条下边是紧边。

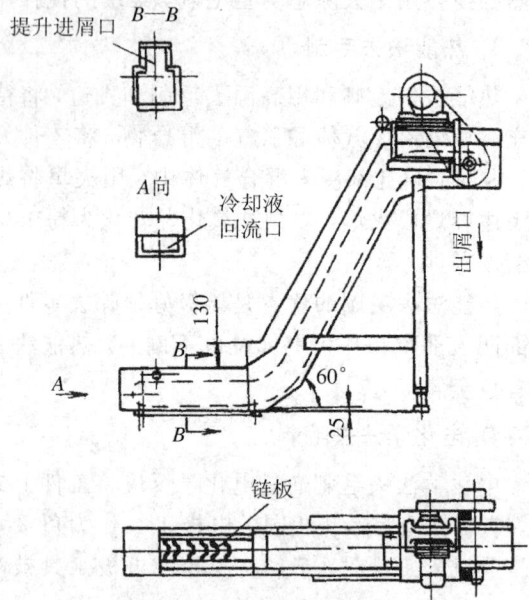

1—支承；
2—刮板；
3—链条；
4—上支承；
5、6—链轮；
7—储液池

图8－30　刮板式切屑输送机

双输送沟槽用于黑色和有色切屑的分类输送，沟槽中的切屑分路挡板控制黑色或有色

切屑分别进入其收集仓斗，避免不同切屑混合在一起，从而增加了废料的使用价值。

（3）螺旋式切屑输送机。图8-31所示为螺旋式切屑输送机，电动机经减速装置驱动安装在排屑槽中的螺旋杆。螺杆转动时，槽中的切屑由螺旋杆推动连续向前运动，最终排入切屑收集箱内。螺旋杆有两种形式：一种用扁型钢条卷成螺旋弹簧状；另一种是在轴上焊接紧密贴合的螺旋片。螺旋式切屑输送长度可调节，螺杆可一节一节地连接起来，常在一台机床上设置一台或几台机床设置一台，也可贯穿全线。螺旋式切屑输送机结构简单，占据空间小，排屑性能良好，但只适合于水平或小角度倾斜直线方向排屑，不能大角度倾斜、提升或转向排屑。

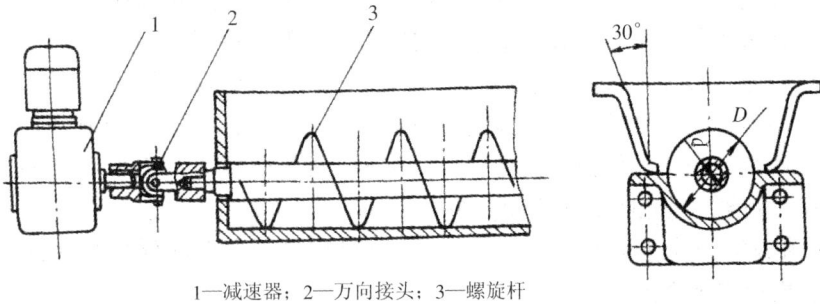

1—减速器；2—万向接头；3—螺旋杆

图8-31 螺旋式切屑输送机

3．切屑分离

（1）将切屑连同冷却液一起排送到冷却站。通过孔板或漏网时，冷却液漏入沉淀池中，通过迷宫式隔板及过滤器进一步清除悬浮杂物后被泵重新送入压力主管路。留在孔板上的切屑可用刮板式排屑、输屑装置将其排出并集中起来。

（2）切屑和冷却液一起直接送入沉淀池，然后用输屑装置将切屑运出池外。这种方法适用于冷却液冲洗切屑的自动排屑场合。

图8-32所示为带刮板式输屑装置的单独冷却站。切屑和冷却液一起沿着斜槽2进入沉淀池的接收室。在沉淀池内，大部分切屑向下沉淀，顺着挡板6落到刮板式输屑装置1上，随即将切屑排出池外。冷却液流入室7，再通过两层网状隔板5进入室8。已经净化的冷却液可由泵3通过吸管4送入压力管路，以供再次使用。

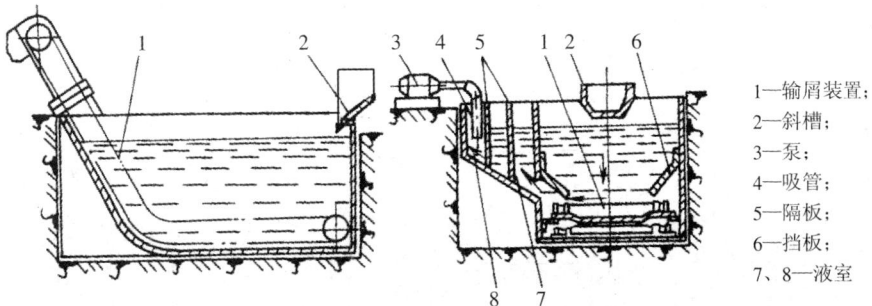

1—输屑装置；
2—斜槽；
3—泵；
4—吸管；
5—隔板；
6—挡板；
7、8—液室

图8-32 带刮板式输屑装置的单独冷却站

对于极细碎的切屑或磨屑的处理，一般在冷却站内采用电磁带式输屑装置，将碎屑或粉屑吸在皮带上排送至池外。从浮化池中分离出细的铝屑是很困难的，因为它们不容易沉淀，可使用专门的纸质或布质的过滤器、纸带或布带不断地从一个滚筒缠到另一个滚筒上，从而将沉淀在带表面上的屑末不断地清除掉。

-------------------------- 思 考 题 --------------------------

8-1 柔性制造系统和柔性制造单元的本质区别是什么？

8-2 简述加工中心和组合机床在零件制造方面的共同点和区别。

8-3 请分析加工中心和数控车床所适宜加工零件的特征。

8-4 请分析数控车床和车削中心在工作原理方面的差别。

8-5 各举出一个接触测量和非接触测量的实例，并绘出测量原理框图。

8-6 构思一个车间货物运输用的柔性小车，内容包括小车机械运动、路径导向、岔口选择、动力补给、紧急防范和货物装卸等。

8-7 查阅相关资料，叙述立体汽车车库（可以自动存取和停放多辆汽车）的工作原理，并绘制出原理示意图。

8-8 科幻世界中对机器人赋予了神话般的能力，甚至有人认为将来的机器人会控制和主宰人类世界。请用科学的逻辑分析推测其可行性。

参 考 文 献

1 谢存禧等编. 机电一体化生产系统设计. 北京：机械工业出版社，1999
2 机电一体化技术手册编委会. 机电一体化技术手册. 北京：机械工业出版社，1994
3 胡泓，姚伯威主编. 机电一体化原理及应用. 北京：国防工业出版社，1999
4 黄大贵主编. 微机数控系统. 成都：电子科技大学出版社，1996
5 黄俊等编. 电力电子变流技术. 北京：机械工业出版社，1999
6 郑堤，唐可洪主编. 机电一体化设计基础. 北京：机械工业出版社，1997
7 庞振基等编. 精密机械设计. 北京：机械工业出版社，2000
8 谭福年主编. 常用传感器应用电路. 成都：电子科技大学出版社，1996
9 冯辛安等编. 机械制造装备设计. 北京：机械工业出版社，1999
10 梁景凯主编. 机电一体化技术与系统. 北京：机械工业出版社，1997
11 张淑清等编. 单片微型计算机接口技术及其应用. 北京：国防工业出版社，2001
12 张根保主编. 自动化制造系统. 北京：机械工业出版社，1999
13 赖寿宏主编. 微型计算机控制技术. 北京：机械工业出版社，2000
14 黄贤武等编. 传感器原理及应用. 成都：电子科技大学出版社，1999
15 徐志毅主编. 机电一体化实用技术. 上海：上海科学技术文献出版社，1995
16 张建民等编. 机电一体化系统设计. 北京：北京理工大学出版社，1996
17 何立民主编. 单片机应用技术选编. 北京：北京航空航天大学出版社，1996
18 秦曾煌主编. 电工学. 北京：高等教育出版社，1999
19 许香穗等编. 成组技术. 北京：机械工业出版社，2000
20 张继和等编. 电机控制与供电基础. 成都：西南交通大学出版社，2000
21 谭益智等编. 柔性制造系统. 北京：北京兵器工业出版社，1995

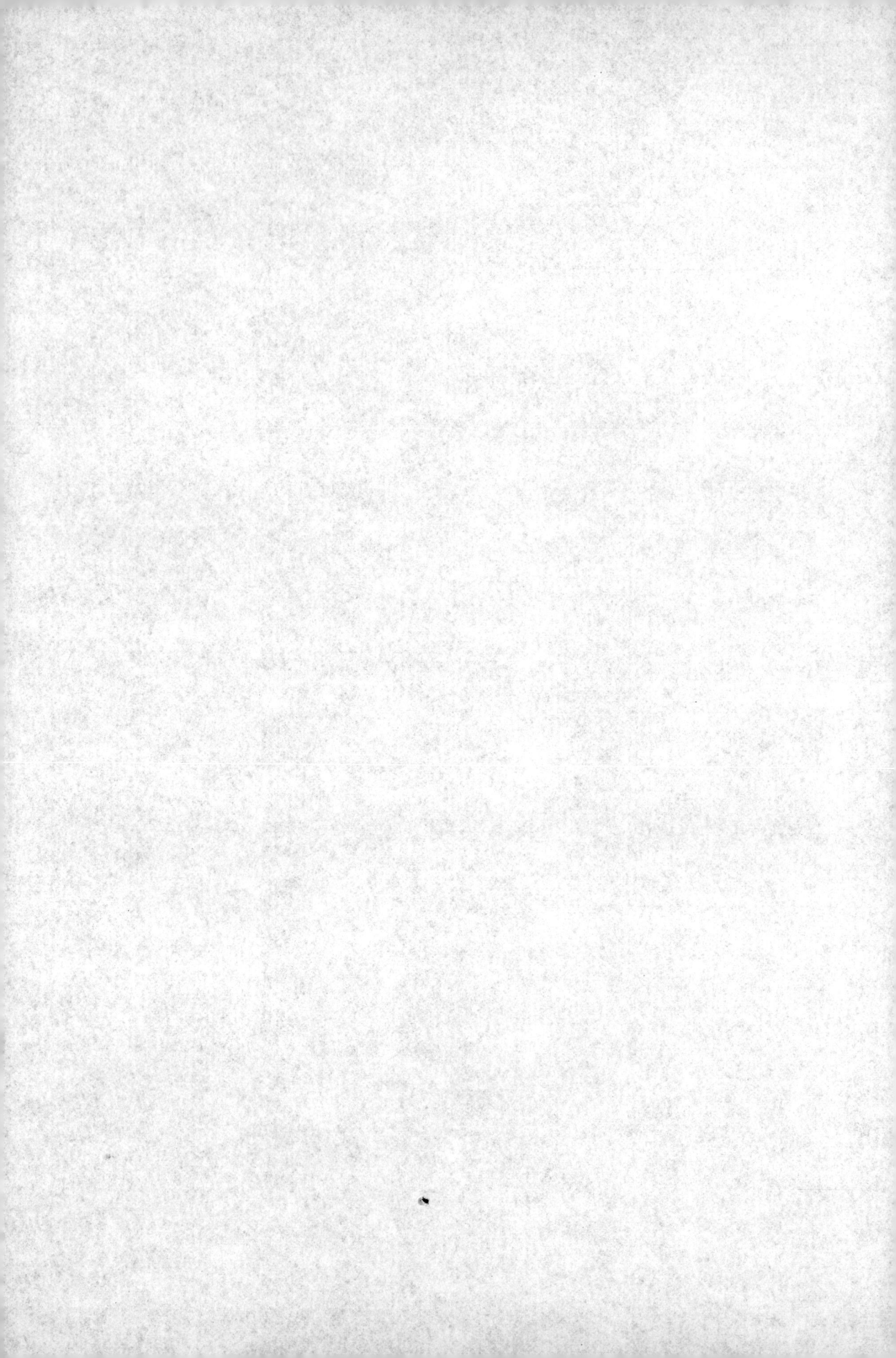